TRAVEL

무작정
따라하기

Fukuoka

1 | **THEME BOOK** | 테마북

전상현 · 두경아 지음

길벗

무작정 따라하기 후쿠오카
The Cakewalk Series-FUKUOKA

초판 발행 · 2017년 8월 2일
초판 5쇄 발행 · 2018년 3월 9일
개정판 발행 · 2018년 8월 22일
개정판 4쇄 발행 · 2019년 2월 22일
개정 2판 발행 · 2019년 5월 16일
개정 2판 2쇄 발행 · 2019년 7월 1일
개정 3판 발행 · 2023년 5월 31일
개정 3판 2쇄 발행 · 2023년 8월 15일

지은이 · 전상현 · 두경아
발행인 · 이종원
발행처 · (주)도서출판 길벗
출판사 등록일 · 1990년 12월 24일
주소 · 서울시 마포구 월드컵로 10길 56(서교동)
대표전화 · 02)332-0931 | **팩스** · 02)323-0586
홈페이지 · www.gilbut.co.kr | **이메일** · gilbut@gilbut.co.kr

편집 팀장 · 민보람 | **기획 및 책임편집** · 방혜수(hyesu@gilbut.co.kr) | **표지 디자인** · 강은경 | **제작** · 이준호, 김우식
영업마케팅 · 한준희 | **웹마케팅** · 류효정, 김선영 | **영업관리** · 김명자 | **독자지원** · 윤정아, 최희창

진행 · 김소영 | **본문 디자인** · 디자인 그룹 조히, 별디자인 | **지도** · 팀맵핑
교정교열 · 최현미, 조진숙 | **일러스트** · 이희숙 | **CTP 출력** · **인쇄** · **제본** · 상지사

ISBN 979-11-407-0460-6(13980)
(길벗 도서번호 020235)

정가 19,800원

- -

독자의 1초까지 아껴주는 길벗출판사
(주)도서출판 길벗 | IT교육서, IT단행본, 경제경영서, 어학&실용서, 인문교양서, 자녀교육서 **www.gilbut.co.kr**
길벗스쿨 | 국어학습, 수학학습, 어린이교양, 주니어 어학학습, 학습단행본 **www.gilbutschool.co.kr**

전상현

그냥 '좋아서' 시작한 일이 커져 버렸다.
그저 글과 사진이 좋아 여행을 하게 됐고,
여행을 하다 보니 '내 일'이 돼 버렸다.
1년 중 100일 이상 집을 비우기 일쑤.
한창 내 방 천장보다 남의 집, 낯선 천장
아래에서 잠드는 날이 많아질 때
책 작업에 참여하게 됐다. '책 작업'이라는
근사한 핑계거리 덕분에 '글을 쓰고
사진을 찍으며 여행 다니는 일'을 남
눈치 안보고 실컷 하는 중이다. 이 좋은
여행을 사랑하는 가족들과, 특히 나의
사랑하는 반려견 '설'이와 다니는 것이
소박하지만 거창한 꿈이다. 저서로는
《빨간날 해외여행》과 《무작정 따라하기
싱가포르》, 《무작정 따라하기 다낭》,
《무작정 따라하기 호치민》이 있다.

instagram | @Joong_bok_nick
Naver blog | wjstkdgussla
wjstkdgussla@naver.com

두경아

10년 넘게 월간지 기자로 살면서 여행은
일종의 '습관'이었다. 매달 마감이 끝나면
바로 짐을 꾸려 국내든 해외든 가리지
않고 누볐다. 취재기자로 전국을 다녔고,
기자 팸투어, 시즌마다 돌아오는 바캉스
부록 제작 등으로 여행과 떼려야 뗄
수 없는 삶을 거쳐 왔다. 부모님에게
물려받은 여행 유전자를 가지고 있으며,
자타공인 특기는 '여행 뽐뿌질'. 특히
일본과 유럽을 편애한다. 《여성조선》
취재팀장, 《레이디경향》 취재기자를
거쳤으며, 현재 프리랜서 기자와
편집자, 여행 · 라이프스타일 1인 출판사
라이프치히M&B 대표로 활동 중이다.

instagram | @du_kyung_a
YouTube | rostro0319
facebook | rostro0319
rostro@hanmail.net

INSTRUCTIONS
무작정 따라하기 일러두기

이 책은 전문 여행작가 두 명이 북큐슈 지역을 누비며 찾아낸 관광 명소와 함께,
독자 여러분의 소중한 여행이 완성될 수 있도록 테마별, 지역별 정보와 다양한 여행 코스를 소개합니다.
이 책에 수록된 관광지, 맛집, 숙소, 교통 등의 여행 정보는 2023년 8월 기준이며 최대한 정확한 정보를 싣고자 노력했습니다.
하지만 출판 후 또는 독자의 여행 시점과 동선에 따라 변동될 수 있으므로 주의하실 필요가 있습니다.

1권 테마북

1권은 후쿠오카의 다양한 여행 주제를 소개합니다. 자신의 취향에 맞는 테마를 찾은 후
2권 페이지 연동 표시를 참고, 2권의 지역과 지도에 체크하며 여행 계획을 세우세요.

1권은 후쿠오카의 다양한
여행 주제를 볼거리,
체험, 음식, 쇼핑, 리조트
순서로 소개합니다.

이 책의 지명과 관광
명소 등은 국립국어원
외래어 표기법에 따라
표기했습니다. 한글 표기와
함께 현지에서 도움이
될 수 있도록 일본어를
병기했습니다.

볼거리

음식

쇼핑

체험

찾아가기

지하철 역,
버스터미널이나 대표
랜드마크 기준으로 가장
효율적인 동선을 이용해
찾아갈 수 있는 방법을
설명합니다.

전화

대표 번호 또는
각 지점의 번호를
안내합니다.

시간

해당 장소가
운영하는 시간을
알려줍니다.

휴무

특정한 쉬는
날이 없는 현지
음식점이나 기타
장소들은 부정기로
표기했습니다.

2권 코스북

2권은 후쿠오카의 주요 도시를 세부적으로 나눠 지도와 여행 코스를 함께 소개합니다.
지역별, 일정별, 테마별 등 다양한 구성으로 제시합니다. 1권의 어떤 테마에 소개된 곳인지 페이지 연동 표시가 되어 있으니, 참고해 알찬 여행 계획을 세우세요.

교통 한눈에 보기
지역별로 이동하는 교통편을 이용법, 동선 표시, 소요 시간, 비용과 함께 자세하게 소개합니다. 그 외 해당 지역 안에서 어떤 교통편이 가장 편리한지, 어떻게 이용해야 저렴한지 등등 생생한 팁을 제공합니다.

지역 페이지
지역마다 인기도, 관광, 식도락, 쇼핑, 혼잡도, 나이트라이프의 테마별로 별점을 매겨 지역의 특징을 한눈에 보여줍니다.

친절한 실측 여행 지도
세부 지역별로 소개하는 볼거리, 음식점, 쇼핑숍, 체험 장소, 숙소 위치를 실측 지도로 자세하게 소개합니다. 지도에는 한글 표기와 일본어, 소개된 본문 페이지 표시가 함께 구성되어 길 찾기가 편리합니다.

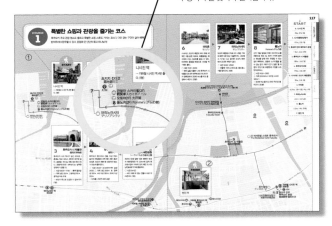

코스 무작정 따라하기
그 지역을 완벽하게 돌아볼 수 있는 다양한 시간별, 테마별 코스를 지도와 함께 소개합니다.

① 주요 스팟별로 여행 포인트, 그다음 장소를 찾아가는 방법, 운영 시간, 가격 등을 소개합니다.
② 주요 스팟을 기본적으로 영업 시간과 간단한 소개글로 설명합니다.

트래블 인포 & 줌인 세부 구역
그 지역 볼거리, 음식점, 쇼핑점, 체험 장소를 소개합니다.
밀집 구역은 줌인 지도와 함께 한 번 더 소개해 더욱 완벽하게 즐길 수 있도록 도와줍니다.

가격
입장료, 체험료, 메뉴 가격 등을 소개합니다.

홈페이지
해당 지역이나 장소의 공식 홈페이지를 기준으로 합니다.

MAP
해당 스팟이 소개된 지역의 지도 페이지를 안내합니다.

INFO
1권일 경우 2권의 해당되는 지역에서 소개되는 페이지를 명시, 여행 동선을 짤 때 참고하세요! 2권일 경우 1권의 관련 페이지를 표기했습니다.

CONTENTS

Part. 2
EATING

Part. 3
SHOPPING

Part. 4
EXPERIENCE

PROLOGUE

작가의 말

Special Thanks to

코로나19가 온 세상을 집어삼킨 지난 3년. 지독한 무기력증을 앓았습니다. 흔히, '코로나 블루'라고 하죠? 제가 그 우울증의 표본이었을 겁니다. 30 몇년의 제 인생에 이렇게 확신이 없었던 적이 없었는데 지난 몇년간은 매일 매일 새로운 갈림길을 걷는 기분이었습니다. 그 낯설고 고된 여정을 묵묵히 응원해준 가족들, 힘든 시기에 딱 맞춰 우리집 막냇동생이 되어준 반려견 '설'이가 있어 버틸 만했습니다. 고맙고 고맙습니다.
2017년 세상에 나온 《무작정 따라하기 후쿠오카》가 어느덧 출간 6년차가 됐습니다. 짧지 않은 시간, 완성도 있는 책을 위해 힘써주신 많은 분들이 계셔서 작가들도 힘이 납니다. 감사합니다.
자의 '0' 타의 '100'으로 3년만에 선보이는 책이라 모든 것이 설렙니다. 우울감이 마른 자리에 인생 첫 해외여행을 앞둔 예비 여행자의 마음만큼 터져버릴것 같은 설렘을 눌러담았습니다. 이런 마음이 온전히 독자분들께 전해지길 바랍니다.

나의 이십 대, 나의 큐슈!- 전상현

첫 후쿠오카 여행의 기억 한 조각이 떠오른다. 인터넷으로 찾은 맛집과 후쿠오카의 관광지를 모두 둘러보고 한국으로 돌아오는 비행기 안. '도대체 왜?'라는 물음표가 줄곧 나를 따라다녔다. '아니, 후쿠오카가 도대체 어떤 매력이 있기에 이렇게 많은 사람이 기를 쓰고 찾아가는 걸까?'
사실 후쿠오카의 은근한 매력을 알기까지는 꽤 많은 시간이 필요하다. 인터넷에 소개된 유명한 맛집보다 현지인의 식탁에 앉아봐야 비로소 알 수 있는 맛이 있고, 근교로, 주변 도시로 나가봐야 느낄 수 있는 것이 따로 있다. 지리적으로는 일본 본토 중 우리나라에서 가장 가까운 곳이지만, 쉽게 그 속살을 드러내지 않는, 시간을 가지고 천천히 여행해야만 비로소 진면목을 볼 수 있는 '역설적인 곳'인 셈이다. 많은 사람이 후쿠오카의 진정한 모습을 코앞에 둔 채 겉모습만 훑고 가는 것이, 짧은 기간에 후다닥 스치듯 둘러보는 여행지로 여기는 점이 개인적으로 가슴이 많이 아팠다.
두 명의 작가가 1년 넘는 시간을 북큐슈에서 지냈다. 취재의 첫째 원칙이 '직접 경험한 것을 토대로 할 것'이기에 저렴한 호스텔 도미토리 룸부터 고급 료칸, 비즈니스 호텔, 온천 호텔, 렌트 하우스에 이르기까지 많은 숙박 시설에 직접 묵어보고, 동네 구석 숨은 맛집의 일품요리부터 미슐랭 스타 셰프의 코스 요리까지, 모두 맛봤다. 여행 방법 또한 가리지 않았다. 독자들의 폭넓은 취향을 반영하기 위해 열차 여행, 렌터카 여행, 도보 여행, 버스 여행 등 교통수단을 섭렵하며 길 위의 방랑자를 자처했고, 쇼핑족과 덕후(마니아)들이 열광할 곳을 찾기 위해 스스로 덕후가 되는 수고(?)도 마다하지 않았다.
결코 녹록지 않은 과정을 몸으로, 머리로 거치느라 어느새 햇수로 3년이 훌쩍 지나버렸다. 이십 대 후반을 지나 삼십 대에 접어든 지난 3년. 이 책을 탈고하며 이 책과 늘 함께한 내 이십 대의 시간들마저 손에서 놓는다는 생각을 하면 허전하지만, 이제부터 그 빈자리에 설렘과 기대감을 꼭꼭 채워야겠다. 그리고 다시 떠날 채비를 해야겠다. 서투르고 평범한 여행자처럼 말이다.

"한 번이 아닌, 여러 번이 될 여정으로 초대합니다" – 두경아

제 취미이자 특기는 누구에게든 여행을 가라고 부추기는 겁니다. 한 마디로 '여행뽐뿌'죠. 일단 상담(수다)을 통해 도시를 추천하고, 일정도 짜준답니다. 그렇다면 제가 가장 자신 있게 권하는 도시는 어딜까요? 네, 후쿠오카입니다! 이 책을 쓴 사람이라서가 아니에요. 왜 그런지 간단히 말씀드릴게요.

1 한국과 가까워 비행기 티켓이 싸다. → 주머니 사정 넉넉지 않아도 OK
2 공항이 시내에서 가까워 짧은 일정도 가능하다. → 시간이 없어도 OK
3 후쿠시마와 아주 많이 떨어진 곳에 위치한다. → 방사능 걱정 NO!
4 쇼핑, 먹방, 온천, 휴양 등 모든 것이 가능하다. → 효도여행, 가족여행, '솔플' 여행, 모두 OK

시간, 거리, 비용의 문제로 인해 큰맘 먹고 떠나는 것이 해외여행이라면 후쿠오카는 이 문제에서 훨씬 자유롭습니다. 마음만 먹는다면 이번 주말, 아니 당장 내일이라도 떠날 수 있는 곳이 바로 후쿠오카죠!

제가 처음 후쿠오카에 가게 된 건, 10여 년 전 엔화가 100¥당 1600원 정도로 치솟을 때였어요. 여행 파트너는 제가 아는 사람 중 가장 에너지가 넘치는 친구였죠. 그 친구 덕분에 저는 준비 하나 없이 후쿠오카와 유후인을 돌아보고 왔습니다. 물가가 너무 비싸 하루 한 끼는 숙소에서 라면으로 때웠고, 료칸은 근처에도 못 갔어요. 그래도 좋았습니다. 이미 도쿄나 오사카 등 대도시를 여행했지만, 그곳에서 느끼지 못한 깨알 같은 재미가 있었으니까요. 이후 저는 수시로 후쿠오카행 비행기를 탔습니다.

진짜 여행은 그 지역 사람으로 살아보는 거라고 하죠. 후쿠오카가 더 애틋해진 건 취재를 위해 후쿠오카에 집을 얻으면서였어요. 타는 쓰레기, 안 타는 쓰레기로 구분하는 일본식 분리수거, 마트에서 8시 30분만 되면 도시락에 붙이는 반값 스티커, 시즌마다 출시되는 편의점 디저트, 봄이 되면 벚꽃과 함께 피어나는 후쿠오카 돔의 함성소리⋯ 살아보지 않으면 모르던 것들을 알게 됐죠.

그래도 가장 좋은 건 사람이었어요. '후쿠오카 우리집'으로 찾아온 친구들, 후쿠오카에서 만난 사람들. 그들은 개인적인 취향과 객관적인 시선 사이에서 아슬아슬 줄타기를 해야하는 제게 더 넓은 눈을 제공해 주었답니다.

지난 2년 동안 집필을 위해 후쿠오카와 서울을 오가는 삶을 살았습니다. 솔직히 그렇게 다녔으면 지겨울 법 하잖아요. 그런데 저는 후쿠오카만 생각하면 가슴이 뛴답니다. 책 쓰는 도중, 머리를 식히기 위해 후쿠오카로 여행을 다녀올 정도니까요. 처음에도 좋았고, 지금은 더 좋아요. 앞으로 더 좋아지겠지요. 여러분들도 분명 그렇게 될 거예요. 믿어도 좋아요!

Special Thanks to

후쿠오카에서 우연히 만난 인연으로 나를 도와준 우리 책의 모델 구민정 씨, 알짜 쇼핑 팁을 알려준 일본통 김명진 씨, 친구의 부름에 오사카에서 후쿠오카까지 한달음에 달려온 십년지기 포토그래퍼 최인호, 후쿠오카 시장과 체험 프로그램 취재에 힘이 되어준 '수이토 후쿠오카' 식구들, 일본 패션 취재에 길라잡이가 되어준 스타일리스트 박성연 선배, '후쿠오카 우리 집'에 찾아왔던 임영주, 서지윤, 민주 선배, 김가영, 저와 잊지 못할 추억을 만들었던 현대백화점 문화센터 목동점 회원들, 일본어 번역에 도움을 준 이기숙, 이유진, 원고를 무사히 마칠 수 있도록 작업실을 공유하고 함께했던 Z_lab·스테이폴리오 식구들, 열정적인 자세로 숙연케 했던 방혜수 에디터님, 떡볶이 친구이자 이 책의 진행자 김소영 씨 모두 감사합니다. 마지막으로 나를 여행 작가의 길로 이끌고 이번 책을 함께 만들며 많은 이야기를 나누고 추억을 쌓은 전상현 작가에게 고마움을 전합니다.

후쿠오카 지역 정보

국가명
일본

Japan

日本

국기

일장기의 붉은 동그라미는 태양을 뜻한다. 나라 이름은 '태양의 중심, 태양이 나오는 나라'라는 뜻을 가졌다.

우리나라와 거리
후쿠오카는 우리나라와 가장 가까운 일본의 대도시다. 서울에서 부산까지 직선거리가 350km인데, 부산에서 후쿠오카가 240km에 불과할 정도. 또 후쿠오카와 발음이 비슷해 종종 혼동하는 원전 사고 발생지 후쿠시마(福島)와는 무려 1020km가량 떨어져 있어 방사능에서도 안전한 편이다.

언어
공용어 : 일어 Japanese
일본어를 사용하며 글씨는 중국에서 온 한자와 일본 문자인 히라가나와 카타카나를 병용한다.

위치와 면적
면적 : 3만6753km²
큐슈(九州)는 일본에서 세 번째로 큰 섬으로, 일본 최남단에 위치한다. 면적은 3만6753km²로 일본 면적(37만7915km²)의 약 10분의 1에 해당하며, 우리나라(남한) 면적(10만210km²)의 3분의 1 정도다. 큐슈 북부에 자리한 후쿠오카(福岡)는 삼면이 산으로 둘러싸인 곳으로, 대한해협을 향해 펼쳐진 후쿠오카 평야의 중앙에 위치한다.

36,753km²

시차, 소요 시간
비행시간 : 1시간 10분, 시차 : 없다
후쿠오카를 포함한 일본 전역은 한국과 시차가 없다. 인천공항에서 비행기를 타면 1시간 10분, 부산항에서 쾌속선을 타면 3시간 정도 걸린다.

비자 & 여권
90일 이하 체류시 비자 면제
기간이 만료되지 않은 유효한 여권을 소지해야 하고, 관광 목적 등 90일 이하의 기간 동안 체류할 때에는 비자가 면제된다.
주한 일본대사관 홈페이지
www.kr.emb-japan.go.jp

화폐
100¥=1000~1100원
일본의 화폐단위는 엔(¥)이며 100¥당 환율은 1000~1100원이다. 화폐는 동전과 지폐로 나뉘는데 동전은 1¥, 5¥, 10¥, 50¥, 100¥, 500¥이 있으며, 지폐는 1000¥, 5000¥, 1만¥이 있다.

후쿠오카 대한민국 총영사관
후쿠오카 관광 중 문제가 생겼다면, 후쿠오카 내 위치한 대한민국 총영사관에 문의하자.
주소 福岡県福岡市 中央区地行浜1-1-3
전화 092-771-0461

전기 & 전압
전압 : 100V
콘센트 : 2구형
일본의 전압은 100볼트이며 납작한 2구 전기 콘센트 플러그를 사용한다. 국내 전자 제품은 일명 '돼지코'라고 하는 변압어댑터에 꽂으면 사용 가능하나, 전압이 낮아 국내에서 사용할 때보다는 작동이 느릴 수 있다. 220볼트에서 100볼트로 변환 가능한 플러그는 일본 내 전자 상가나 대형 가전 상점에서 구입할 수 있지만, 다소 비싸기 때문에 국내에서 구입해 가는 것이 유리하다. 전기 인심은 넉넉하지 않다. 카페와 음식점에서는 그나마 있는 콘센트마저 막아놓는 등 사용의 제약이 있으니 스마트폰은 미리 호텔에서 충전하거나 보조 배터리를 준비해야 한다. 기차는 신칸센이나 신형 차량은 좌석에 USB나 콘센트가 설치돼 있어 충전하기 쉽다.

와이파이

백화점이나 쇼핑몰, 커피숍 등에서는 와이파이를 제공하고, 후쿠오카 시에서 제공하는 '후쿠오카 시티 와이파이(Fukuoka City Wifi)' 존이 후쿠오카 시내에 439개나 된다. 홈 화면에 접속해 한 번만 등록하면 6개월간 계속 사용할 수 있어 편리하지만, 시간이나 횟수의 제약이 있으니 주의하도록. 또 스프트뱅크에서 외국인에게만 제공하는 '프리 와이파이 패스포트(Free Wifi Passport)는 한 번 등록하면 일본 내 40만개의 핫스폿에서 2주간 무료로 사용할 수 있다.

＊로손, 훼미리마트, 세븐일레븐 등 주요 편의점은 무료 와이파이 서비스를 제공하고 있다.

우편

엽서나 우표는 전국의 우체국 또는 편의점이나 역내 매점 등에서 구입할 수 있다. 거리 곳곳에 빨간색이나 파란색의 우체통이 있으며, 우편물의 크기나 우송 방법에 따라 넣는 곳이 구별돼 있으니 주의해야 한다. 엽서는 소요 시간이 10일 남짓, 발송 요금은 70~100¥이다. 소포의 경우는 (P.153)를 참조하자.

환전

환전은 국내에서 하는 것이 이득이다. 거래 은행의 인터넷뱅킹으로 환전 신청을 한 뒤 출국 날 해당 은행 공항 지점에서 받아가는 것이 좋다. 일본 내에서는 주요 은행이나 시내 환전소에서 원화를 엔화로 환전할 수 있다. 게다가 캐널시티 하카타와 텐진 지하상가 같은 쇼핑센터에는 무인 환전기도 설치돼 있어 편리하다. 단, 환율 면에서 불리하다.

교통수단

시내·외 버스와 지하철, 철도 등 일본의 대중교통은 잘되어 있기로 유명하다. 정확도 면에서 세계 주요 도시 40개 중 9위를 기록할 정도다. 다만 요금이 매우 비싸기 때문에 시내에서는 원 데이 패스나 투어리스트 패스를, 벳푸나 유후인, 나가사키 등 지방을 여행하려면 외국인 전용 패스(JR 북큐슈 패스, 산큐패스)를 이용하면 좋다.

신용카드·체크카드·페이

일본에서는 예전과 달리 돈키호테, 백화점, 편의점 등 관광객이 주로 찾는 업소에서 카드를 편리하게 사용할 수 있으나, 여전히 현금 결제만 가능한 곳이 있다. 특히 료칸은 인터넷을 통해 카드로 예약했더라도, 현장에서 현금으로 지불해야 하는 곳도 있다. 카드는 마스터카드, 비자 등이 무난하다. 또한 현금이 필요할 경우를 대비해 신용카드 이외에 일본 공항, 세븐일레븐, 우체국 ATM에서 현금을 인출할 수 있는 체크카드를 준비하도록 하자. 요즘에는 네이버페이(라인페이)와 카카오페이, 애플페이 등도 쉽게 사용할 수 있다.

친절도

일본 사람들의 친절도는 세계적인 수준이다. 말은 잘 안 통해도 워낙 친절하기 때문에 관광객으로서 불편할 일이 없을 정도. 그러나 지나치게 예의에 어긋나거나 사적인 영역을 침범하는 행동을 하면 불같이 화를 내니 조심할 것.

화장실

한국과 마찬 가지로 지하철 역이나 백화점 등 대부분 공공시설의 화장실을 무료로 사용할 수 있다. 게다가 편의점에도 화장실이 있어 화장실 인심은 넉넉한 편.

소비세·숙박세·입욕세

일본은 일상생활과 밀접한 물건 및 서비스의 경우에는 8%의 소비세를, 주류와 외식비에는 10% 소비세를 부과한다. 가격에 '税込'라고 표시돼 있으면 소비세를 포함한 금액이고, '＋税'로 표기된 경우는 소비세를 더 내야 한다. 숙박세는 관광 인프라 개선과 도시 환경 정비 등을 명목으로 호텔과 료칸, 민박 시설 투숙객에게 부과되는 지방세다. 세금이 적용되는 숙박료에는 식사와 소비세는 포함되지 않는다. 후쿠오카시에서 숙박할 경우, 숙박세는 숙박료가 20,000¥ 미만일 경우 1인당 1박에 200¥, 20,000¥ 이상일 경우 500¥이 부과된다. 유후인, 벳부, 나가사키 등 후쿠오카 이외 큐슈 도시에서는 일괄 1박 200¥이다. 이때 료칸이나 온천호텔에 투숙할 경우, 숙박세 이외에 입욕세가 별도로 발생한다. 보통 1인당 1박에 150¥이다. 숙박세와 입욕세는 체크인 시 현지에서 지불하는 경우가 많다.

전화

'International and Domestic Telephone' 표시가 된 공중전화에서 100¥ 주화를 사용해 우리나라로 전화를 걸 수 있다. 휴대전화 보급으로 일본에도 공중전화가 줄어드는 상황이지만, 공중전화는 대규모 재해 시 휴대전화보다 훨씬 유리하니 혹시 모를 재난 상황에 대비해 공중전화 위치를 알아두면 좋다. 일본 국가 번호는 81이며 후쿠오카 지역 번호는 092다.

우리나라 → 일본	(통신사별 국제전화 번호)+81+(0을 제외한 지역 번호나 통신사 번호)+상대방 전화번호
일본 → 우리나라	(통신사별 국제전화 번호)+82+(0을 제외한 지역 번호나 통신사 번호)+상대방 전화번호

일본의 공휴일·영업시간

1월 1일 설날
1월 둘째 주 월요일 성인의 날
2월 11일 건국 기념일
3월 20일(또는 21일) 춘분
4월 29일 쇼와의 날
5월 3일 헌법 기념일
5월 4일 녹색의 날
5월 5일 어린이날
7월 셋째 주 월요일 바다의 날
8월 11일 산의 날
9월 셋째 주 월요일 경로의 날
9월 23일(또는 24일) 추분
10월 둘째 주 월요일 체육의 날
11월 3일 문화의 날
11월 23일 근로 감사의 날
12월 23일 일왕 탄생일

INTRO

후쿠오카 & 북큐슈 지역 한눈에 보기

PART 1
후쿠오카
福岡

한국에서 소요 시간	약 1시간
대표 공항	후쿠오카 국제공항(Fukuoka International Airport)
베스트 스폿	후쿠오카타워, 페이페이 돔, 오호리 공원, 구시다 신사
식도락 리스트	멘타이코(明太子), 우동, 라멘
추천 여행 스타일	나홀로 떠나는 미식 여행
	휴가를 길게 내기 어려운 직장인들의 도깨비여행
	짧고 굵은 쇼핑 여행

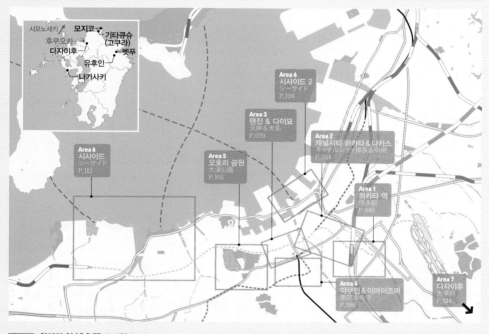

시모노세키 / 모지코 / 기타큐슈 (고쿠라)
후쿠오카 / 벳푸
다자이후 / 유후인
나가사키

Area 6 시사이드 2 シーサイド P.124

Area 3 텐진 & 다이묘 天神 & 大名 P.070

Area 2 캐널시티 하카타 & 나카스 キャナルシティ博多 & 中州 P.054

Area 6 시사이드 シーサイド P.112

Area 5 오호리 공원 大濠公園 P.102

Area 1 하카타 역 博多駅 P.040

Area 4 야쿠인 & 이마이즈미 薬院 & 今泉 P.092

Area 7 다자이후 大宰府 P.124

AREA 1 하카타 역 博多駅 ⓑ 2권 P.040

📷 볼거리 ★☆☆☆☆
🍴 식도락 ★★★★★
🛍 쇼 핑 ★★★★★

테마 식도락, 쇼핑
특징 후쿠오카와 큐슈 교통의 중심지. 대형 백화점이 밀집해 있다.
예상 소요 시간 2h

AREA 2 캐널시티 하카타 & 나카스 キャナルシティ博多 & 中州 ⓑ 2권 P.054

📷 볼거리 ★★★★☆
🍴 식도락 ★★★★☆
🛍 쇼 핑 ★★★★☆

테마 식도락, 관광, 역사, 유흥
특징 번화한 도심과 오래된 신사들이 묘하게 어우러진다. 구석구석 자리잡은 맛집을 찾는 일도 재미있다.
예상 소요 시간 6h

AREA 3 텐진 & 다이묘 天神 & 大名 ⓑ 2권 P.070

📷 볼거리 ★★★☆☆
🍴 식도락 ★★★★★
🛍 쇼 핑 ★★★★★

테마 식도락, 쇼핑, 유흥
특징 유명 백화점과 쇼핑센터, 각종 숍이 빼빽이 들어선 쇼핑 특구이자
후쿠오카 중심가
예상 소요 시간 7~8h

AREA 4 야쿠인 & 이마이즈미 薬院 & 今泉 ⓑ 2권 P.092

📷 볼거리 ★☆☆☆☆
🍴 식도락 ★★★★☆
🛍 쇼 핑 ★☆☆☆☆

테마 식도락
특징 진짜 맛집은 여기 다 모여 있다.
예상 소요 시간 2~3h

AREA 5 오호리 공원 大濠公園 ⓑ 2권 P.102

테마 관광, 역사
특징 후쿠오카의 센트럴파크. 산책하거나
자전거 타기 좋다.
예상 소요 시간 4h

📷 볼거리 ★★★★☆
🍴 식도락 ★★★☆☆
🛍 쇼 핑 ★★☆☆☆

AREA 6 시사이드 シーサイド ⓑ 2권 P.112

테마 관광, 체험
특징 관광 명소이기도 하지만 알고 보면
현지인도 즐겨 찾는 동네
예상 소요 시간 3~4h

📷 볼거리 ★★★★★
🍴 식도락 ★★☆☆☆
🛍 쇼 핑 ★★★☆☆

AREA 7 다자이후 太宰府 ⓑ 2권 P.124

테마 관광, 역사
특징 후쿠오카에서 가장 만만하게 다녀올
수 있는 근교 여행지
예상 소요 시간 6h

📷 볼거리 ★★★★★
🍴 식도락 ★★★★☆
🛍 쇼 핑 ★★★★☆

PART 2
유후인
由布院 ⓑ 2권 P.132

베스트 스폿	긴린코(金鱗湖), 유노츠보 거리(湯の坪街道)	
식도락 리스트	푸딩, 롤케이크	
테마	휴양, 관광, 쇼핑	
특징	온천 초보자에게 딱!	

예상 소요 시간 1~2day
추천 여행 스타일 여자끼리 떠나는 온천 여행
기차 타고 떠나는 낭만 여행
휴식과 명상이 필요한 쉼 여행

📷 볼거리 ★★★★☆
🍴 식도락 ★★★★★
🛍 쇼 핑 ★★★★☆

PART 3
벳푸
別府

베스트 스폿	지옥 온천, 우미타마고(うみたまご), 다카사키야마(高崎山) 자연동물원, 벳푸 로프웨이 (別府ロープウェイ)
식도락 리스트	지고쿠무시 푸딩, 벳푸 냉면, 도리텐
추천 여행 스타일	부모님, 아이와 함께 3대가 떠나는 가족 온천 여행
	일본 여행이 처음인 초보 여행자
	휴식이 간절한 2030 직장인

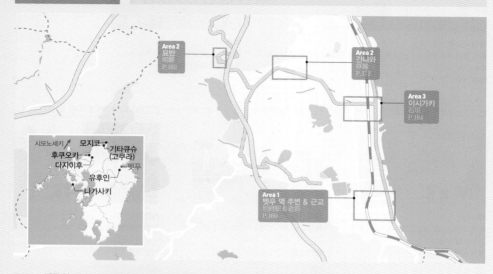

AREA1 벳푸 역 주변 & 근교 別府駅 & 近郊 ⑥ 2권 P.160

📷 볼거리 ★★★☆☆
🍴 식도락 ★★★★★
🛍 쇼 핑 ★★★☆☆

테마 식도락, 관광, 휴양
특징 벳푸 여행의 출발지. 수수한 먹거리와 소박한 도심 풍경이 만난 곳
예상 소요 시간 4~6h

AREA2 간나와 鉄輪 ⑥ 2권 P.172

📷 볼거리 ★★★★☆
🍴 식도락 ★☆☆☆☆
🛍 쇼 핑 ★★★☆☆

테마 관광, 휴양
특징 각기 다른 지옥 온천들을 만날 수 있는 곳. 온천으로 시작해 온천으로 끝맺는다.
예상 소요 시간 12h~1day

AREA3 이시가키 石垣 ⑥ 2권 P.184

📷 볼거리 ★☆☆☆☆
🍴 식도락 ★★★☆☆
🛍 쇼 핑 ★☆☆☆☆

테마 식도락
특징 차를 렌트하지 않으면 찾아가기 힘든 곳. 하지만 벳푸의 대표 맛집이 여기 다 있으니 안 갈 수도 없다.
예상 소요 시간 1h

AREA2 묘반 明礬 ⑥ 2권 P.182

📷 볼거리 ★☆☆☆☆
🍴 식도락 ★★☆☆☆
🛍 쇼 핑 ★★★★☆

테마 관광, 휴양
특징 벳푸의 가장 높은 곳에서 온천욕을 즐길 수 있다. 유노하나(湯の花) 견학도 놓치지 말 것.
예상 소요 시간 2~3h

PART 4
나가사키
長崎

한국에서 소요 시간
약 1시간 20분

대표 공항
나가사키 국제공항 (Nagasaki
International Airport)

베스트 스폿
하시마(端島), 구라바엔 (グラバ
ー園), 이나사야마(稲佐山) 전망대

식도락 리스트
나가사키 짬뽕, 카스텔라,
도루코 라이스 (トルコライス)

추천 여행 스타일
JR 큐슈 레일 패스권으로
떠나는 기차 여행 / 후쿠오카만
둘러보기 아쉬운 단기 여행 /
소도시의 낭만을 원하는 낭만파
여행자

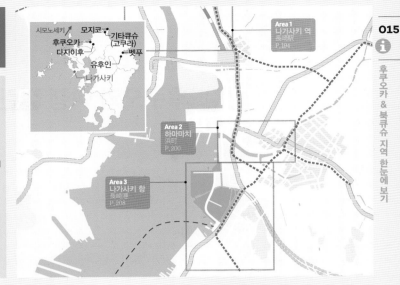

시모노세키 모지코 기타큐슈
후쿠오카 (고쿠라)
다자이후 벳푸
유후인
나가사키

Area 1
나가사키 역
長崎驛
P.194

Area 2
하마마치
浜町
P.200

Area 3
나가사키 항
長崎港
P.208

AREA 1 나가사키 역 長崎駅 ⓑ 2권 P.194

📷 볼거리 ★★★☆☆
🍴 식도락 ★★★☆☆
🛍 쇼 핑 ★★★☆☆

테마 관광, 식도락, 역사,
쇼핑
특징 나가사키 중심가.
오랜 역사를 지닌 곳답게
다채로운 볼거리가 있다.
예상 소요 시간 2h

AREA 2·3 하마마치 & 나가사키 항 浜町 & 長崎港 ⓑ 2권 P.200·P.208

📷 볼거리 ★★★★★
🍴 식도락 ★★★★★
🛍 쇼 핑 ★★★★☆

테마 관광, 역사
특징 타박타박 걸어서
천천히 둘러볼수록 좋다.
시선 높이로 펼쳐지는
나가사키 함만 풍경은 덤
예상 소요 시간 1day

PART 5
기타큐슈
北九州

한국에서 소요 시간 약 1시간
대표 공항 기타큐슈 국제공항(Kitakyushu International Airport)
베스트 스폿 고쿠라 성, 리버워크 기타큐슈, 사라쿠라야마 전망대
식도락 리스트 우동, 길거리 음식
추천 여행 스타일 단기기 여행, 쇼핑 & 미식 여행, 첫 해외여행

AREA 1 고쿠라 小倉 ⓑ 2권 P.220

테마 식도락, 관광, 역사 **특징** 큐슈의
관문이다. 굴곡진 역사의 흔적을 볼 수 있다.
예상 소요 시간 1day
📷 볼거리 ★★☆☆☆
🍴 식도락 ★★★★☆
🛍 쇼 핑 ★★★☆☆

AREA 2 모지코 門司港 ⓑ 2권 P.234

테마 관광, 역사 **특징** 유럽식 고건축물, 바다,
음식이 한데 어우러진 여행지
예상 소요 시간 3h
📷 볼거리 ★★★★☆
🍴 식도락 ★★★☆☆
🛍 쇼 핑 ★☆☆☆☆

AREA 3 시모노세키 下関 ⓑ 2권 P.234

테마 식도락, 역사 **특징** 조선, 일본의
근현대적 역사를 돌이켜 볼 수 있는 지역
예상 소요 시간 3h
📷 볼거리 ★★★☆☆
🍴 식도락 ★★★★☆
🛍 쇼 핑 ★☆☆☆☆

후쿠오카 여행 캘린더

Jan · Feb · Mar · Apr · May · Jun

SUM

12~2월

큐슈의 겨울은 기온이 영하로 떨어지는 일이 드물지만 흐린 날이 많고 차가운 북서 계절풍이 분다. 이따금 눈이 오면 얼마간 눈이 쌓이기도 한다. 실제 기온보다 체감온도가 낮을 수 있으니 추위에 대비하는 것이 좋다.

WINTER

〈옷차림〉 코트(패딩), 스웨터, 머플러 등

〈볼거리〉 11월부터 이어지는 크리스마스 일루미네이션을 비롯해 신년을 맞아 신사를 방문하는 행사인 하츠모데(初詣で)를 볼 수 있다. 1월 2일부터는 시내 쇼핑센터에서 새해 첫 바겐세일이 시작돼 후쿠오카에서 1년 중 가장 쇼핑하기 좋은 시기다. 또 사업의 번창을 기원하는 축제나 봄을 알리는 축제 등 일본 고유의 축제가 펼쳐진다.

3~5월

〈날씨〉 봄에는 맑은 날이 많고 따뜻하다. 3월 말에서 4월 초에 벚꽃이 만개해 봄의 정취를 더한다. 여행하기 딱 좋은 날씨!

▶ 3월 하순~4월 중순 후쿠오카 성 벚꽃 축제, 후쿠오카 성터(마이즈루 공원)
▶ 5월 3~4일 하카타 돈타쿠 미나토 마츠리, 후쿠오카 시내 각지

SPRING

〈옷차림〉 가벼운 재킷, 스웨터, 스카프, 우산, 선글라스

〈볼거리〉 벚꽃과 하카타 돈타쿠 미나토 마츠리가 큰 볼거리다. 만발한 벚꽃을 보면서 술과 음식을 맛보는 '하나미(花見)'나 밤 벚꽃 놀이인 '요자쿠라(夜桜)'를 즐기는 사람들로 붐빈다. 마이즈루 공원과 니시 공원이 벚꽃 명소로 꼽힌다. 또 노코노시마에서는 벚꽃이나 유채꽃이 어우러진 멋진 풍경을 볼 수 있다.

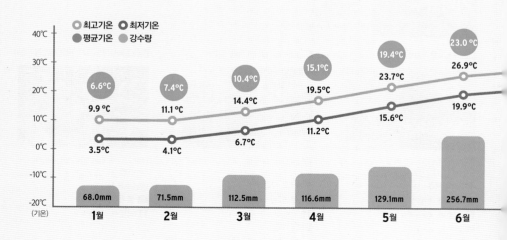

○ 최고기온 ○ 최저기온 ● 평균기온 ● 강수량

	1월	2월	3월	4월	5월	6월
최저기온	6.6°C	7.4°C	10.4°C	15.1°C	19.4°C	23.0°C
최고기온	9.9°C	11.1°C	14.4°C	19.5°C	23.7°C	26.9°C
평균기온	3.5°C	4.1°C	6.7°C	11.2°C	15.6°C	19.9°C
강수량	68.0mm	71.5mm	112.5mm	116.6mm	129.1mm	256.7mm

(기온)

기후는 비교적 온난한 편으로 우리나라의 부산이나 제주도 날씨와 비슷하다. 연간 평균기온은 17℃ 전후, 연간 강수량은 1600mm 정도다. 우리나라와 마찬가지로 사계절이 뚜렷하다.

Jul　Aug　Sep　Oct　Nov　Dec

FALL

6~8월
6월과 7월에 장마(우기)가 지는데, 연간 강수량의 3분의 1 정도가 이 시기에 내린다. 9월까지 고온 다습하며 기온이 높은 날에는 밤에도 30℃를 웃돈다.

▶7월 1~15일 하카타 기온 야마카사, 구시다 신사 외
▶8월 1일 니시니혼 오호리 불꽃 대회, 오호리 공원

〈옷차림〉 얇은 옷(간단하게 걸칠 수 있는 옷 포함), 우산, 선글라스

〈볼거리〉 세계적으로 유명한 축제인 하카타 기온 야마카사가 열리는 시기다. 거리 이곳저곳에 높이 10m가 넘는 화려한 가자리 야마카사를 장식한다. 후쿠오카 각지에서 불꽃놀이가 열리며, 해변에서는 해수욕과 해양 스포츠를 즐길 수 있다.

9~11월
가을은 쾌적한 날씨가 이어져 여행하기 좋지만, 반갑지 않은 태풍이 오는 계절이기도 하다. 숲은 색색의 단풍으로 뒤덮이고 공원과 정원에는 막 피기 시작한 국화가 아름다운 풍광을 이룬다.

▶11월 상순~하순 단풍이 볼만한 시기, 유센테이 외 시내 각지
▶11월 중순~1월 중순 크리스마스 일루미네이션, 시내 각지

〈옷차림〉 가벼운 재킷이나 스웨터, 머플러, 우산, 선글라스 등

〈볼거리〉 가을에는 하카타 지역 사찰을 비롯해 거리 곳곳에서 일본의 전통문화와 정서를 체험할 수 있는 다양한 축제가 펼쳐진다. 후쿠오카의 신사와 하코자키구(筥崎宮)에서는 호조에(放生会) 축제가 열리고, 9월부터 11월에 걸쳐 열리는 아시아 먼스(Asian Month)와 하카타 아키하쿠(博多秋博)도 후쿠오카의 대표적인 가을 행사다. 일본의 가을을 더 느끼려면 노코노시마의 코스모스나 라쿠스이엔의 단풍을 감상하길 권한다. 11월에는 일본의 전통 스포츠인 스모 대회도 열린다.

• 후쿠오카 관구 기상대 092-725-3600
• 홈페이지 www.accuweather.com

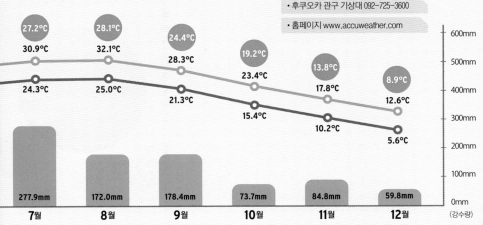

	7월	8월	9월	10월	11월	12월
	27.2℃	28.1℃	24.4℃	19.2℃	13.8℃	8.9℃
	30.9℃	32.1℃	28.3℃	23.4℃	17.8℃	12.6℃
	24.3℃	25.0℃	21.3℃	15.4℃	10.2℃	5.6℃
강수량	277.9mm	172.0mm	178.4mm	73.7mm	84.8mm	59.8mm

600mm
500mm
400mm
300mm
200mm
100mm
0mm

(강수량)

STORY
무작정 따라하기 **후쿠오카 스토리**

1. 숫자로 보는 후쿠오카 여행의 매력!

1위

도심에서 공항까지 거리 세계 1위

여행할 때는 시간이 곧 돈! 후쿠오카는 인천공항에서 비행기로 1시간 30분밖에 걸리지 않는다. 게다가 후쿠오카 국제공항에서 시내까지 지하철로 단 11분밖에 걸리지 않는데, 이는 세계 48개 대도시 중 1위로 단시간이다(세계도시 경쟁력 지수 2022년 기준). 후쿠오카공항 역에서 하카타 역까지는 지하철로 단 두 정거장, 텐진 역까지는 다섯 정거장이다. 마음먹으면 당일치기 일정도 가능하다.

14위

살기 좋은 도시 후쿠오카 14위

후쿠오카는 세계적으로 살기 좋은 도시로 손꼽힌다. 영국의 정보지 〈모노클(Monocle)〉에서 2016년 발표한 '세계에서 가장 생활수준이 높은 도시 톱 25' 7위, 2017년에는 14위에 올랐다. 대도시의 편리성을 모두 갖추고 있으면서도 다양한 쇼핑과 맛있는 식사, 편리한 교통수단 등이 높은 평가를 받았다. 또 동아시아에 가까우며, 국제적인 도시라는 점도 언급됐다.

2위

쾌적한 기후 아시아 2위, 세계 15위

날씨는 여행의 8할을 차지할 정도로 중요한 요소다. 후쿠오카는 연평균 기온이 17℃로, 한겨울에도 영하로 내려가지 않는 온화한 날씨가 이어진다. 봄가을은 여행하기 더없이 좋은 조건이고, 겨울은 노천 온천을 즐기기에 제격이다. 무덥고 습한 여름을 제외하면 후쿠오카를 비롯한 북큐슈는 언제든 여행 다니기 좋은 날씨인 셈. 이런 조건 덕분에 2022년 세계 도시 경쟁력 지수(Global Power City Index Yearbook 2022)의 쾌적한 기후 부문에서 세계 48개 도시 중 15위, 아시아 13개 도시 중 2위를 차지했다.

1위

일본 내 식품 물가가 가장 저렴한 도시 1위

물가가 비싼 도시는 거주하는 시민뿐 아니라, 관광객에게도 불리하다. 그런 면에서 후쿠오카는 일본에서 가장 관광하기 좋은 곳. 2021년 일본 21개 대도시 소비자 물가지수를 조사했는데, 후쿠오카는 이 중 식품 물가가 가장 싸고 종합 물가가 세 번째로 싼 도시로 나타났다. 식품 중에서도 해산물이 일본 도시 중 두 번째로 저렴하며, 식빵과 요거트, 맥주, 상추 등이 가장 저렴하다. 더구나 후쿠오카는 일본에서 어획량으로 4년 연속 1위(2016년 기준)를 차지한 곳이라 해산물이 풍부하고 쌀 수 밖에!

4위

일본 내 온천 인기

'일본은 땅만 파면 온천이 나온다'는 말이 있을 정도로 전국 어디든 온천이 흔하다. 온천 지역이 아닌 후쿠오카 시내도 물이 좋을 정도. 일본 각종 매체에서는 매해 온천 순위를 발표하는데, 늘 큐슈의 온천이 상위권에 몰려 있다. 모두 후쿠오카에서 차로 1시간 30분~2시간 30분 거리. 매해 일본 온천 100선을 발표하는 칸코케이자이신문의 자료에 따르면, 2022년 온천 인기 4위는 오이타 현 벳푸, 9위는 오이타 현 유후인, 11위는 구마모토 현 구로카와 23위는 사가 현 우레시노 온천, 26위는 나가사키 현 운젠이 차지했다.

10선

아시아 포장마차 도시 10선

후쿠오카는 2013년 2월 CNN이 선정한 '거리 음식(포장마차)으로 유명한 도시 10선'에 들었다. 타이베이, 방콕, 서울, 하노이, 싱가포르 등과 함께 선정됐으며 일본 도시로는 유일하다. 그만큼 지역색이 강한 거리 음식이 많다는 증거. 후쿠오카에서 거리 음식이 발달한 요인은 특유의 야타이 문화 덕분이다. 150개가 넘는 포장마차가 텐진, 나카스, 나가하마 등에서 영업하며 돈코츠라멘, 하카타 교자, 야키토리, 덴푸라(튀김), 모츠나베, 야키소바 등을 팔고 있다.

5위

대중교통의 정확성 5위

자유 여행자에게 가장 중요한 것은 대중교통이다. 일본은 대중교통 요금이 비싼 편이지만, 시설이 좋고 시간이 정확한 나라로 손꼽힌다. 2018년 세계 도시 경쟁력 지수에 따르면, 대중교통의 충실성과 정확성에서 세계 44개 도시 중 5위를 차지했다.

2. 교류의 도시, 후쿠오카의 역사

후쿠오카의 역사는 일본 국제 교류의 역사라고도 할 수 있다. 한반도와 아시아 대륙에 가까운 지리적 조건을 바탕으로, 아시아 무역항으로서 무려 2000년에 걸친 해외 교류의 역사를 가지고 있다.

1. BC 4~ AD 57, 아시아와 교류를 시작하다

후쿠오카는 일찍이 기원전 4세기경부터 벼농사를 지었다. 하카타 구에 있는 이타즈케 유적(板付遺跡)에는 그 흔적이 남아 있다. 또 중국 역사서인 〈후한서(後漢書)〉 중 '동이 전(東夷傳)'에는 '서기 57년인 건무중원(建武中元) 2년에 왜의 노국왕(奴國王)이 조공했고 이에 대해 광무제(光武志賀島帝)가 금인(金印)을 주었다'는 기록이 있다. 금인은 후쿠오카 시 동부에 위치한 시카노시마(志賀島)에서 발견됐는데, 이것이 후쿠오카와 아시아의 2000년 교류의 증표로 인정받고 있다.

2. 536년, 하카타로 불리다

후쿠오카에 정치와 외교 거점인 나노츠노미야케(那津官家)가 설치됐는데, 이것이 지금의 다자이후(太宰府)다. 또 견수사(遣隋使), 견당사(遣唐使) 등 일본의 사신을 다른 나라로 파견할 때에는 '나노츠(那の津)'로 불리던 하카타 항에서 출항했으며, 이 항으로 외국의 사신이 들어오면 '고로칸(鴻臚館)'에서 대접했다. 하카타(博多)라는 명칭이 사용되기 시작한 것도 이 무렵이다.

3. 12~16세기, 하카타 상인의 등장

중국 송나라와의 무역을 위해 일본 최초의 인공 항만인 '소데노미나토(袖の湊)'가 건설되면서, 하카타는 중국과 일본 간 무역의 중심지로 부상했다. 가마쿠라 시대에는 일본 최초의 절인 쇼후쿠지를 비롯해, 조텐지 등이 건립됐다. 15세기 이후에는 봉건 씨족인 오우치(大內) 가문의 통치 아래 명나라와의 무역이 번영해, 하카타는 중세 일본 3진(三津) 중 하나로 꼽혔다. 큰 세력을 가진 하카타 상인이 등장한 것이 이 무렵이다.

전국시대에 들어서서 하카타 거리는 폐허가 됐으나, 1587년에 큐슈를 평정한 도요토미 히데요시(豊臣秀吉)가 이를 부흥시켰다. 도요토미는 '다이코마치와리(太閤町割り)'라는 도시계획을 실시해 현재 도시의 기틀을 마련했다. 또 하카타를 자유 도시 '라쿠이치(樂市)'로 지정해 상업 도시로 발전할 수 있게 했다.

외국 사신이 묵었던 고로칸. 지금은 그 흔적만 남아 있다.

BC 4~AD 57

536년

12~16세기

후쿠오카의 옛 모습을 만날 수 있는 하카타마치야 후루사토칸

4. 1603년~1868년 에도 시대, 후쿠오카 · 하카타 두 도시의 성장

중세까지는 하카타가 중심이었으나 에도 시대에 들어서면서 무사의 거리인 후쿠오카가 등장한다. 1600년 구로다 조스이(黒田如水), 나가마사(黒田長政) 부자가 하카타에 거점을 두면서, 후쿠오카 성을 짓게 된다. 성의 이름은 이들의 출신지 '비젠(오카야마 현) 오쿠 군 후쿠오카'에서 따온 것이다. 이후 이 성을 거점으로 도시가 발달하면서, 나카 강을 경계로 동쪽을 '하카타', 서쪽을 '후쿠오카'라고 부르게 됐다. 하카타는 전통 공예와 예능의 본고장으로, 후쿠오카는 무사 문화를 전하는 거리로 각각 발전했다.

5. 1868~1912년 메이지 시대, '후쿠오카'로 하나 된 두 도시

1889년 두 도시를 통합하면서 시의 명칭을 후쿠오카로 할 것인지 하카타로 할 것인지를 두고 논쟁이 일었다. 당시 시의회 투표를 거쳐 선택된 이름은 '후쿠오카 시'. 대신 같은 해 국철이 개통되었는데, 이 역명을 '하카타 역'으로 짓게 됐다. '하카타'는 철도 역과 항구 명을 비롯해 하카타 직물, 하카타 인형 등과 같이 공예품, 특산품 등의 산지를 표시하는 명칭으로서 명맥을 이어나가고 있다.

6. 다이쇼 시대~현재

후쿠오카는 구마모토와 나가사키 등 다른 큐슈 지역에 비해 발전이 늦었으나, 1910년에 제13회 큐슈 오키나와 8현 공진회(국내 박람회) 개최를 계기로 큐슈의 중심지로서 발전하기 시작했다. 1930년대에는 큐슈의 정치, 경제, 문화의 중심 도시로 알려졌으나, 1945년 6월 19일 대공습으로 도시가 잿더미가 되며 한 차례 시련을 겪었다. 이후 새로운 도시 계획에 따라 거리 구획이 정비돼 현재에 이르고 있다. 현재 후쿠오카에는 수많은 국제기관, 정부 기관, 민간 기업이 자리 잡고 있으며 큐슈의 중추 도시로 자리매김하고 있다.

하카타 전통 공예품

3. 하카타 사투리, '하카타벤'

후쿠오카에서는 하카타 사투리인 하카타벤(博多弁)을 사용한다. 서남 방언이라고도 한다. 하카타 사투리는 일본 전국 사투리 호감도 조사에서 2위를 할 정도로 일본에서 인기다. 하카타 사투리로 이야기하는 여자는 귀엽고, 남자는 호감을 준다거나 하카타 사투리의 독특한 억양과 울림이 좋다고 생각하는 사람이 많기 때문이다. 관공서와 서비스업에 종사하는 사람이나 젊은이는 잘 쓰지 않지만, 방언을 활용한 지명이나 상품 이름 등이 있으니, 약간이라도 알면 후쿠오카를 좀 더 쉽게 이해

할 수 있다. 대표적인 하카타벤은 일본어의 형용사에 붙는 '~이(い)' 대신 '~카(か)'가 붙는 경우다. 좋다(よい)는 '요카(よか)', 맛있다(うまい)는 '우마카(うまか)', 기쁘다(嬉しい)는 '우레시카(嬉しか)' 하는 식이다. 그래서 후쿠오카 관광 안내 사이트는 '요카나비(よかなび)'고, 교통 카드 이름인 '스고카(すごか)'는 스고이(すごい)의 하카타 사투리다. 후쿠오카 사람들에게 하카타 사투리를 가르쳐달라고 하면, 가장 많이 들려주는 사투리가 '톳토토(とっと-と)'인데, 이는 '(자리 등을) 맡아놓다'는 뜻이다. 반복되는 발음이 재미있다.

하카타 사투리를 들어 볼 수 있는 하카타마치야 후루사토칸

4. 자전거 타기 좋은 후쿠오카

후쿠오카는 대부분 평지이며 도시 자체도 크지 않고 도심도 복잡하지 않아 자전거 여행에 딱이다. 자전거는 호텔이나 호스텔 등 숙박 시설에서 대여하기도 하고 크로스컨트리, 마이크런트 사이클링과 같은 전문 자전거 렌털 숍을 이용할 수도 있다. 간편하게 사용할 수 있는 공유 자전거 서비스 챠리챠리(チャリチャリ) 서비스도 있다. 텐진·하카타를 중심으로 자전거 주차장이 260개소 이상 존재하며, 약 1500대의 자전거를 운영하고 있다. 스마트폰만 있으면 언제 어디서나 필요할 때 바로 사용하고 반납할 수 있어서 이용하기 편리하다.

챠리챠리 서비스 이용 방법
1 챠랴챠리 어플을 다운로드한 뒤, 회원등록을 한다.
2 어플에서 지도를 보며 챠리챠리 포트를 찾는다.
3 자전거에 붙어있는 열쇠 QR코드를 챠리챠리 어플로 읽는다. 열쇠가 열리면, 어플에서 'Unlocked!'이라고 표시된다.
4 반드시 헬멧을 착용하고, 차도를 이용해(좌측) 안전하게 이용한다. 야간에는 점등한다.
5 목적지에 도착한 뒤에는 반드시 전용 주차장에 반납한다. 다이얼을 누르고 열쇠를 잠근다. 탑승이 종료된 것을 앱으로 확인한다. 요금은 어플에서 확인할 수 있다.
6 사용한 요금은 한 달 동안 사용한 요금을 합산해, 다음 달에 지불한다. 신용카드로 지불할 수 있다.
ⓨ **요금** 1분에 6¥(일반자전거), 15¥(전기자전거) ⓞ **홈페이지** https://charichari.bike

5. 영화·드라마 속 후쿠오카

후쿠오카 FUKUOKA, 2020

2019년 개봉한 장률 감독의 영화 〈후쿠오카〉는 영화의 제목이 '후쿠오카'인 만큼, 거의 모든 장면이 후쿠오카 시내에서 촬영됐다. 헌책방을 운영하고 있는 제문(윤제문)은 가게의 단골손님인 어딘가 기묘한 소녀 소담(박소담)의 제안에 후쿠오카로 떠나게 된다. 사실, 후쿠오카에는 대학시절 사랑했던 소담으로 인해 연을 끊다시피 한 친구 해효(권해효)가 있었다. 영화는 이들이 함께 후쿠오카를 여행하는 이야기를 담고 있다.

영화는 한창 뜨고 있는 동네인 다이묘(大名)와 고풍스러운 분위기가 남아있는 하카타 등을 배경으로 촬영됐다. 영화에서 주인공들이 찾던 전파탑은 텐진의 중심부에 우뚝 솟은 눈길을 사로잡는 랜드 마크인 NTT의 철탑이다. 영화에서는 커뮤니케이션의 상징으로써 그려진다. 아카렌가 문화관 바로 옆에 있는 도리이를 지나는 먹자골목 '우마카몬 거리'에서는 해효와 제문이 불면증 이야기를 하며 티격태격 대는 장면이 촬영됐다. 해효, 재문, 소담이 셋이 걸었던 거리는 나카스 동쪽 강변로 나카가와 거리(那珂川通り)다. 영화 포스터도 바로 이곳에서 촬영됐다. 텐진 중심부에 있는 텐진 중앙공원에서는 어린 해효와 제문이 동전으로 내기를 하는 장면이 촬영됐다. 해효와 제문이 야마모토 유

키와 재회한 우동집은 고후쿠마치 역에 있는 미야케 우동집이며, 극중 중고서점은 긴린쵸 거리 동쪽 끝에 있는 이리에서점이다. 이리에 서점은 소담이 야마모토와 조우한 곳이기도 하다.

너의 췌장을 먹고 싶어
君の膵臓をたべたい, Let Me Eat Your Pancreas, 2017

스미노 요루의 동명 원작 소설 〈너의 췌장을 먹고 싶어〉를 영화화한 작품으로, 비밀을 안고 살아가는 소녀와 그녀의 비밀을 알게 된 '나'의 이야기를 섬세하고 담담하게 풀어냈다. 이 영화에서 주목할 점은 배경이 바로 다자이후라는 점! 특히 주인공들이 여행을 떠나는 장소로 후쿠오카가 등장해 반갑다. 영화 속에는 다자이후 텐만궁뿐 아니라 후쿠오카 텐진미나미 역, 힐튼 후쿠오카 시호크 호텔, 데아이바시 등이 등장한다. 후쿠오카 여행을 계획하고 있다면, 예습하는 의미로 미리 후쿠오카 풍경을 감상해보자.

FUKUOKA
BEST 6

후쿠오카에서 꼭 봐야 할
볼거리 베스트 6

연인들의 데이트 코스
후쿠오카의 젊은 연인들은 어디에서 데이트를 할까? 궁금증이 생길
때는 이곳으로 진격. 나 홀로 여행자는 옆구리가 좀 시릴 수 있다.
대표 스폿
후쿠오카타워(P.037)

2

후쿠오카 근교 신사 탐방
중요한 시험을 앞둔 사람이라면 학문의 신을
만나러 가보자. 후쿠오카에서 가까워서
좋고, 보기보다 볼거리가 많아서 더 좋다.
대표 스폿
다자이후 텐만구(P.041)

3

아기자기한 온천 마을

하루에도 몇 번씩 여자 마음을
흔들어대니 배겨낼 재간이 없다.
보기만 해도 소유욕이 샘솟는
물건이 가득한 상점가를 걷다
보면 어느새 긴린코 호숫가에
다다른다.
대표 스폿
긴린코 호수(P.058)

4

도심 속 공원 산책

때로는 한적한 곳을 거닐며 나만의
추억을 쌓아보자. 혼자 느릿느릿
걸어도, 둘이 함께해도 참 좋은 길이다.
대표 스폿
오호리 공원(P.038),
후쿠오카 성터(P.038)

5

개항 역사를 따라 걷는 길

한때 일본 유일의 개항장이었던 나가사키. 동서양이 한데 어우러졌던
지역이니만큼 이색적인 풍경이 시선을 붙든다. 나가사키까지 간 김에
세계 3대 야경도 놓치지 말자.
대표 스폿
오우라 천주당(P.061), 구라바엔(P.062), 이나사야마 전망대(P.047)

6

벳푸 지옥 온천 순례

눈으로 보고 몸으로 체험하는
이색 온천. 펄펄 끓는
온천수에 찐 요리까지 맛보면
입마저 즐겁다. (P.050)

1

아마오우
후쿠오카 딸기
'아마오우'는 과즙이
풍부하고 유난히
달아서 인기다. 딸기가
나오는 겨울부터 봄까지
후쿠오카 곳곳에서
아마오우를 주재료로
만든 다양한 디저트를
맛볼 수 있다.

FUKUOKA
BEST 7

후쿠오카에서 꼭 먹어봐야 할
먹을거리 베스트 7

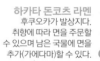

하카타 돈코츠 라멘
후쿠오카가 발상지다.
취향에 따라 면을 주문할
수 있으며 남은 국물에 면을
추가(가에다마)할 수 있다.

3

2

우동
후쿠오카는 우동의 발상지이기도 하다. 부드러운 면과 깔끔한 국물이
특징. 여기에 후쿠오카에서만 볼 수 있는 토핑인 고보텐(우엉튀김)과
마루텐(어묵)을 올리면 완벽한 토속 음식이 된다.
닭이 유명한 큐슈 지방에서는 오니기리(주먹밥)에도 닭고기를 넣는다.
가시와오니기리는 우동과 함께 먹으면 든든하다.

미즈타키
닭 뼈를 우린 육수에 닭고기와 완자, 채소
등을 넣은 전골 요리다. 콜라겐이 풍부한
진한 국물을 먼저 맛보고, 닭고기와 채소를
소스에 찍어 먹자.

하카타 한 입 교자
후쿠오카 교자는 한 입 크기가
기본이다. 바삭하고 육즙이 가득한
만두가 한 입에 쏙 들어간다.

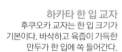

모츠나베
곱창전골이다. 간장과 된장 등 다양한 양념을 고를 수
있으며, 쫄깃쫄깃한 곱창과 부추, 양배추 등의 채소,
마늘의 풍미가 어우러져 맛있다. 다 먹은 후에는 짬뽕
면을 추가하거나 밥으로 죽을 만들어 먹을 수 있다.

멘타이코
부산의 명란젓이
후쿠오카로 건너가
지역의 명물 멘타이코가
됐다. 후쿠오카에서는
다양한 맛과 형태의
멘타이코를 만날 수
있지만 역시 따끈한
흰쌀밥에 먹을 때가
가장 맛있다.

FUKUOKA
BEST 6

후쿠오카에서 꼭 가야 할 쇼핑 스폿 베스트 6

1 JR 하카타시티
하카타 역사 내에 있는 가장 접근성이 좋은 쇼핑 타운. 한큐 백화점, 아뮤플라자, 아뮤이스트 등이 모여 있어서 원스톱 쇼핑이 가능하다. 한큐 백화점(P.163)

2 이와타야 백화점

꼼데가르송, 이세이 미야케 등 우리나라에서도 인기 있는 디자이너의 라인이 모두 모여 있어 패션에 관심이 있는 사람이라면 꼭 찾아가는 핫 플레이스. (P.164)

3 캐널시티 하카타
후쿠오카 관광의 상징이 된 스페셜 쇼핑 스폿. 유명한 식당과 패션 브랜드, 캐릭터 숍이 몰려 있어서 쇼핑하기 편리하다. (P.170)

텐진 지하상가
텐진 쇼핑가의 맥. 지하상가일 뿐 아니라 텐진의 모든 백화점과
쇼핑몰 등을 잇는 지하도 역할을 한다. (P.174)

5

다이묘
요즘 가장 핫한
쇼핑 골목. 빈티지나
스트리트 패션 등 젊은
층에 인기 있는 숍들이
모두 모였다. 보물 찾기
하듯, 골목골목 누비는
재미가 있다. (P.168)

6

돈키호테
드러그스토어에서
취급하는 품목뿐 아니라
다양한 잡화까지 갖춘
종합 할인점이다. 값이
싸고 물건이 많아서 인기.
(P.186)

FUKUOKA
BEST 5

후쿠오카에서 꼭 해 봐야 할
온천 미션 베스트 5

1

일출 보며 온천욕 하기
스기노이 호텔에 묵는다면
놓치지 말아야 할 일출 온천욕!
대표 스폿
스기노이 호텔(P.212)

2

온천 증기 찜 요리 맛보기
맛보다는 과정이 즐거워 재미 삼아
한번 체험할 만하다.
대표 스폿
지고쿠무시코보 간나와(2권 P.180)

3
온천수로 만든 커피 마시기
온천을 입안 가득
마셔보자
대표 스폿
커피 나츠메(P.136))

4
우리만의 시간, '가족탕'
전세탕을 빌려 우리만의
시간을 마음껏 즐기자.
대표 스폿
미유키노유(P.226),
지사이유야도
스이호오구라(P.227)

5
무료 족욕장에서 족욕 하기
여행의 피로를 싹
풀어주는 일등 공신. 발
닦을 수건만 챙겨 가면
족욕을 원 없이 할 수
있다.
대표 스폿
간나와무시유(P.230),
지고쿠무시코보
간나와(2권 P.180)

STORY

HOT & NEWS

© Teamlab Forest Fukuoka

일본 소비세율 인상

2019년 10월 1일부로 소비세율이 10%로 인상되었습니다. 다만 모든 부분에서 일괄적으로 소비세 10%를 부과하는 것은 아니고요. 일상생활과 밀접한 물건 및 서비스의 경우에는 기존 8%의 소비세를 부과합니다. 10% 적용을 받는 대표적인 항목이 바로 주류와 외식비인데요. 음식을 포장해 테이크 아웃 할 경우에는 일상생활에 직접 영향이 있다고 봐 경감세율이 적용되어 8%를 부과하지만 매장에서 먹고 가는 경우에는 외식으로 여겨 소비세 10%가 적용되는 식입니다.

다자이후 텐만구 공사 시작

다자이후 텐만구가 대대적인 공사를 합니다. 2023년 5월부터 무려 3년동안 다자이후 텐만구의 본당이 복원 공사에 들어갑니다. 옻칠을 새로하고 방재작업을 해 공사기간 중에는 본당을 볼 수 없으니 참고하세요!

보스 이조 후쿠오카 오픈

다양한 어트랙션과 VR체험, 야구 체험, 다양한 이벤트를 즐길 수 있는 '보스 이조 후쿠오카(BOSS E · ZO FUKUOKA)'가 2020년 7월 개관했습니다. 정말 많은 즐길 거리가 있지만 하이라이트는 단연 '팀랩 포레스트'인데요. 마치 영화 아바타의 풍경들이 시시각각 빛을 바꿔가며 눈 앞에 펼쳐지는 체험은 오로지 이곳에서만 할 수 있다는 사실! 건물 옥상에 설치된 아날로그 롤러코스터와 튜브형 미끄럼틀 타는 것도 잊지 마세요!

STORY

버스 기본 요금, 150엔으로 인상

후쿠오카 버스 기본 요금이 100엔에서 150엔으로 인상되었습니다. 물가 상승이 그 요인이라는데 아무래도 아쉬운 소식입니다. 또, 인력 부족으로 캐널시티 라인버스도 폐지되어 역사 속으로 사라졌습니다.

나가사키 신칸센 개통

2022년 9월 23일 니시큐슈 신칸센(西九州新幹線)이 개통했습니다. 무려 40여년만의 숙원 사업이 이뤄진 것인데요. JR나가사키 역(長崎)과 JR 다케오 온천(武雄温泉) 역을 잇는 총 66km거리로 후쿠오카 하카타 역에서 나가사키까지 전구간 신칸센으로 연결되지는 않지만 특급열차를 타고 2시간 걸리던 시간을 1시간 30분으로 단축되어 이동 편의성이 대폭 보완됐습니다. 이보다 앞선 2020년 3월 28일에는 대대적인 재개발 공사를 마친 나가사키 역을 개장했는데요. 2025년까지 신칸센 역사와 기존 역사를 하나로 잇는 빌딩이 들어서는데, 이곳에는 호텔과 오피스, 대형 상업시설이 입점 될 예정이라고 합니다.

유후린 버스, 주말과 공휴일에만 운행

버스 기사 인력부족과 버스 승객 감소로 유후린 버스가 감축 운행에 들어갔습니다. 벳푸와 벳부 근교, 유후인을 한 번에 이어주는 유일무이한 버스 노선이라 뚜벅이 여행자들에게 큰 타격이 있을 수밖에 없겠습니다.

지하철 나나쿠마선 연장개통

하카타와 캐널시티, 텐진을 한 번에 잇는 지하철 노선이 개통했습니다. 연장 구간은 구시다진자마에(櫛田神社前) 역과 하카타(博多) 역 뿐이지만 버스를 타거나 걸어갈 수밖에 없었던 캐널시티와 구시다 신사도 지하철로 편하게 오갈 수 있게 되어 여행 편의성이 대폭 높아졌습니다.

텐진은 지금 대규모 공사 중

1976년 완공해 약 45년간 텐진의 얼굴이었던 텐진 코어와 텐진 비브레, 임즈 건물이 완전 철거됐습니다. 이 자리에는 각각 2025년과 2026년 완공을 목표로 대형 상업시설과 오피스, 호텔등 대형 복합 빌딩이 들어선다고 합니다. 텐진 신텐초(新天町) 구역 재개발 계획도 발표됐는데요. 이 모든 것이 '텐진 빅뱅프로젝트'의 일환으로 조만간 새로운 텐진을 만날 수 있을듯 합니다.

애플스토어 확장 이전

2019년 9월 텐진 니시도리(天神西通り) 거리를 따라 이와타야 백화점 방향으로 약 180미터 들어간 곳으로 이전했습니다. 이전 매장보다 훨씬 고급스럽고 현대적인 분위기인데요. 여행객과 쇼핑객이 몰려 혼잡하기 일쑤! 픽업 주문을 하면 쇼핑이 훨씬 편리합니다.

후쿠오카 핫플레이스 라라포트 신규 오픈

2022년 4월 실제 크기의 RX-93ff ν 건담 조형물로 입소문을 탄 대형 쇼핑몰 '라라포트(La La Port)가 후쿠오카 공항 인근에 문을 열었습니다. 실물크기와 동일하게 제작돼 높이 24.8미터, 무게는 80톤이나 되는데요. 매시간마다 영상과 조명이 들어오고 조형물이 움직이기도 합니다.

SIGHT
SEEING

후쿠오카 3대 명소

남들 다 가는
이유가 있겠지

남들 다 간다는데 안 갈 수 없고,
굳이 안 갈 이유도 없다.
이유 없는 명성은 없는 법.
내 눈으로 직접 보고 먹고 경험하자.
그래야 입이 닳도록 칭찬할 수도 있고,
신랄하게 비판할 자격도 있다.

234m

1
네 방향 뷰가 다 달라요!
후쿠오카타워
福岡タワー

후쿠오카 안내 책자마다 등장하는 랜드마크 건물. 지상 123m 높이의 전망층에 서면 페이페이 돔과 마리존(マリゾン), 모모치 해변 등 대표적인 명소를 볼 수 있다. 풍경이 가장 아름다운 때는 하카타 만 뒤편으로 해가 질 무렵이다. 온 도시가 석양빛을 머금는 풍경은 말을 잊게 만든다. 겨울에는 주변 거리를 아름다운 조명으로 꾸미는 일루미네이션 행사가 열리기도 하며, 계절별로 바뀌는 야간 경관 조명을 보는 재미도 쏠쏠하다. 2019년 대대적인 리노베이션을 해 전보다 볼거리가 풍성해졌다.

후쿠오카 ⓑ **2권** P.118 ⓞ **MAP** P.115D ⓒ **찾아가기** JR 하카타 역에서 버스로 25분
ⓨ **가격** 입장료 성인 800¥, 초등·중학생 500¥, 4세 이상 200¥, 65세 이상 720¥

⊕
전망대
둘러보기

🔵 **동쪽**
후쿠오카타워의 메인 뷰. 니시진 전체 전망이 한눈에 들어온다. 날씨가 좋은 날에는 오호리 공원과 텐진 지역까지 볼 수 있다. 불빛이 끝없이 펼쳐지는 전망을 배경 삼아 인물 사진을 찍기에도 좋다.

🔵 **남쪽**
낮에는 나지막한 주택이 밀집한 한적한 풍경일 뿐이지만 저녁이 되면 분위기가 확 달라진다. 무로미 강을 붉게 물들이는 노을빛 하며, 띄엄띄엄 불을 밝힌 주택가의 여유로운 정경까지 후쿠오카의 새로운 모습을 볼 수 있다.

🔵 **서쪽**
마리노아시티 아울렛과 관람차가 주요 랜드마크다. 풍경이 가장 아름다운 시간대는 해가 진 직후. 노을빛이 짙게 깔린 하늘에 감탄사가 절로 나온다.

✔ 입장료 할인 혜택을 체크하자

◆국내에서 할인 혜택을 챙기자. 여행사에서 할인티켓을 구입하는 것을 추천(www.kkday.com)
◆후쿠오카 투어리스트 시티패스(Fukuoka Tourist City Pass) 제시 시 20% 할인(640¥)
◆산큐패스(SUNQ) 제시 시 5명까지 10% 할인(720¥)
◆JR 큐슈 레일패스 (JR Kyushu Rail Pass) 제시 시 20% 할인(640¥) + 오리지널 포스트카드 증정
◆생일 전후 3일씩(총 일주일 간) 무료 입장 + 생일 카드 증정

🔵 **북쪽**
바다 만나기가 쉽지 않은 후쿠오카에서 바다를 실컷 볼 수 있는 몇 안 되는 곳 중 하나다. 하카타 만의 드넓은 바다가 한눈에 들어와 가슴이 뻥 뚫리는 것만 같다. 시사이드 모모치 해변공원과 마리존의 이국적인 풍경도 시원스러운 풍경에 한몫한다.

2 오호리 공원
일본에서도 손꼽히는 물의 정원

大濠公園

오호리(大濠)는 '구덩이'라는 뜻으로, 원래 하카타 만으로 이어졌던 습지를 후쿠오카 성 축조 당시에 북쪽을 일부 매립해 조성했다. 1929년 공원으로 개장한 이래 정원의 나라 일본에서도 손꼽히는 물의 정원으로 사랑받고 있다. 공원 내에 거대한 호수를 가로지르는 오솔길을 산책하는 기분은 특별하다. 길 중간중간 터를 잡고 선, 개원 당시부터 있었던 소나무와 정자인 우키미도(浮見堂) 등도 운치를 더한다.

후쿠오카 📖 2권 P.102 🔎 MAP P.104F
🚉 찾아가기 오호리코엔 역에서 도보 3분

✔ 시간이 남는다면 후쿠오카 성터도 함께 둘러보자

한때 큐슈 최대 규모의 성이 있었으나 이축되고, 지금은 후쿠오카 시민들에게 가장 사랑받는 공간으로 자리매김하고 있다. 매년 4월 초, 벚꽃 철이 되면 긴 세월을 이어온 사랑에 보답하듯 화려한 봄빛으로 물든다.
📖 2권 P.108 🔎 MAP P.105G

3 후쿠오카 정체성의 산실
구시다 신사
櫛田神社

기온 야마카사 마츠리, 돈타쿠 미나토 마츠리 등 수백 년을 이어온 굵직굵직한 행사가 이곳에서 시작된다. 성인식과 결혼식 등 삶의 새로운 출발선에 선 사람들에게도 이곳은 시작을 축복하는 곳으로서 의미를 지닌다. 하지만 한국인에게는 아픈 역사가 떠오르는 공간. 명성황후의 생명을 앗아간 '히젠토(肥前刀)'라는 칼이 이곳에 남아 있다. 시해 당시, 명성황후의 마지막 표정을 잊지 못한 자객이 명성황후의 얼굴을 똑 닮은 관음상과 히젠토를 함께 바쳤다는 서글픈 이야기가 전해진다.

후쿠오카 📖 2권 P.060 ⊙ **MAP** P.056F ⊙ **찾아가기** 기온 역에서 도보 5~7분

✔ 구시다 신사에서 이건 꼭 해보자

O1 각종 행사 구경하기
주말이면 결혼식이나 성인식 등 다양한 행사가 신사 본전에서 자주 열린다.

O2 재미로 해보는 오미쿠지
운세를 점쳐볼 수 있는 오미쿠지도 재미로 뽑아보자. 한국어로 된 오미쿠지도 있다.

O3 출출할 땐 야키모찌 냠냠
달콤한 맛에 한 번, 쫀득한 식감에 또 한 번 반하게 되는 구운 찹쌀떡. 신사 입구의 구시다 차야(櫛田茶屋)에서 판다. 100¥(1개)

진작 여길 다녀왔더라면
명문대생이 됐을텐데

짧은 일정으로 후쿠오카에 온 사람들에게는 근교 여행지의 마지노선.
큰 시험을 앞둔 수험생에게는 불안한 마음을 떨칠 수 있는 곳.
방문 목적이 무엇이든 일본인들의 신앙심을 가까이에서 느낄 수 있는 곳이다.
넉넉잡아 후쿠오카에서 30~40분이면 도착하니 이 또한 얼마나 다행인가.

다자이후 텐만구 太宰府

2026년까지 본당 공사중

수험생을 둔 부모 마음은 모두 비슷한가 보다. 학문의 신을 모시는 신사답게 지푸라기라도 잡는 심정으로 찾아온 사람들로 북새통을 이루기 일쑤. 소 동상의 머리를 쓰다듬는 손길도, 알고 보면 별맛 없는 합격떡을 한 입 베어 무는 행위도 모두 합격을 비는 절박한 마음의 표현이리라. 그냥 둘러봐도 좋은 곳이지만, 다자이후 텐만구가 어떻게 학문의 신을 모시는 신사가 됐는지를 알면 좀 더 즐겁다. 일본의 유명한 학자 겸 정치인이던 스가와라노 미치자네(菅原道真)는 901년 정치적 모함을 받아 다자이후(太宰府)로 좌천되었고, 다다음해 2월 25일에 생을 마감한다. 그를 실은 관을 우마차에 싣고 교토(京都)로 옮기려는데 소가 엎드리더니 꼼짝하지 않았고, 사람들은 이를 다자이후를 떠나지 않겠다는 뜻으로 여겨 이곳에 그의 묫자리를 쓰게 됐다. 그런데 그가 죽은 후 교토에 벼락이 떨어지고 화재가 계속 나자 스가와라노 미치자네의 혼령이 저주를 내린 거라고 생각한 사람들이 그를 천신으로 우대해 묫자리 위에 사당을 지었는데, 그것이 다자이후 텐만구의 시작이라고 한다. 후쿠오카의 텐진(天神, 천신)이라는 지명 역시 이 일화에서 유래했다.

ⓑ 2권 P.130 ● MAP P.127C
ⓖ 찾아가기 하카타 버스터미널에서 버스로 30분
¥ 입장료 무료

✔PLUS TIP

01 다자이후 산책 티켓
다자이후까지 전철을 타고 가고 싶다면 '니시테츠 다자이후 산책 티켓'을 추천한다. 왕복 승차권(800¥ 상당)과 우메가에모찌 2개를 맛볼 수 있는 티켓(260¥ 상당)을 묶어 960¥에 판매한다. 반나절은 다자이후, 나머지 반나절은 야나가와에서 보낼 수 있는 '다자이후 야나가와 티켓'도 있다.(P.087)

02 다자이후 100엔 버스
'마호로바고(まほろば号)'라는 이름의 미니 버스로, 귀여운 외관 덕분에 멀리서도 눈에 띈다. 이 버스를 이용해 다자이후의 공공시설과 관광 명소, 유적지로 갈 수 있다. 반나절 이상의 시간을 투자해 이 지역의 여러 유적지를 둘러보고 싶다면 이 버스를 이용하자. 1회 탑승 100¥, 하루 이용권은 300¥이다. 운행은 시간당 2회.

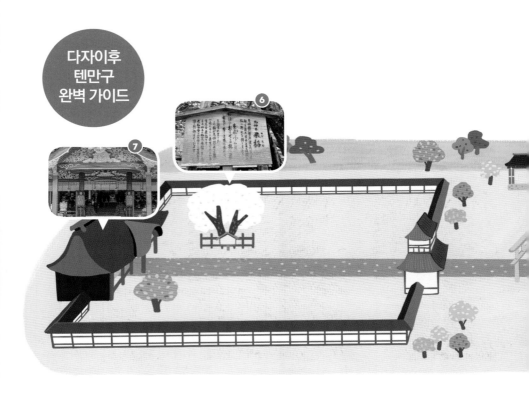

다자이후 텐만구 완벽 가이드

❶ 도리이(とりい)

종교를 흔히 성(聖)과 속(俗)의 경계라고 한다. 신사의 대문에 해당하는 도리이를 통과하면 신들의 땅에 발을 딛는 것. 도리이가 속세의 액(厄)을 막는 일종의 방어막이 되어주는 셈이다.

❷ 신규(神牛) 동상

다자이후 텐만구에는 소 동상이 있는데, 이 동상의 머리를 만지면 머리가 맑아지고, 자신의 몸에서 건강이 좋지 않은 부위를 만지면 그 부위의 병이 낫는다는 속설이 있다. 하지만 학문의 신을 모신 곳이니만큼 머리와 뿔 부분이 유독 반질반질.

❸ 다이코바시(太鼓橋)

신지이케 위에 놓인 3개의 보행교로 각각 과거, 현재, 미래를 의미한다. 과거의 다리를 건너는 동안 뒤를 돌아보지 말고, 미래의 다리를 건널 때에는 넘어지면 안 된다는 재미있는 속설이 전해져 내려온다.

❹ 신지이케(心字池)

도리이를 통과하면 마음 심(心) 자 모양의 연못이 참배객을 반긴다. 곧 용이 되어 승천할 것 같은 거대한 잉어도 볼 수 있다.

❺ 기린 동상

기린은 중국의 상상 속 동물로 일본 '기린맥주' 상표의 모티브가 됐다.

❻ 도비우메(飛梅)

말 그대로 '날아온 매화나무'. 이 나무에 얽힌 이야기가 참 재미있다. 이 신사의 주인인 스가와라노 미치자네가 좌천되어 다자이후로 향하는 길에 '동풍이 불거든 향기를 보내다오, 매화꽃이여, 주인이 없다 해도 봄을 잊지 말게나'라는 시를 읊었는데, 이 시에 등장하는 매화나무가 그를 따라 교토에서 500km 떨어진 이곳까지 하룻밤 사이에 날아와자랐다고 한다. 신사 경내에 6000그루가 넘는 매화나무가 있고, 일조량에 차이가 거의 없는데도 이 나무가 매년 가장 먼저 꽃망울을 터뜨린다니 진짜로 영험한 기운이 있는지도 모르겠다. 2월 중순쯤 개화한다.

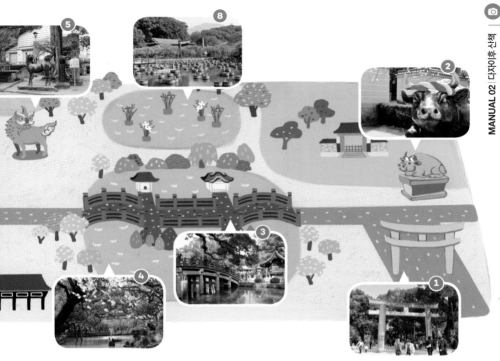

7 혼텐(本殿)

905년 스가와라노 미치자네의 무덤
터에 지은 신사의 본전이다.
국가 중요 문화재로 지정되었을
정도로 화려한 매화 문양이 건축학적
가치가 높다. 연꽃과 사람, 잉어
조각으로 장식한 처마 아래 난간도
눈여겨볼 만하다.

8 쇼부이케(菖蒲池)

매년 6월 창포꽃이 피는 연못.
주변에 매화나무가 많아 매화꽃을
구경하기도 좋다.

신사 내 소소한 볼거리

매화 어딜 가나 매화나무가 있다. 매화꽃이 만개하는
2월 말~3월 초에는 신사 전체가 매화로 뒤덮인다고
해도 과언이 아닐 정도이니 이 시기에 다자이후에
간다면 놓치지 말자. 건물과 등, 보도블록 등에 새겨진
매화 문양을 찾아보는 것도 또 다른 재미!

원숭이 쇼 구령에 맞춰 다양한 쇼를 보여주는
원숭이는 다자이후 텐만구의 인기 스타다. 사무실 건물
앞 공터가 그들의 무대이니 잠깐 들러보자.

각종 이벤트 큰 행사가 있는 날 신사에 가면
흔치 않은 구경거리를 만날 수 있다. 행사 일정은
홈페이지에 공지되니 미리 확인하자.

행운과 합격을 부르는 기념품

다자이후에서만 살 수 있다!
다자이후 텐만구 참배길에서 찾은 다자이후 고유의 이야기가 담긴 기념품들.

'신의 새' 기우소(木うそ)

나무 피리새라는 뜻을 가진 '기우소'로 참샛과의 새인 우소의 모양을 본떠 목련나무로 만들었다. 기우소가 신의 새로 여겨지는 배경에는 특별한 일화가 얽혀 있다. 오래전 다자이후 텐만구에 벌 떼가 몰려들어 곤란을 겪었는데, 이때 우소 무리가 날아와 벌떼를 퇴치했다고.

합격 부적

다자이후 텐만구최고의 기념품은 아무래도 합격 부적이 아닐까? 주변에 입시나 진급 시험 등 중요한 시험을 앞둔 사람이 한두 명은 있을 터. 다자이후에 다녀온 소식을 전하면서 학문의 신에게 받은 기운을 합격 부적에 담아 선물해도 좋겠다.

매화 무늬로 장식한 소품

다자이후 시(市)의 꽃이자 다자이후 텐만구를 이야기할 때 빼놓을 수 없는 매화. 참배길을 따라 늘어선 상점가에서 매화꽃으로 장식한 여러 가지 상품을 파는데, 그중 다자이후 텐만구 바로 옆 인포메이션 센터에서 판매하는 매화 무늬를 은은하게 수놓은 손수건, 부채, 가방 등이 인기다.

명물 디저트

매화나무에서 유래한 디저트를 맛보자.

우메가에모찌(梅が枝もち)

합격떡 또는 매화떡으로 불리는 이 지역의 명물. 이 떡에도 스가와라노 미치자네의 일화가 담겨 있다. 스가와라가 투병 중이던 때, 한 노인이 그의 쾌유를 빌며 떡을 매화나무 가지에 매달아 전한 데서 유래했다. 맛은 구운 찹쌀떡을 상상하면 된다. 단팥의 달콤함과 구운 찹쌀의 구수함이 잘 어우러져 자꾸 손이 간다.

매실 아이스크림

매실 아이스크림은 우메보시를 즐기는 사람이나 우메보시에 나쁜 기억을 가진 사람 모두 좋아할 맛이다. 새콤한 매실 알갱이가 기분 좋게 씹힌다.

다자이후 매실 사이다

가볍게 마실 수 있는 매실 사이다. 후쿠오카 농업고등학교에서 다자이후 홍백 매실로 만든 시럽으로 단맛을 낸 음료로 청량감이 일품이다.

소문난 맛집

다자이후를 돌아보고 기념품도 샀다면 이번에는 배를 채울 차례. 소문난 맛집의 다양한 음식부터 매실로 만든 갖가지 디저트까지, 배가 불러오는 것이 아쉬울 따름이다.

다자이후 버거 치쿠시안 본점
筑紫庵 本店

'다자이후 버거'를 파는 치쿠시안의 본점이다. TV와 잡지 등 대중매체에 특별한 버거로 알려지며 유명해졌다. 맛의 비결은 패티! 버거에 소고기 패티 대신 일본식 닭튀김인 가라아게를 끼운다. 일반적인 치킨 버거의 패티보다 닭튀김에 가까운 느낌이다.

📖 **2권** P.130 🗺 **MAP** P.126F
📍 **찾아가기** 니시테츠 다자이후 역에서 도보 3분

사이후 우동 기무라 제면소
さいふうどん 木村製麺所

기무라 제면소에서 직영하는 우동집. 기본 우동에 토핑을 추가한다. 불고기와 계절 한정 토핑이 주인 추천 메뉴.

📖 **2권** P.131 🗺 **MAP** P.126B
📍 **찾아가기** 니시테츠 다자이후 역에서 도보 4분

스시에이
寿し栄

다자이후를 대표하는 스시집으로 제법 고급스럽다. 매일 오전 11시부터 오후 2시까지 판매하는 점심 메뉴는 한참 기다려야 먹을 수 있을 정도로 인기인데, 런치 스시가 특히 가격 대비 훌륭하다.

📖 **2권** P.131 🗺 **MAP** P.126B
📍 **찾아가기** 니시테츠 다자이후 역에서 도보 4분

카사노야
かさの家

텐만구 참배길에 많은 우메가에모찌 가게가 있지만 이곳만 늘 인파가 몰린다. 1922년부터 우메가에모찌를 팔기 시작했다. 이 집의 비결은 홋카이도산 팥을 사용해 은은한 단맛을 내고 찹쌀과 멥쌀, 팥을 황금 비율로 맞추는 것이라고. 가게 안쪽으로 들어가면 말차 세트나 단팥죽 등 디저트와 쇼카도벤토(松花堂弁当) 같은 식사 메뉴도 판매한다.

📖 **2권** P.131 🗺 **MAP** P.126F
📍 **찾아가기** 니시테츠 다자이후 역에서 도보 3분

스타벅스
スターバックス

일본 내 스타벅스의 14개 콘셉트 스토어 중 하나. 일본의 유명 건축가 구마 겐고(隈研吾)가 '자연 소재를 이용한 전통과 현대의 융합'이라는 콘셉트로 설계했으며, 모두 2000여 나무로 이루어져 있는데 접착제 없이 나무를 끼워 맞춰 완성했다. 그러나 늘 관광객이 가득해 분위기를 기대하기는 어렵다. 사진 찍기에 좋은 곳.

📖 **2권** P.131 🗺 **MAP** P.126F
📍 **찾아가기** 니시테츠 다자이후 역에서 도보 4분

카페 란칸
珈琲蘭館

1978년부터 2대째 운영하는 로스터리 카페. 주인 다하라 씨는 큐슈에서 처음으로 스페셜티 인증(SCAA)을 받았고, 각종 세계 대회를 석권했다. 고풍스러운 인테리어와 다양한 다기가 커피만큼이나 만족스럽다.

📖 **2권** P.131 🗺 **MAP** P.126I
📍 **찾아가기** 니시테츠 다자이후 역에서 도보 8분

야경은 누구나 로맨티스트가 되게 한다

높은 건물도, 휘황찬란한 네온사인도 없지만 거친 숨을 내쉬는 화산이,
드넓은 바다와 높이 솟아오른 산맥이 배경이 된다.
그 배경을 가만 어루만지고 나면 사방에 흩뿌려진 별빛을 주워 담을 차례.
그렇기에 큐슈의 야경은 특별하다. 당신의 여행에 '로맨틱한'이라는
수식어를 추가해줄 야경 스폿을 소개한다.

✔ 야경 촬영의 황금 시간대 알아보기

STEP 1
전 세계의 일출과 일몰 시간뿐 아니라 날씨까지 볼 수 있는
'타임앤드데이트' 사이트에 접속한다.

후쿠오카 www.timeanddate.com/sun/japan/fukuoka
나가사키 www.timeanddate.com/sun/japan/nagasaki
기타큐슈 www.timeanddate.com/sun/japan/kitakyushu

STEP 2
스크롤을 내리면 날짜별 정확한 일출과
일몰 시간이 검색된다. 야경을 감상하기
좋은 시간대는 시빌 트와일라이트(Civil
Twilight(End))부터 애스트러노미컬 트와
일라이트(Astronomical Twilight(End))
까지 약 30분간. 일몰까지 보려면 선셋
(Sunset) 시간도 확인하자.

월별 베스트 시간

12~2월	17:46~19:11
3~5월	19:02~20:31
6~8월	20:00~20:53
9~11월	17:55~18:49

세계 3대 야경

1

별이 내려앉은 바다

이나사야마 전망대

稻佐山展望台

바다에서 볼 수 있는 신기루가 아니었을까. 수많은 도시, 그보다 곱절은 많은 야경을 보았지만, 이곳에서 본 풍경을 쉽게 잊을 수 없다. '세계 신(新) 3대 야경'이라는 수식어가 괜히 붙은 게 아니었다. 육지와 바다의 경계가 모호해지는 시간, 산 중턱까지 차오른 불빛들을 보노라면 누구나 그리 생각할 터. 해발 333m의 전망 지점에 서면 나가사키 시내는 물론 운젠, 고토 열도, 아마쿠사 등의 지역도 한눈에 들어온다. 이왕 올라간 김에 일몰까지 지켜보는 건 어떨지. 분명 나가사키가 새롭게 보일 것이다.

나가사키 ⓖ **2권** P. 199 ⓜ **MAP** P. 196
ⓖ **찾아가기** JR 나가사키 역에서 버스로 7분, 로프웨이(케이블카) 탑승, 10분 소요.
ⓨ **가격** 성인 1230¥, 중·고등학생 920¥, 어린이 610¥

↻ **접근성 ★★★☆☆**　ⓞ **주변 볼거리 ★☆☆☆☆**　🛒 **편의 시설 ★☆☆☆☆**　⬚ **복잡함 ★★★☆☆**

✔ **이나사야마 전망대를 똑똑하게 즐기는 방법 3가지**

01 사방이 뻥 뚫린 야외라 초여름 날씨에도 외투 없이는 대번 감기에 걸릴지도. 야경 사진을 찍고 싶다면 강풍에도 끄떡없는 튼튼한 삼각대가 있어야 한다.

02 무료 셔틀버스를 이용하자. JR 나가사키 역에서 나와 좌회전해 물품보관함을 지나면 보이는 정류장에서 탑승한다. 최근 예약제로 바뀌어 홈페이지(http://reserve.nagasaki-ropeway.jp)에서 예약해야 탑승 할 수 있다. 19:17부터 20:47까지 30분에 한 대꼴로 비정기적으로 운행한다. 스케줄은 홈페이지 참고 (http://inasayama.net)

03 식사할 만한 곳이 마땅치 않다. 간단한 먹을거리와 물을 챙겨 가자.

주말 밤엔 이곳으로

사라쿠라야마 전망대

皿倉山展望台

접근성 ★★★☆☆ **주변 볼거리** ★☆☆☆☆ **편의 시설** ★☆☆☆☆ **복잡함** ★★★★☆

슬로프카 탑승 방법

PLUS TIP

무료 셔틀버스 시간
평일 운영 안 함
토요일, 특별 야간 운행 기간
13:25~21:05
매시 5분/25분(17:25 제외) 운행
1일 15회
일요일, 공휴일
09:45~21:05
매시 5분/25분(12:25, 17:25 제외) 운행
1일 22회

STEP 1

JR 야하타 역에서 나와 왼편에 보이는
버스정류장에서 무료 셔틀버스에 탑승한다.

일본 신 3대 야경으로 꼽힌 곳. 백만 불짜리 나가사키 야경의 만 배에 이르는 값어치. '무려 백억 불짜리 야경'이라는 수식어가 붙을 만큼 확 트인 전망을 자랑한다. 이곳의 묘미는 슬로프형 케이블카를 타고 정상 부근까지 올라, 산 정상까지 이어진 두 번째 슬로프카로 갈아타기까지의 과정이다. 기타큐슈의 전망을 굽어보는 재미도 있지만 좁은 레일을 따라 아슬아슬 올라가는 심장 쫄깃해지는 기분이 의외의 즐거움.

기타큐슈 ⑬ **2권** P.226 ⓜ **MAP** P.216A
ⓖ **찾아가기** 기타큐슈 JR 야하타 역에서 무료 셔틀버스로 12분 ⓥ **가격** 성인 1200¥, 어린이 600¥

✔ **사라쿠라야마 전망대를 똑똑하게 즐기는 방법 3가지**

01 산 정상이 생각보다 쌀쌀하므로 외투를 반드시 챙겨 입자.

02 아쉽게도 주말과 공휴일에만 야간 슬로프카를 운행하기 때문에 주중에는 야경을 볼 수 없다.

03 슬로프카 마지막 운행 시간(하행)을 알아두자. JR 야하타 역 방향 무료 셔틀버스를 탈 수 있는 마지막 슬로프카는 정상에서 오후 8시 33분에 출발한다(슬로프카 시간은 요일과 계절에 따라 자주 바뀐다).

STEP 2
셔틀버스에서 하차해 매표소 건물 1층의 매표기를 통해 표를 산다.

STEP 3
매표 후 슬로프형 케이블카에 탑승한다.

STEP 4
케이블카에서 내려 슬로프카로 갈아탄다. (토·일요일, 공휴일, 특별 야간 운행 기간에만 야간 운행을 한다.)

 →  →

지옥에서 생의 의미를 찾다

어쩌면 여행은 우리네 평범한 일상에서 가장 멀리 떨어져 있는 것을 경험하는 일.
생의 정반대인 죽음, 그 죽음과 맞닿은 지옥은 어떤 모습을 하고 있을까?
여덟 지옥 어딘가에 그 답이 있을지도 모른다.

가마솥 지옥

✔ 지옥 순례(地獄めぐり)가 왜 특별할까?

끊임없이 솟구치는 뜨거운 온천수하며 날카로운 눈매의 악어 떼,
눈앞을 가리는 온천 증기까지 영락없이 버려진 땅의 모습이다.
오죽하면 오랜 세월 '사람이 살 수 없는 땅'으로 여겨 '지옥'이라
불렀을까. 하지만 지구의 입장에서 보면 끈질긴 생명의 땅. 새 생명의
시작과 삶의 끝이 맞닿은 접점이 지옥 온천이리라. 어쩌면 '지옥
순례'의 다른 이름은 '새로운 시작을 위한 여정'일지도 모르겠다.

● 다 봐야 할까?

8개나 되는 지옥 온천을 다 볼 필요는 없다. 순서대로
바다, 가마솥, 흰 연못 지옥 정도가 여행자에게
특히 인기 있는 곳이니 이곳을 중심으로 몇 군데
둘러보면 충분하다. 서너 군데만 갈 예정이라면 통합
입장권보다 개별 입장권을 사는 편이 이득. 여덟 곳을
모두 둘러 보는 데 최소 2~3시간은 걸린다.

지옥 온천
찾아가기

● 타 지역에서

고속버스나 유후린
버스 탑승 시
간나와구치(鐵輪口)
버스정류장에서
하차한다.

● JR 벳푸 역에서

❶ 유후린 버스 탑승 1일 6회
운행. 18분 소요. 340¥
❷ 벳푸 역 동쪽 출구로
나와 26, 26A, 15, 17, 20, 24,
25, 60, 61번 버스를 타고
간나와(鐵輪)에서 하차.
25~30분 소요. 390¥

① 시간 08:00~17:00   ⊖ 휴무 연중무휴
ⓥ 가격

	고등학생 및 성인	중학생	초등학생
개별 입장권 (지옥 한 곳당)	450¥	250¥	200¥
통합 입장권 (지옥 일곱곳 통합)	2200¥	1000¥	900¥

● 통합 입장권은 일곱 군데 매표소에서 모두 판매. 구입일로부터 2일간 이용 가능.
한 번 입장한 지옥 온천은 재입장 불가.(산 지옥은 별도 매표 후 입장)

🏠 홈페이지 www.beppu-jigoku.com
(홈페이지에서 10% 할인 티켓을 출력해가자.)

바다 지옥

● 두 개의 지옥 온천 쉽게 가기

지옥 온천 여덟 곳 가운데 두 곳만 유독 떨어져 있다.
걸어서 30분 이상 걸리는 거리이고 갓길이 좁아 걷기에
위험하니 버스를 이용하자. 간나와 버스터미널②에서
가메가와(龜川) 방면으로 가는 16번 또는 16A번 버스를 타고
지노이케지고쿠마에(血の池地獄前)에서 하차. 6분 소요.

ⓥ 요금 190¥
① 운행 시간 06:21부터 15~30분
간격으로 운행.

● 짐 맡기기

간나와 버스터미널 바로 옆에 설치된 코인코커를
이용하자.

ⓥ 요금 1일 기준 소형 300¥, 중형 400¥, 대형 500¥이며
3일까지 보관할 수 있다. 24시간 이용 가능

● 족욕 즐기기

꼭 할 생각이라면 수건을 챙겨 가자. 지옥 온천 중
네 곳에 무료 족욕탕이 있어 누구나 족욕을 할 수 있다.

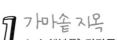

1 가마솥 지옥
かまど地獄, 가마도지고쿠

● 이 지역 고유의 신인 가마도하치만 (竈門八幡)의 제사에 올릴 밥을 90℃가 넘는 이곳 온천 증기로 지었다고 해서 '가마솥 지옥'이라고 부르게 되었다. 거대한 솥과 가마도 도깨비 조형물, 온도에 따라 코발트빛과 에메랄드빛, 주황색 등으로 색이 다른 온천들이 주요 볼거리.

📖 2권 P.178 📍 MAP P.174B
🚩 주소 大分県別府市大字鉄輪621
📞 전화 097-766-0178

✔ 가마솥 지옥 100% 즐기기

온천 체험장
한 잔 마실 때마다 10년씩 젊어진다는 '마시는 온천'을 비롯해 수족욕 시설, 온천 증기 미스트 등이 관람로를 따라 마련돼 있다.

온천 증기 음식
사이다(280￥)와 온천 달걀(80￥), 가마도지고쿠 오리지널 푸딩(350￥)이 인기. 단체 여행객이 들이닥치면 시끄럽기는 하다.

무료 족욕
무료 족욕을 해보자. 이른 시간일수록 수질이 확실히 좋다.

지옥 순례 한눈에 보기

스님머리 지옥

바다지옥

70m/도보 1분

80m/도보 1분

산지옥

220m/도보 3분

가마솥지옥

60m/도보 1분

흰연못 지옥

130m/도보 2분

도깨비 산지옥

160m/도보 2분

간나와 버스터미널

60m/도보 1분

2.5km/버스 5분

소용돌이지옥

피의 연못지옥

2 바다 지옥
海地獄, 우미지고쿠

● 이런 곳이라면 지옥이라도 살 만하다는 생각이 들 만큼 아름답다. 괜히 국가 지정 명승지일까! 자꾸 보면 바다 같은 코발트빛 지옥 연못과 여름이면 가시연꽃으로 뒤덮이는 연못 풍경은 오히려 천국에 가깝다. 하지만 그 아름다움에 감춰진 무시무시함이라니! 지옥 온천의 온도가 98℃나 되어 달걀을 넣으면 5분 안에 반숙이 될 정도. 바람이 불 때마다 얼굴에 훅 끼치는 온천 증기를 맞으면 그 위력을 조금은 실감하게 된다.

ⓑ 2권 P.179 ◎ MAP P.174A
🏠 주소 大分県別府市大字鉄輪559-1
☎ 전화 097-766-0121

✔ 바다 지옥에서 무엇을 살까?

지고쿠무시 야키 푸링
地獄蒸し焼きプリン
바다 지옥의 온천 증기로 만든 푸딩. 가마도지고쿠 오지지널 푸딩과 맛이 조금 다르다. 증기로 찐 만두도 인기. 300¥~

엔만노유 えんまんの湯
바다 지옥의 온천수를 분말로 만든 입욕제. 5봉지 560¥~, 10봉지 1020¥~

3 산 지옥
山地獄, 야마지고쿠

● 산 중턱에서 온천 증기가 기둥처럼 피어오르는 지옥. 온천 자체보다는 온천 증기를 이용해 키우는 다양한 동물들이 주요 볼거리인데, 굳이 시간과 돈을 써가며 볼 정도는 아니다. 다른 지옥과는 달리 별도 입장권 구매 후 입장한다.

ⓑ 2권 P.178 ◎ MAP P.174E 🏠 주소 大分県別府市大字鉄輪559-1
☎ 전화 097-766-1577 Ⓥ 가격 입장료 성인 500¥, 초·중·고등학생 300¥

4 흰 연못 지옥
白池地獄, 시라이케지고쿠

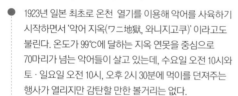

● 다른 곳과 다르게 지옥 온천의 물이 흰색이다.
온천수가 분출될 때에는 무색이다가 온도와 압력의
변화로 점차 흰색과 청백색을 띠는 것으로 그 과학적
가치를 인정받아 국가 지정 명승지로 지정됐다. 담수어를 키우는 연못과
온천수로 기른 열대어들이 노니는 수족관도 있다.

📖 **2권** P.178 📍 **MAP** P.174B
📍 **주소** 大分県別府市大字鉄輪278 ☎ **전화** 097-766-0530

5 도깨비 산 지옥
鬼山地獄, 오니야마지고쿠

● 1923년 일본 최초로 온천 열기를 이용해 악어를 사육하기
시작하면서 '악어 지옥(ワニ地獄, 와니지고쿠)' 이라고도
불린다. 온도가 99℃에 달하는 지옥 연못을 중심으로
70마리가 넘는 악어들이 살고 있는데, 수요일 오전 10시와
토 · 일요일 오전 10시, 오후 2시 30분에 먹이를 던져주는
행사가 열리지만 감탄할 만한 볼거리는 없다.

📖 **2권** P.179 📍 **MAP** P.174F
📍 **주소** 大分県別府市大字鉄輪625
☎ **전화** 097-767-1500

6 스님 머리 지옥
鬼石坊主地獄, 오니이시보즈지고쿠

● 뜨거운 진흙이 보글보글 끓는 모습이 흡사 스님
머리 같다. 생각보다 규모가 작고 스님 머리도(?)
작아서 기대했다가는 실망하기 십상. 사실
지옥보다 지옥 옆에 있는 오니이시노유(鬼石の湯)
온천이 백배 더 좋다.

📖 **2권** P.178 📍 **MAP** P.174E
📍 **주소** 大分県別府市大字鉄輪559-1
☎ **전화** 097-727-6655

7 피의 연못 지옥
血の池地獄, 지노이케지고쿠

● 피와 지옥. 무시무시한 단어 두 개가 합쳐지니 이름만
들어도 살벌하다. 원천 부근의 점토층이 온천수와
섞이며 피바다(?)를 이룬 탓에 이런 이름이 붙었는데,
맑은 날에는 온천수가 실제 피처럼 붉고, 날씨가
흐리거나 비 오는 날에는 음산한 분위기가 더해져
사실상 항상 무시무시한 기운이 서려 있다. 일본에서
가장 오래된 천연 온천으로 국가 지정 명승지로
지정되었다.

🄑 2권 P.179 ⓢ MAP P.175D
⊙ 주소 大分県別府市野田778
☎ 전화 097-766-1191

✔ 이 제품에 주목!

지노이케 연고(血の池軟膏)
습진, 무좀, 가려움증, 화상 등
피부 질환에 효과가 있는 연고로
다른 곳에서 쉽게 구할 수 없어
선물로도 좋다. 1500¥

8 소용돌이 지옥
龍巻地獄, 다츠마키지고쿠

● 8개 지옥 온천 중 유일한 간헐천. 30~40분 간격으로
온천수가 치솟는 광경을 지켜볼 수 있는데, 물기둥
주변을 돌로 막아 웅장한 느낌을 기대했다면
실망할 수 있다. 볼거리가 많은 편은 아니지만
쉽게 볼 수 없는 간헐천이라는 점에서 가볼 가치는
충분하다. 이곳 역시 국가 지정 명승지다.

🄑 2권 P.179 ⓢ MAP P.175D
⊙ 주소 大分県別府市野田782 ☎ 전화 097-766-1854

✔ 지옥 순례, 누가 만들었을까?

아부라야 구마하치 동상 油屋熊八銅像
세계적으로 통용되는 온천 마크, 일본 최초의 여성 버스 가이드, 벳푸 지옥
순례 모두 한 사람의 아이디어로 탄생했다. 바로 아부라야 구하마치(油屋熊八,
1863~1935)라는 사업가다. '산은 후지, 바다는 세토나이카이, 온천은
벳푸(山は富士、海は瀬戸内海、湯は別府)'라는 구호를 내세워 온천 도시 벳푸의
초석을 다졌다고 평가받는다. 그 업적을 기리기 위해 벳푸 시가 나서서 그의 동상을
세웠는데, 천국에서 막 내려온 듯한 모습의 망토 자락을 꼭 붙든 아기 천사가
사랑스럽다. 크리스마스 시즌에는 산타클로스 옷으로 갈아입기도 한다.

🄑 2권 P.166 ⓢ MAP P.162J

유후인을 색다르게 돌아보자!

유후인은 일본에서도 인기 있는 온천마을로 손꼽힌다.
상대적으로 규모가 큰 온천마을인 벳푸보다는 아기자기한 분위기를 선호하는
사람들이 즐겨 찾는다. 유후인역에서 내리면 걸어서 모든 곳을 돌아볼 수 있다는
점이 매력적이다. 후쿠오카에서 2시간 거리에 있어서 당일치기도 좋지만,
최소 하루 이상 머물면서 느긋하게 시간을 보내길 권한다.

🚲 유후인을 가볍게 돌아보자!

자전거 시원한 바람을 가르며 즐기는 자전거 산책.
전동 자전거도 빌릴 수 있다.

스카보로 スカーボロ 일본에서는 현재 2대만이 운행되는 영국식 클래식 카를
타고 지역을 돌아본다. 약 50분.

관광마차 辻馬車 40년 넘게 이어져 내려오는 승합 마차를 타고 절이나 신사에
들르면서 4km를 약 1시간에 돌아본다. 1월 1일~3월 1일에는 운행하지 않는다.

ⓒ **예약** 유후인 역 투어리스트 인포메이션 센터에서 예약

유노츠보 거리 탐방

유후인역에서부터 걷다 보면, 길 양쪽으로 디저트 가게와 레스토랑, 공예품과 오리지널 상품을 판매하는 약 70개의 점포가 자리해 있는 모습을 볼 수 있다.

📍비스피크 B-speak

유후인을 대표하는 롤 케이크. 촉촉한 빵과 생크림이 절묘한 조화를 이루지만 크림이 가득한 롤 케이크를 기대했다면 실망한다. 조각 케이크를 사려면 아침부터 줄을 서야 한다.

📖 2권 P.146 ⊙ MAP P.132
¥ **가격** 롤 케이크 1520¥(대), 540¥(소)

📍미르히 Milch

유노츠보 거리에 오면 이것만은 꼭 먹어야 한다. 아니, 아무리 배가 부르더라도 먹을 수 있다! 갓 구운 뜨끈뜨끈한 치즈 케이크는 푸딩처럼 부드러워 씹지 않아도 넘어간다. 게다가 한입에 털어 넣을 수 있을 정도로 작다.

📖 2권 P.146 ⊙ MAP P.133 ¥ **가격** 치즈 케이크 150¥(1개)

📍유후후 ゆふふ

롤 케이크로 유명하지만 그에 버금가는 맛의 푸딩. 유후고원 부드러운 푸딩(由布高原なめらかプリン)이라는 이름에 걸맞게 보들보들한 것이 먹을 만하다.

📖 2권 P.143 ⊙ MAP P.132 ¥ **가격** 푸딩 350¥(1개)

📍비 허니 Bee Honey

부드러운 유후인산 우유로 만든 아이스크림에 바삭한 과자와 달콤한 꿀을 올렸다. 뭔가 시원한 것을 원할 때쯤 짠 나타나 유혹하는 아이스크림!

📖 2권 P.146 ⊙ MAP P.133
¥ **가격** 벌꿀 아이스크림 360¥

📍금상 고로케 金賞コロッケ

일본 내 전국 고로케 대회에서 금상을 차지한 고로케다. 지방을 줄인 고기를 사용해 바삭한 식감을 낸다고~ 금상이라니 하나 먹어줄 만하잖아?

📖 2권 P.147 ⊙ MAP P.133 ¥ **가격** 고로케 160¥~

MISSION 2 긴린코 산책

복잡한 유노츠보 거리를 지나면 긴린코에 닿는다. 호수를 한 바퀴 돈 뒤, 조금 멀리 돌아서 걸으면
아주 한적한 '시골 유후인'을 만날 수 있다. 천천히 걸으면서 자연을 음미해보자.

📍 텐소 신사 天祖神社

관광객으로 북적이는 호숫가 정반대 방향으로
걸어가면 신비로운 모습을 한 신사가 있다. '유후인
인증샷'으로 유명해진 호수 위에 떠 있는 신사다.
신사 문에 해당하는 도리이가 정말 물 위에 떠 있는데,
가까이 다가가 살펴보면 아주 낮은 물가에 세워둔
것이다. 이 신사는 작지만 그 소박함마저 아름답게
느껴진다. 도리이가 세속과 신의 영역을 구분하는
것처럼 바로 이곳부터 한적함이 펼쳐지면서 전혀 다른
유후인의 모습이 시작된다.

📖 2권 P.144 ◉ MAP P.133 ◉ 찾아가기 긴린코 호수 남쪽

📍 긴린코(긴린 호수) 金鱗湖

호수 주변에 산책로가 잘 조성되어 유후인을 방문하는 사람이라면
반드시 거쳐 가는 관광 코스다. 긴린(金鱗)이란 '금빛 비늘'이라는
뜻으로, 메이지 시대에 한 학자가 호수에서 헤엄치는 물고기의 비늘이
석양을 받아 황금색으로 빛나는 모습을 보고 호수에 긴린이라는
이름을 붙였다고 전해진다. 유후다케와 어우러진 경관은 그야말로 한
폭의 그림 같다. 특이하게도 호수 바닥에서 온천이 솟는데, 그 덕분에
연중 수온이 높아 겨울철 새벽에는 호수에서 안개(증기)가 피어오르는
환상적인 광경을 볼 수 있다. 호수 주변에 산책로가 잘 조성되어 있다.

📖 2권 P.144 ◉ MAP P.133 ◉ 찾아가기 유후인 역에서 도보 18분

동네를 가로 질러 긴린코 호수로 이어지는
강을 따라 걸으면 가장 아름다운
유후인을 만날 수 있다.

📍 붓산지 佛山寺

무려 1000년 전 지어진 신사. 원래 유후다케 산 중턱에
있었으나 약 500년 전 대지진으로 인해 지금의 자리로
이전해왔다. 억새 지붕으로 만든 문이 인상적이다.
관광객은 굳이 찾아갈 필요는 없는 명소지만, 긴린코
호수 뒤편 길이 한적하고 아름다워 한 번쯤 꼭
걸어보길 권한다. 오후 5시마다 타종을 한다.

📖 2권 P.144 ◉ MAP P.133
◉ 찾아가기 긴린코 호수 뒤편 자동차 길을 따라 도보 5분

MISSION 3   온천

일본 내에서도 널리 알려진 유후인 온천은 800개가 넘는 원천에서 매분 41㎘의 온천수가
솟아나(일본 2위) 풍부한 수량과 주변의 아름다운 자연을 겸비하고 있어서 인기다.

📍 료칸 이용

온천을 즐기는 최고의 방법! 료칸은 일본 전통 주택의 다다미방을 제공하며, 일식 코스요리인 가이세키(懷石) 요리와 실내외 온천욕을 즐길 수 있는 온천탕이 딸려 있는 고급 숙소다. 대부분 예약을 하면 단독으로 사용할 수 있는 전세탕 이용도 포함돼 있다.

📍 공동 온천 이용

주민들이 이용하는 목욕탕을 이용하는 방법이다. 시설은 공중목욕탕에 불과하지만, 가격이 저렴하고 수질이 좋다.

📍 전세탕 이용

료칸에 딸린 온천탕만을 시간제로 예약해 이용하는 방법이다. 히가에리 온센(日帰り温泉)이라고 하며, 대게 시간이 정해져 있다. 가족탕이 무려 7개나 있는 누루카와 온천이 가장 무난하다.

MANUAL 06
—
나가사키 순례

나가사키 명소 걷기

언덕 위에 세워진 도시를 여행하는 가장 확실한 방법은 걷는 것이다.
'평소에 운동 좀 할걸.' 하는 후회도 잠시,
나가사키의 이국적인 풍경이 지친 몸을 위로한다.

✔ **나가사키 제대로 걷는 법**

01 어떻게 걸어볼까?
관광객이 가장 많이 몰리는 구라바엔부터
둘러본 다음 오우라 천주당, 오란다자카를
차례대로 돌아보는 것이 가장 효율적이다.
점심은 나가사키 짬뽕의 원조 시카이로나
하마마치 지역의 음식점에서 해결하자.
오래 기다리기 싫다면 하마마치 지역으로
가는 것이 낫다.

02 짐은 어떻게 보관할까?
JR 나가사키 역이나
나가사키 역 버스터미널 등에
설치된 코인로커를 이용하자.
후쿠오카에 비하면
코인로커가 설치된 곳이
많지 않으니 주의!

03 추천 도보 여행 코스
08:00 오우라텐슈도 역
08:10 구라바엔 스카이로드
08:30 구라바엔
10:30 미나미야마테 언덕
11:00 오우라 천주당
11:20 오란다자카
12:00 오우라텐슈도 역

건물이, 그 풍경이 그린 그림

산책 **15분** 코스

오우라 천주당 大浦天主堂

1863년 프랑스 선교회에서 지은 일본 최고(最古)이자 최고(最高)의 목조 성당. 1945년 원폭 피해를 입었지만 근대 고딕 양식을 보전하고 있으며 만든 지 100년이 지난 스테인드글라스도 원형 그대로 남아 있다. 이런 상징적, 건축적 가치를 인정받아 일본의 국보로 지정되었다. 나가사키에서 처형당한 순교자 26명의 혼을 모신 곳인 만큼 교인에게는 성지순례 장소로, 일반 여행자에게는 사진 찍기 좋은 곳으로 알려져 항상 사람들로 붐빈다.

📖 **2권** P.213 🗺 **MAP** P.210E 🔍 **찾아가기** 구라바엔 바로 옆

마을 한가운데서 만나는 전망

산책 **20분** 코스

구라바 스카이로드
グラバースカイロード

이나사야마 전망대까지 갈 시간은 없고, 걷는 것은 딱 질색이라면 이곳이 제격! 가까워서 좋고 걷지 않아도 되니 더 좋다. 시가지가 급경사지에 조성돼 있어 경사로를 오르내리기가 힘들었던 주민들을 위해 엘리베이터를 설치했다. 그 덕분에 누구나 나가사키의 탁 트인 전망을 공짜로 즐길 수 있다. 근처에 구라바엔 후문이 있어 함께 둘러보는 것으로 동선을 짜면 더욱 알찬 여행이 된다는 사실!

📖 **2권** P.214 🗺 **MAP** P.210E 🔍 **찾아가기** 나가사키 노면전차 이시바시 역에서 도보 2분 💰 **가격** 무료 입장

개항 초기의 나가사키

산책 **40분** 코스

오란다자카 オランダ坂

개항 초기, 일본인들은 네덜란드인을 홀란드(Holland)의 음을 따 '오란다 상(オランダさん)'이라고 불렀다. 시간이 흘러 다른 나라 상인들도 정착했지만 습관적으로 서양인을 통틀어 오란다 상이라 부르게 됐고, 서양인이 많이 모여 사는 지역은 '오란다가 많이 사는 언덕'이라는 뜻의 오란다자카로 불렀다고. 고풍스러운 건축물과 언덕 너머의 항만 풍경이 잘 어우러져 대충 찍어도 사진이 잘 나온다.

📖 **2권** P.213 🗺 **MAP** P.210D
🔍 **찾아가기** 이시바시 역에서 도보 20분

유네스코 세계문화유산

구라바엔 グラバー園

산책
2시간
코스

1863년 영국의 무역상 토머스 글러버가 지은 저택. 당시의 모습을 그대로 간직한 고풍스러운 건물들과 소담한 정원도 볼만하지만 하이라이트는 시선 높이에 펼쳐진 나가사키 항구의 풍경이다. 일본 3대 미항이라더니, 그 유명한 오페라 〈나비 부인〉의 실제 무대라는 사실에 고개가 절로 끄덕여진다. 입구가 두 군데로 나뉘어 있는데 2게이트에서 내려가며 둘러보는 편이 편하다.

🔖 **2권** P.212 📍 **MAP** P.210E 🚶 **찾아가기** 오우라텐슈도 역에서 도보 5분

✔ **구라바엔을 걸으며 마주할 수 있는 풍경 셋**

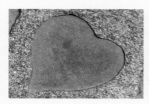

01 사랑이 이뤄진대요!
구라바엔 어딘가에 숨어 있는 하트 모양 돌을 만지면 사랑이 이뤄진다고 한다.

02 나가사키가 이렇게 예뻤나
잘 가꿔놓은 정원 너머 보이는 나가사키 항구 풍경이 압도적이다. 구 미쓰비시 제2독 하우스에서 보는 전망이 가장 멋지다.

03 일본 근대건축 유산
오랜 역사와 이야기를 지닌 건물 대다수가 문화재로 지정돼 있다. 고풍스러운 건물 앞에서 인증 사진 한 장은 필수!

(구) 링거 저택 旧リンガー住宅

일본 국가 지정 문화재인 건물로 초기 거류지 건축의 표본으로 인정받고 있다. 특히 눈여겨볼 부분은 목조 건물의 외벽에 돌을 덧씌워 마감한 점으로, 한 건축물에 일본식과 서양식이 혼재하는 것이 특징. 나가사키에 처음으로 상수도를 설치한 인물로 잘 알려진 영국 상인 프레더릭 링거(Frederick Ringer)가 살던 저택으로, 어업, 제분, 제과 등 폭넓은 분야에서 사업을 했던 거상답게 저택 내부도 화려하게 꾸며져 있다.

(구) 구라바 저택 旧グラバー住宅

일본이 기나긴 쇄국 정책을 포기한 직후인 1863년에 지어진 건물로 당시 나가사키 거류지 주변에 들어섰다. 서양식 목조 건물로는 일본에서 가장 오래되었으며 건축적 가치를 인정받아 일찌감치 일본 국가 문화재로 지정된 '귀한 몸' 되시겠다. 이 집의 주인이던 토머스 글러버(Thomas Glover)는 스코틀랜드에서 건너온 무역업자로 조선, 탄광, 어업 등 일본의 다양한 산업 분야를 근대화로 이끈 인물로 평가받는다. 우리가 잘 아는 '기린 맥주'의 창립 멤버이기도 하다.

(구) 워커 저택 旧ウォーカー住宅

메이지 시대 중기에 세운 건물로 당시 나가사키 거류 무역상 사이에서 중추적인 역할을 하던 로버트 워커(Robert Walker)가 살았다. 워커는 현재 기린 맥주의 전신인 재팬 브루어리 컴퍼니를 설립했는데, 이곳은 일본 최초의 청량음료인 '반자이 사이다'를 개발한 회사로도 유명하다.

(구) 앨트 저택 旧オルト住宅

구라바엔 내에 있는 세 군데 국가 지정 문화재 중 하나. 영국인 차 무역상 윌리엄 존 앨트(William J. Alt)가 살던 저택으로 메이지 말기의 건축 양식을 잘 보여준다. 그리스 신전을 연상케 하는 둥근 기둥과 대조적으로 우리나라 한옥이나 초가집에서 흔히 보이는 우진각의 형태를 띠는 점이 독특한데, 건물을 배경으로 사진을 찍기도 좋다.

(구) 미쓰비시 제2독 하우스 旧三菱第2ドックハウス

배가 수리를 위해 독에 정박해 있는 동안 선원들의 숙소로 이용하던 건물로 메이지 초기에 유행하던 양식으로 지어진 것이 특징이다. 1896년 항만에 지은 건물을 1972년에 이곳으로 옮겨왔다. 건물 안에는 당시 모습을 재현한 여러 개의 방이 있으며, 2층 테라스에서 나가사키 항만의 시원한 풍경이 한눈에 들어와 여행자들에게 인기 있다.

하우스텐보스

오늘 하루는 나도 유러피언

뾰족뾰족한 지붕, 유유히 흐르는 물, 잔잔히 울리는 음악. 분명 일본이건만, 기차를 타고 두어 시간 달려 도착한 이곳은 유럽의 어느 거리 같다. 600여 년 전 네덜란드 상인들을 매개로 서양과 교류를 시작했던 그 땅에, 작은 네덜란드가 들어선 것이다. 네덜란드어로 '숲속의 집'을 뜻하는 '하우스텐보스(Huis Ten Bosch)', 어떻게 하면 제대로 즐길 수 있을까?

✔ **하우스텐보스는 어떤 곳인가요?**
17세기 네덜란드를 모티브로 꾸민 일본 3대 테마파크 중 하나. 콘셉트에 따라 아홉 구역(플라워 로드, 어드벤처 파크, 아트 가든, 타워 시티, 암스테르담 시티, 하버타운, 포레스트 빌라, 판타지아 시티, 어트랙션 타운)으로 나뉘어 유럽의 어느 작은 도시에 온 것만 같다. 공원의 면적이 실제로 모나코공국 영토와 비슷한 152만㎡로 규모가 실로 어마어마하다. 공원을 조성하던 당시에 현실감을 더하기 위해 벽돌 한 장까지 네덜란드에서 수입해서 썼다고 한다. 탑승형 놀이 기구보다는 멀티미디어, 게임 등의 체험형 어트랙션이 많아 가족 단위 여행객에게 인기가 많다.

STEP 1 하우스텐보스, 이렇게 간다

기차와 고속버스의 소요 시간은 비슷하다. 하지만 기차 요금이 1.5배 정도 비싸므로 버스를 이용하는 편이 이득. JR 큐슈 레일패스 소지자는 기차를, 산큐패스 소지자라면 버스를 이용하면 된다. 운행 시간이 자주 바뀌므로 여행 계획을 세우기 전에 시간표를 반드시 확인해야 한다.

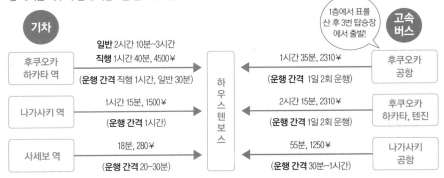

기차

후쿠오카 하카타 역
일반 2시간 10분~3시간
직행 1시간 40분, 4500¥
(운행 간격 직행 1시간, 일반 30분**)**

나가사키 역
1시간 15분, 1500¥
(운행 간격 1시간**)**

사세보 역
18분, 280¥
(운행 간격 20~30분**)**

하우스텐보스

1층에서 표를 산 후 3번 탑승장에서 출발!

고속버스

후쿠오카 공항
1시간 35분, 2310¥
(운행 간격 1일 2회 운행**)**

후쿠오카 하카타, 텐진
2시간 15분, 2310¥
(운행 간격 1일 2회 운행**)**

나가사키 공항
55분, 1250¥
(운행 간격 30분~1시간**)**

STEP 2 나에게 맞는 입장권은?

하루 동안 다양한 어트랙션을 즐기고 싶다면
1 DAY 패스포트

오후 3시부터 짧은 시간에 어트랙션을 섭렵하고 야경까지 보고 싶다면
저녁 입장 전용 패스포트

하우스텐보스 장내 또는 주변 호텔에 숙박하며 하루 반나절이나 이틀에 걸쳐 여유 있게 둘러보고 싶다면
오피셜 호텔 전용 패스포트

ⓐ **주소** 長崎県佐世保市ハウステンボス
ⓣ **전화** 570-064-110
🕐 **시간** 09:00~22:00(계절과 요일에 따라 다름)
🌐 **홈페이지** www.huistenbosch.co.kr

ⓥ **가격**

	성인	중고생	어린이	65세 이상
1 DAY 패스포트 (입장료+유료 시설 자유 이용)	7000¥	6000¥	4600¥	5000¥
2 DAY 패스포트	1만2200¥	1만400¥	8000¥	8700¥
저녁 입장 전용 패스포트	5400¥	4600¥	3700¥	4900¥

＊ 패스포트 입장권 구입 고객에 한해 1회 재입장이 가능하다. 퇴장 시 직원에게 재입장할 거라고 말하면 된다.

STEP 3 하우스텐보스 내 교통편

돔토른에서 출구까지 걸어서 20분. 출구에서 기차역까지 10분 정도는 걸리므로 퇴장할 때 시간 여유를 두고 나오자. 급하면 장내 카트 택시를 타는 것이 좋다.

파크버스
입구와 공원 각 지역을 순환하는 버스. 무료로 탈 수 있지만 버스 운행 간격이 긴 것이 단점.

캐널 크루즈
입구와 돔토른 전망대를 잇는 크루즈. 선상에서 보는 멋진 풍경은 덤. 패스포트 소지자는 무료로 탑승할 수 있다.

카트 택시
2명 이상이면 가장 만만한 교통수단. 언제든 이용 가능하다. 비용은 거리에 상관없이 200¥이며 4명까지 탈 수 있다.

하우스텐보스 인기 어트랙션 BEST 7

어트랙션이 워낙 많아 하루에 모두 체험하기는 어렵다. 어떤 어트랙션을 먼저 즐겨야 할까?
일단 다음 일곱 가지부터 클리어!

1 ○라이즌 어드벤처 플러스

실제 네덜란드에서 발생한 대홍수의 현장을
체험할 수 있는 극장형 어트랙션. 높이 18m,
폭 52m의 거대한 무대와 조명 장치는 물론
800톤의 물을 동원해 현장감이 넘친다.
(소요 시간 15분. 30분마다 공연)

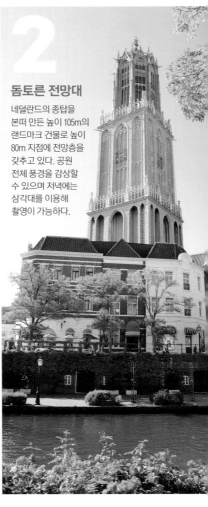

2 돔토른 전망대

네덜란드의 종탑을
본떠 만든 높이 105m의
랜드마크 건물로 높이
80m 지점에 전망층을
갖추고 있다. 공원
전체 풍경을 감상할
수 있으며 저녁에는
삼각대를 이용해
촬영이 가능하다.

tip 어트랙션 이렇게 즐기자

01 추천코스
입구 → 캐널 크루저 탑승 → 돔토른 전망대 → 아트 가든 → 어트랙션 타운 →
판타지아 시티 → 암스테르담 시티 정해진 여행 코스는 없지만 이 순서로 도는
것이 일반적이다. 한 바퀴 둘러보는 데 2~3시간은 걸리며 어트랙션을 체험하는
경우 최소 6~7시간은 잡아야 한다.

02 자외선 차단과 편한 신발은 필수!
그늘이 많지 않으므로 선글라스와 선크림을 꼭 챙겨 간다. 온종일 걷는다
생각하고 최대한 편한 신발을 신자.

03 어트랙션 변동이 잦다
짧게는 한 달, 길게는 몇 달에 한 번씩 어트랙션 종류가 수시로 바뀐다. 방문하기
전에 홈페이지를 참고해 일정을 정하는 것이 가장 정확하다.

3 캐널 크루즈

공원 입구와 돔토른 전망대를 연결하는
수로를 오가는 크루즈선. 항해하는
동안 멋진 풍경을 볼 수 있는데 이동
수단으로 이용하기에도 제격이다.

알고 떠나야 더 제대로 보이는 하시마 STORY

✔ 선상에서 마주하는 또 하나의 아픈 역사

하시마와 함께 유네스코 세계문화유산에 등재된 시설들을 섬을 오가며 볼 수 있다.
하지만 이곳 역시 전범 기업인 미쓰비시의 핵심 시설이자 강제징용의 아픔이 남아 있는 곳이라는 사실을 잊지 말자.

1. 미쓰비시 조선소 제3 드라이독

메이지 시대에 준공된 독으로는 나가사키에 유일하게 남아 있는 곳이다. 준공(1905) 당시 동양 최대 규모였다. 태평양전쟁 당시 무사시 전함을 비롯해 수많은 군함이 건조됐으며, 이는 우리나라를 비롯한 아시아 국가들을 침략하는 주요 군수물자가 되었다. 현재도 자위대의 선박을 건조하고 있다. 조선인 4700명이 이곳을 비롯한 미쓰비시 조선소에 강제징용됐다.

2. 자이언트 캔틸레버 크레인

1909년 준공한 일본 최초의 대형 크레인이다. 영국 애플비사가 제조한 것으로 전동 모터로 구동되는 등 당시 최신식 기술력이 총 동원돼 있다. 하중 부담 능력은 150톤. 침략전쟁 중에는 전함을 건조하는데 이용됐으며 현재도 해상 자위대의 선박을 건조하고 있다

✔ 유네스코 유산 등재에 숨겨진 뒷이야기

2000년대부터 일본 정부는 하시마와 나가사키 조선소 등 '일본의 메이지 산업 유산' 23곳을 유네스코 세계문화유산으로 등재시키기 위한 물밑 작업을 벌여왔다. 〈007 스카이폴〉, 〈진격의 거인〉 등 블록버스터 영화는 물론 드라마, 광고, 대중음악 가수들의 뮤직비디오를 하시마에서 촬영하는 등 대중문화에 하시마가 등장하는 횟수가 많아지고 있는 것이 그 일환이다. 달리 말하면 하시마 자체가 자연스레 일본의 대중문화 코드 또는 시류가 되어가고 있는 것이다. 이와 동시에 일본은 2009년에 하시마를 비롯한 큐슈와 야마구치 현의 강제징용 시설물들을 한데 묶어 유네스코 세계문화유산 등재 신청을 하기에 이른다. 그런데 일본 측이 유네스코에 제출한 '신청 평가 시기'를 보면 메이지 시대(1850년대~1910년)로 국한되어 있다. 조선인 강제 동원의 어두운 역사를 은폐하기 위한 꼼수인 셈이다. 이 사실을 안 한국 정부가 강하게 반발하자 강제징용 역사도 기록하겠다는 일본 측의 약속을 근거로 하시마는 결국 2015년 유네스코 세계문화유산으로 지정되고 말았다.

일본이 침략의 역사도 기록하겠노라 약속한 유효 기한은 2018년이다. 하지만 아직도 일본 정부의 약속 이행은 지지부진한 상황이다. 일본은 이제라도 한국 정부의 목소리에 귀 기울이고 피해자에게 속죄해야 한다. 수면 아래에 가라앉은 진실을 더 이상 외면했다가는 왜곡된 역사를 발판 삼아 '아시아의 근대화를 이끈' 영광의 성전으로 둔갑할 수 있다.

✔ 이건 꼭 준비하자

01 미리 공부하자 강제징용에 대한 배경지식이 있으면 훨씬 알찬 투어를 할 수 있다. **관련 TV 방송** KBS1 〈역사저널 그날〉 '군함도' 편 (2015. 6. 28), MBC 〈무한도전〉 '배달의 무도' 편(2015. 09. 5~12), JTBC 〈이규연의 스포트라이트〉(2015. 10. 30)
02 멀미약을 준비하자 높은 파도에 배가 심하게 흔들려 평소 멀미를 하지 않는 사람도 장담하기 어렵다.
03 긴소매 옷을 준비하자 바람이 많이 불어 한여름을 제외하고 쌀쌀하다.
04 예약 및 결제 확인 이메일을 챙기자 출력하거나 스크린 숏을 찍어 데스크 직원에게 보여주면 된다.

끝내 고국으로
돌아가지 못한 영혼들

나가사키 원폭
조선인 희생자 추도비
追悼長崎原爆朝鮮人犧牲者

원자폭탄은 모든 것을 종결지었다. 일제의 서슬 퍼런 야욕도, 전쟁도, 나가사키로 강제징용된 조선인 1만 명의 목숨까지도. 투하 지점에서 상대적으로 먼 하시마와 다카시마 등 인근 탄광 지역 강제징용 노동자들은 가까스로 목숨을 부지했으나 피해 지역의 사후 처리를 도맡아야 했다. 안전 장비도 없이 시내로 급파돼 시신을 수습하고 파괴된 시가지를 재정비했으며 이 과정에서 피폭되어 사망한 사람도 많았다. 원폭에 직간접적으로 노출돼 유명을 달리한 조선인 희생자 1만여 명의 넋을 기리기 위한 추모비가 1979년에 이르러서야 건립됐다. 추모비를 평화공원 안으로 이전하자는 의견도 있었으나 지역 정치인의 반대로 여전히 일부러 찾아가지 않으면 볼 수 없는 곳에 자리한다. 추도비에서 걸어서 1분 거리에 2021년에 한국정부가 세운 '한국인 원폭 희생자 위령비'가 있으니 함께 둘러보자.

나가사키 ⓘ 2권 P.199 ⓜ MAP P.196
ⓖ 찾아가기 원폭낙하중심지공원에서 나가사키 원폭 자료관 가는 길

✔ 묘역에서 위령비 찾아가기

01 노면전차 1, 3호선 마쓰야마마치 역에서 원폭낙하중심지공원으로 들어간다.

02 원폭 낙하 중심지를 지나 원폭 자료관 방향으로 걷는다.

03 다리를 건너면 보이는 계단 입구에 소녀상이 서 있다. 소녀상 바로 뒤에 추도비가 있다.

죽어서도 일본 땅에
묻힌 당신이여

오다야마 조선인
조난자 위령비

小田山 朝鮮人遭難者慰碑

한국인 여행자들은 거의 오지 않아 일본인에게 물어물어 겨우 찾을 수 있었다. 일제강점기 당시 강제징용 노동자들은 쥐꼬리만 한 월급을 받았지만 그 돈에서 숙박비, 장비 대여료, 식대 등을 공제하고 나면 사실상 돈 한 푼 받지 못한 채 노역에 시달리는 것이나 마찬가지였다. 독립은 그런 그들에게도 찾아왔지만 무일푼이던 그들이 배편을 구하기란 불가능했다. 푼돈을 모아 우여곡절 끝에 나무 어선을 만들었으나 초대형 태풍이 불어닥쳐 출항할 수 없었다. 그러나 하루라도 빨리 고향 땅을 밟고 싶었던 그들은 악조건 속에서도 출항을 감행했다. 결국 풍랑에 배가 전복돼 탑승자 전원이 사망했고 일부 탑승자의 시신이 기타큐슈 해안으로 밀려왔다. 1995년이 되어서야 뜻있는 인사들이 위령비를 건립했는데, 위령비 옆에 세워진 솟대 3기는 살아서 가지 못한 고향 땅 부산을 향하고 있다.

기타큐슈 ⓐ 2권 P.226 ⓞ MAP P.216A ⓖ 찾아가기 JR 도바타 역에서 택시 10분

✔ 묘역에서 위령비 찾아가기

01 묘역으로 들어서지 말고 갈림길이 나올 때까지 도로를 따라 직진한다. 갈림길이 나오면 오른쪽으로 들어간다.

02 곧 한국어 표지판이 나온다.

03 표지판이 가리키는 방향으로 올라가면 된다.

별이 된 그를 만나다

후쿠오카 구치소

福岡拘置所

윤동주 시인이 후쿠오카에서 죽음을 맞이했다는 사실을 아는 사람은 그리 많지 않다. 일본 유학 중 조선어로 시를 썼다는 이유로 후쿠오카 형무소에 수감된 윤동주 시인은 투옥된 지 10개월 만에 서거했다. 그토록 염원하던 독립을 고작 여섯 달 앞둔 때였다. 그의 죽음을 둘러싸고 추측이 난무하지만 큐슈 대학의 생체 실험에 희생됐다는 의견이 지배적이다. 바닷물을 인체에 주입해 혈액 대체제를 개발하는 잔악무도한 실험 때문에 사망에 이르렀다는 것. 그가 죽어간 형무소는 이미 사라지고 지금은 구치소가 들어서 있다. 구치소 내부는 출입 불가.

후쿠오카 ⓐ 2권 P.119 ⓞ MAP P.115D ⓖ 찾아가기 후지사키 역에서 도보 5분

일본이 말하는 평화란 무엇일까?

나가사키의
원자폭탄 관련 스폿 3

1945년 8월 9일 나가사키에 '팻맨(Fatman)'이라는 원자폭탄이 투하됐다. 투하 당일 4만~7만5000명이
즉사했으며 직간접적 영향으로 총 8만 명 이상이 사망했다. 곧이어 일본은 무조건적인 항복을 선언하고 패망했다.
전범국이자 세계에서 유일한 원자폭탄 피해국이기도 한 일본이 말하는 평화는 어떤 의미일까?

📖 2권 P. 198, 199 📍 MAP P.196 🎫 찾아가기 나가사키 노면전차 헤이와코엔 역에서 도보 2분

평화의 상

평화의 샘 ◀

1

평화공원 平和公園

원폭의 폐해를 알리기 위해 조성한 공원. 방문객을 가장 먼저 반기는 것은 '평화의 샘'이다. 원폭으로 몸이 다 타버린
피폭자들은 물을 애타게 구하다 죽어나갔는데, 그 영혼들이 목마르지 않도록 마르지 않는 샘을 만들었다. 이따금씩
변하는 물의 흐름은 비둘기의 날갯짓을 형상화한 것이라고. 공원의 가장 안쪽에 자리한 '평화의 상'은 나가사키 현 출신
조각가 기타무라 세이보(北村西望)의 대표작으로 공원을 상징하는 랜드마크다. 하늘로 뻗은 오른팔은 원폭의 위협을,
옆으로 뻗은 왼팔은 평화를 상징한다.

원폭 낙하 중심지

원폭이 투하된 시간이 적힌 비석

원폭낙하중심지공원 原爆落下中心地公園

평화공원 바로 옆. 실제 원폭이 투하된 곳에 공원을 조성했다. 원폭이 떨어진 지점인 '원폭 낙하 중심지'에는 추모의 탑이 서 있고, 그 뒤편으로는 폭발 당시 3000℃가 넘는 고온으로 녹아버린 유리, 벽돌, 기와 등이 전시되어 있다. 투하 당시 직접적인 폭발과 3900℃가 넘는 고온, 시속 1005km의 폭풍으로 주변 지역은 쑥대밭이 되었는데, 방공호에 우연히 들어가 있던 아홉 살 소녀만 생존했다는 사연도 있다.

나가사키에 투하된 원자폭탄 팻맨

여학생의 도시락

나가사키 원폭 자료관 長崎原爆資料館

원폭 피해 자료를 모아놓은 곳. 여학생의 까맣게 타버린 도시락, 시간이 멈춰버린 시계, 피 묻은 옷 등 원폭의 피해를 증명하는 전시물이 주를 이룬다. 전시관 후반에는 핵 무장의 심각성을 일깨우며 평화를 염원하는 전시물들로 이뤄져 있다. 하지만 피해 사실을 알리기에만 급급해 원폭 피해를 입게 된 원인에 관해서는 전혀 알리지 않고 있으며 전범 국가라면 마땅히 짊어져야 할 참회나 사과는 찾아볼 수 없다는 점이 아쉽다. 입장료가 저렴하고 한국어 설명도 되어 있어 둘러보기는 좋다.

✔ 당신은 아시나요?

애초에 원자폭탄 투하 지점 후보지에 교토가 포함되어 있었으나 당시 회의에 참석했던 루이스 스팀슨 장관이 반대해 무산됐다고 한다. 그 이유가 흥미롭다. 신혼여행을 교토로 다녀온 그가 '교토는 일본의 정신이 담겨 있는 곳이므로 원폭 피해를 입어서는 안 된다'고 끝까지 주장했기 때문이라고. 히로시마에 이은 두 번째 원폭 투하 지점 역시 나가사키가 아니었다. 미군 폭격기가 원자폭탄 '팻맨'을 싣고 지금의 기타큐슈 시에 해당하는 고쿠라로 향했으나 기상 상황이 좋지 않아 시야 확보가 어려웠다. 40여 분간 구름이 걷히기를 기다렸으나 좀처럼 나아지지 않아 제2안이던 나가사키에 원폭을 투하했던 것. 결국 날씨가 두 도시의 운명을 갈라놓은 셈이다.

영화로 엿보는 **한일 양국의 역사 인식 차이**

별을 사랑한 시인, 윤동주
영화 〈동주〉 2016

3D, 4D를 넘어 가상현실을 논하는 2016년에 찰리 채플린의 작품을 연상시키는 흑백영화 한 편이 개봉했다. 영화 〈동주〉다. 흑백의 화면은 어두컴컴한 형무소 취조실에서 멈춘다. 피고인으로 앉아 있는 사람은 히라누마 도슈. 조선의 독립운동을 지원했다는 죄목으로 일본인 형사에게 강도 높은 취조를 받는 중이다. 뒤이어 화면은 북간도 용정의 작은 촌락을 비춘다. 475번 죄수복을 입고 짧은 머리를 한 사내의 진짜 이름은 윤동주. 정지용 선생의 시를 읽으며 시인을 꿈꾸는 식민지의 청년이다. 그리고 영화는 윤동주 시인과 그의 고종사촌이자 독립운동가 송몽규 선생이 일본 제국주의에 저항하는 모습을 시간의 흐름에 따라 담담히 풀어낸다.

같은 집에서 석 달 차이로 태어난 두 사람은 고종사촌 간이라는 사실을 믿기 어려울 정도로 성향이 완전히 달랐다. 기질의 차이만큼이나 두 사람이 선택한 투쟁의 노선 역시 달랐는데, 어려서부터 우두머리 기질을 보인 송몽규는 홀로 중국 임시정부를 찾아가 무장투쟁에 뛰어들 만큼 적극적인 독립 활동을 이어간다. 하지만 부드럽고 조용한 성격의 윤동주는 그러지 못했다. 하기야 시 쓰는 데 전념했던 10대 시골 청년이 거대한 시류 앞에서 무엇을 할 수 있었을까. 오히려 일본식 성명을 강요당하고 조선어 사용이 금지된 상황 자체가 시인으로서는 '사형선고'나 다름없었을 터. 시국은 날로 어두워지고, 일제의 무자비한 탐욕은 점점 커져가는 세태에 아무것도 할 수 없었던 윤동주 시인은 응축된 시어로 자신의 감정을 표출한다. '서시'에서 별을 노래하는 마음으로 새 시대를 향한 의지를 굽히지 않겠다고 고백하고, '참회록'에서 자신의 무기력함을 오롯이 부끄러워하고 가슴 아파했다. 영화 속 정지용 시인의 "부끄러움을 아는 건 부끄러운 게 아냐. 부끄러운 걸 모르는 놈들이 더 부끄러운 거지"라는 대사처럼.

총과 칼을 들어야만 독립운동일까. 윤동주 시인은 아니라고 답한다. '행동하는 저항'이 아니더라도 '시대를 아파하는 마음' 역시 저항의 한 방법이었노라고 그는 말한다. 어쩌면 그가 가진 부끄러움은 지금을 살아가는 우리에게도 해당할지 모른다. 조국이 끝을 알 수 없는 어둠에 집어삼켜진 시절을 살아온 청년 윤동주는 세태를 비관하는 것으로 일관하기보다는 자신의 꿈을 꾸라고 말한다. 희망과 꿈을 가지는 것조차 사치스러워진 요즘의 'N포 세대'에게 그럼에도 꿈을 키우라고 말한다. 그리고 그 꿈을 절대로 포기하지 말라고 말한다. 죽어서야 겨우 시집을 낼 수 있었던 시인 윤동주가 헛된 꿈을 꾼 것이 아니듯 헛된 꿈은 존재하지 않는다고 우리에게 말한다.

한 떨기 꽃이 여기서 다 졌네

영화 〈군함도〉 2017

젊음은 꽃이다. 가만히 있어도 그 자체로 아름답다. 인생의 가장 화려한 시절, 만개의 시간은 턱없이 짧기에 더욱 귀하다. 그런데 숱한 꽃들이 꺾이고 무참히 짓밟혔다. 〈군함도〉는 일제강점기 '지옥 섬'이라 불렸던 군함도에 강제징용돼 끌려온 청춘들의 삶을 다룬 영화다. 지옥 섬에서 실제로 일어났던 비인간적인 착취와 일제의 잔혹함을 스크린에 담았다. '오직 살아서 고향 땅을 밟는 것'이 소원인 그들의 바람은 과연 이뤄졌을까.

일본인에게 전쟁은 어떤 의미일까

영화 〈어머니와 살면 母と暮せば〉 2015

"1945년 8월 9일 오전 11시 2분 나는 죽었다."라는 주인공의 독백으로 영화는 시작한다. 주인공 코지는 나가사키 의과대학을 다니다 원자폭탄 투하로 목숨을 잃은 900여 명의 사망자 중 한 명이다. 그가 자신의 세 번째 제삿날, 뼛조각 하나 찾지 못한 자식의 죽음을 받아들이지 못하는 어머니 앞에 "나야. 진짜 포기 못하네, 엄마는."이라는 말과 함께 나타나면서 모자(母子)는 거짓말처럼 재회한다.

재회 장면에 이어 영화는 전쟁과 원폭 투하가 개개인에게 어떤 영향을 미쳤는지를 담담하게 풀어낸다. "그날(원자폭탄이 떨어지던 날)은 지옥이나 마찬가지."라던 어머니(노부코)의 말이 당시의 참상을 그대로 전한다. 그리고 그날 이후에는 지옥보다 더한 일상이 이어진다. 가족을 모두 잃고 공허한 삶을 살아가는 노부코는 사기를 당하거나 친척에게 빌려준 돈을 돌려받지 못하는 등의 일을 겪고 생계가 막막해 미군 부대의 암거래 물건을 팔아 하루하루를 버틴다. 그런 그녀에게 죽은 줄로만 알았던 막내아들이 살아 돌아온 듯 말을 걸며 나타났으니 얼마나 반가웠을까. 살아갈 힘을 얻었을 것이고, 삶을 이어갈 가장 큰 이유가 되었을 터다. 하지만 모자의 만남은 언제나 눈물로 끝이 난다. 슬픔을 누르던 코지가 결국 눈물을 왈칵 쏟아내면 어김없이 사라지기 때문이다.

영화의 전체적인 흐름은 '전후 나가사키 주민들의 비참한 삶'에 초점을 두고 있다. 역사적인 평가는 제쳐두고 전쟁으로 평범한 일본인의 삶이 얼마나 망가졌는지를 반복적으로 보여준다. '피해자의 처절한 항변'으로 일관하는 느낌이다. 전쟁의 원인을 짚거나 원인 제공자로서 반성하는 내용은 등장하지 않는다. 굳이 찾자면 "이런 호화품을 만드는 나라와 전쟁을 했으니 바보 같은 짓이었지."라는 자조적인 대사 몇 줄이 나올 뿐이다.

그렇다면 현재를 살아가는 일본인들에게 전쟁은 어떤 의미일까. 매년 8월이면 일본 전국은 추모 열기로 달아오른다. '빛을 되찾았다(光復)'라는 뜻의 우리나라의 광복절과는 다른 의미다. 일본인에게 8월 6일과 9일의 원폭 투하일과 8월 15일의 '종전기념일'은 패전의 슬픔, 원통함으로 기억되는 날이다. 그들이 신적인 존재로 떠받들던 히로히토 일왕이 육성 방송(일명 옥음 방송)을 통해 무조건적인 항복을 선언했던 날, 정치인들의 야스쿠니 신사 참배와 공물 봉헌이 이어지고 국영방송인 NHK조차 가미카제 특공병, 일왕의 항복 방송, 원자폭탄 피해를 주제로 한 방송을 대거 편성할 정도다. 심지어 일부 우익 성향의 언론 매체에서는 일본을 전쟁 피해국으로 미화시키는 등 역사 왜곡도 서슴지 않는다.

사실 한낱 일본 영화 한 편 안에 올바른 역사 인식을 담아내라고 강요할 수는 없다. 하지만 일본 정부는 이와 다르다. 원폭 피해국으로서 피해 사실을 알리려는 노력 이상으로 한국과 중국 등 동아시아 침략에 대한 참회와 사과가 병행되어야 한다. 책임지려는 모습을 보이고 나서야 그들이 그토록 원하는 '원폭 투하에 대한 사과'를 받을 자격도 비로소 생기는 것이 아닐까.

축제 200% 즐기기

연간 2400회가 넘는 축제가 열리는 일본은 그야말로 '축제의 나라'다.
축제를 제대로 즐기기 위한 필수 조건은 '정. 보. 력'. 가끔은 뜻밖의 행운에 맡겨도 좋지만,
이왕이면 완벽하게 준비해서 야무지게 즐기는 것이 좋지 않을까.

1 벗꽃 축제

3월 말~ 4월 초

일본에서 봄이 가장 먼저 오는 곳이 후쿠오카다. 진정한 봄의 시작을 알리는 것은
역시 벗꽃 개화 소식. 매년 3월 28일 전후로 꽃망울을 터뜨려 4월 1~3일쯤이면
만개하는데, 이 기간에 후쿠오카 시내 곳곳에서 다양한 축제와 행사가 열린다.
벗꽃이 필 무렵에는 봄바람 살랑살랑 기분 좋게 불어 여행하기도 딱 좋다.

추천 스폿

마이즈루 공원
벚꽃 축제
舞鶴公園さくらまつり

후쿠오카 🅑 **2권** P. 108 ⊙ **MAP** P.105G
◎ **찾아가기** 오호리코엔 역 2번 출구 도보 7분

주요 행사

1 후쿠오카 성터 라이트업 ライトアップ

조명발 제대로 받은 벚꽃이 오죽 예쁠까. 성터의 고즈넉한 분위기를
느끼기도 전에 많은 인파에 질려버릴지도 모르지만 시간 내 가볼
가치는 충분하다. 점등 시간은 오후 6시부터 10시까지이며 라이트업
행사가 열리는 동안 야간 입장료 300¥을 따로 내야 한다.

2 스탬프 모으기 スタンプラリー

공원 곳곳에 흩어져 있는 벚꽃 모양 스탬프를 모두 찾아 행사 팸플릿에
찍어서 제출하면 추첨해 다양한 선물을 준다.

벚꽃 시즌 한정 제품

언 마음에 스며드는 봄빛처럼 구매욕이 가슴에
날아와 '꽃'히니 버텨낼 재간이 없다. 매년
찾아오지만 매번 지갑을 열게 되는 월급 도둑
아이템들이다.

사쿠라 사라사라 さくらサラサラ

동그란 유리병에 벚꽃이 들어 있는
비주얼로 유명한 벚꽃술. 생긴
것과 다르게 체리와 사과
맛이 난다. 돈키호테에서
판매하는데 인기가 대단해서
순식간에 팔려나간다. 800¥

스타벅스 사쿠라 텀블러

분홍분홍한 색깔과 예쁜 벚꽃
무늬가 여자라면 혹할 수밖에
없다. 사재기하는 사람들이 있어
일부 지점에서는 1인당 구입 가능
개수가 정해져 있는 인기 상품.
1000~2000¥

아사히, 기린 맥주 사쿠라

애주가가 아니라도 예쁜
캔에 소유욕이 생긴다.
맛은? 똑같다. 300¥

7월 1~15일

2

하카타 기온 야마카사 博多祇園山笠

명실상부한 후쿠오카 최대의 축제. 훈도시를 입은 사내들이 야마카사(山笠)라는 1톤짜리 가마를 짊어지고 후쿠오카 시내 약 5km를 달리는 축제다. 물론 그냥 달리는 것은 아니고 일곱 개의 나가레(流れ, 자치 조직) 중 어느 나가레가 목적지에 가장 먼저 도달하는지 경쟁한다. 보름에 걸친 행사 기간 동안 시내 곳곳에서 다양한 이벤트가 열리며, 실전을 방불케 하는 연습 경기마저 큰 볼거리니 축제 스케줄과 장소를 확인해서 꼭 관람하자. 축제의 하이라이트는 마지막 날인 7월 15일 새벽 4시 59분. 드디어 모든 나가레가 한 곳(구시다 신사)에 모여 경합을 벌이는 오이야마카사(追い山笠)가 열리며 기나긴 축제를 매듭짓는다. 한여름의 불꽃같던 대장정이 비로소 막을 내리는 순간이다.

🔗 홈페이지
www.hakatayamakasa.com

冬

3

일루미네이션

크리스마스와 연말 시즌을 로맨틱하게 보내려면 지금부터
소개하는 곳들을 주목하자! 휘황찬란한 경관 조명과 수십만 개의 전구,
장식물로 수놓은 빛의 축제, '일루미네이션' 명소 네 곳이 대표적이다.

텐진 지역 백화점 ⇧

'텐진의 크리스마스에 가자(天神のクリスマスへ行こう)'
라는 타이틀 아래 펼쳐지는 일루미네이션으로 보통 11월
중순부터 크리스마스까지 케고 공원과 텐진 지역 백화점 앞을
빛으로 물들인다.

JR 하카타 역 ⇨

'겨울의 판타지 하카타(冬のファンタジーはかた)'라는
타이틀을 내걸고 보통 11월 말부터 다음 해 1월 중순까지
JR 하카타 역 하카타 출구 앞 광장에서 열린다.
후쿠오카에서 규모가 가장 크고 화려하며 특설 무대에서는
다양한 공연과 행사가 열려 흥을 돋운다.

후쿠오카타워 주변 ⇩

11월 중순부터 크리스마스 때까지 열리며 후쿠오카타워와
함께 둘러보면 좋다.

캐널시티 하카타 ⇧

캐널시티 건물 한가운데에서 열리는 일루미네이션
축제로 보통 11월 중순부터 크리스마스 때까지
이어진다.

북큐슈를 편하게 돌아보자 **원데이 현지 투어**

도시 여행의 필수!
후쿠오카 오픈톱 버스

한국어 오디오 가이드를 들으며 버스로 후쿠오카를 돌아
보는 투어. 티켓을 구입한 당일에는 같은 노선이를 몇 번이
고 탈 수 있을 뿐 아니라, 공항행을 포함한 후쿠오카 시내
버스까지(도시권 버스) 무료로 탑승 할 수 있다. 어느 정류
장에서든 내릴 수 있으나, 탑승은 텐진 후쿠오카 시청 앞
과 하카타역, 구시다 신사 정류장에서만 가능하다.

💹 요금 중학생 이상 1570¥, 4세~초등학생 790¥.
코스 하나만 탑승 가능 예약 [현장] 후쿠오카 시청 내 승차권
카운터에서 출발 예정 시간 20분 전까지 승차권을 구매 [인터넷]
https://global.atbus-de.com
🕐 홈페이지 https://fukuokaopentopbus.jp/ko

✔ COURSE

하카타 도심 코스 | 약 60분
텐진 후쿠오카 시청 앞 ⇒ 하카타 역 앞 ⇒ 구시다 신사 ⇒
오호리공원 · 후쿠오카 공원

후쿠오카 야경 코스 | 약 80분
텐진 후쿠오카 시청 앞 ⇒ 하카타 역 앞 ⇒
구시다 신사(통과) ⇒ 도시고속도로 통과
(마린메세 후쿠오카, 하카타 포트타워, 아라츠 대교,
후쿠오카 페이페이 돔 관람 가능) ⇒ 힐튼 후쿠오카 시호크
⇒ 후쿠오카 타워 ⇒ 오호리 공원(통과)

시사이드 모모치 코스 | 약 60분
텐진 후쿠오카 시청 앞 ⇒ 후쿠오카 타워 ⇒ 오호리공원 ⇒
오호리공원 · 후쿠오카 공원

가장 편한 투어의 정석
여행사 일일 버스 투어

유후인, 벳푸, 다자이후, 구로카와 등의 후쿠오카 인근 여
행지를 돌아보는 하루 코스 패키지여행이다. 관광버스나
미니버스로 이동하며 한국인 인솔자가 안내한다. 후쿠오
카에 거점을 두고 짧은 시간에 큐슈의 여러 명소를 돌아보
고 싶은 사람에게 유용하다. 일본이 교통비가 매우 비싼 점
을 감안하면 합리적인 선택일 수 있다. 유유버스투어, 유투
어버스 등이 있는데, 모두 마이리얼트립(www.myrealtrip.
com) 같은 티켓 예매 사이트에서 예약할 수 있다.

✔ PLUS TIP

① 당일치기로 유후인을 여행할 계획이라면 일일 버스
투어를 추천한다. 유후인은 인기 있는 여행지라 원하는
시간대에 출발하는 버스나 기차를 예매하기 쉽지 않고,
왕복 교통비가 패키지여행 요금과 맞먹는다. 게다가
유후인에서 하차하는 옵션도 있어서 숙박을 하는
사람들에게도 유용하다.

② 같은 프로그램이라도 식사와 온천 입욕료, 관광지
입장료 등의 포함 여부에 따라 가격이 다르다.

패키지여행은 일정이 빡빡해서 싫다. 자유 여행은 모든 일정을 스스로 짜야 한다는 점과 이동 시 교통이 부담스럽다.
두 여행의 장점만 취할 수는 없을까? 이런 여행자의 마음을 잘 알아주는 후쿠오카 여행 프로그램이 있다.

티켓이 나를 이끄는 대로
니시테츠 관광 티켓

교통 티켓과 입장권, 식사권, 할인권 등이 포함된 셀프 일
일 투어 티켓이다. 티켓을 구입하면 한글로 된 안내서와
할인 쿠폰이 담긴 소책자를 제공한다. 니시테츠 텐진 역과
야쿠인 역에서 구입할 수 있으며 개찰일로부터 2일 간 사
용할 수 있다.

✔ TICKET

다자이후 산책 티켓
니시테츠 전철 왕복 승차권, 우메가에모찌(2개) 교환권,
관광지 할인 쿠폰 포함 1인 960￥, 어린이 620￥)

야나가와 특선 티켓
니시테츠 전철 왕복 승차권, 뱃놀이 승선권, 야나가와 향토
요리, 관광지 할인 쿠폰 포함 1인 5,260￥.

다자이후 & 야나가와 관광 티켓
니시테츠 전철 왕복승차권 (승차역→다자이후(야나가와)→
야나가와(다자이후)→ 승차역), 뱃놀이 승선권,
관광지 할인 쿠폰 포함 1인 3080￥, 어린이 1490￥

걸으며 돌아본다!
후쿠오카 무료 정시 투어

텐진과 하카타의 주요 명소를 둘러보는 이 무료 워킹 투어
에는 관광객이 꼭 가봐야 하는 후쿠오카 명소가 포함되어
있다. 한 시간 동안 진행되어 걷기에 적당하고, 동선도 잘
짜여 부담 없이 참여할 수 있다. 단, 일본어로 진행하기 때
문에 일본어를 모르면 참가하기 어렵다. 예약은 필요 없이
매일 오후 2시에 집결지로 모이면 된다. 텐진 시내 코스는
오전 10시 30분에 투어가 한 번 더 있으며, 5명 이상 단체에
게는 비용이 청구된다.

⊖ 휴무 공휴일, 넷째 주 월요일, 12월 28일~다음 해 1월 3일까지
(진행 여부는 홈페이지 수시 확인) ⊙ 홈페이지 www.welcome-
fukuoka.or.jp/kankouannai/cource06

✔ COURSE

텐진 시내 코스
후쿠오카시 관광 안내소(텐진) ⇒ 텐진 중앙공원 ⇒
아크로스 후쿠오카 ⇒ 스이쿄 텐만구 ⇒ 아카렌가 문화관

하카타 역사 코스
하카타마치야 후루사토칸 ⇒ 구시다 신사 ⇒
료칸 가시마혼칸 ⇒ 류구지 ⇒ 도초지

tip for you
매일 오후 2시, 하카타마치야
후루사토칸 앞에서 집결한다.
시간이 다 됐는데 아무도 보이지
않는다면 건물 내 인포메이션
센터에 문의하자.

FOOD

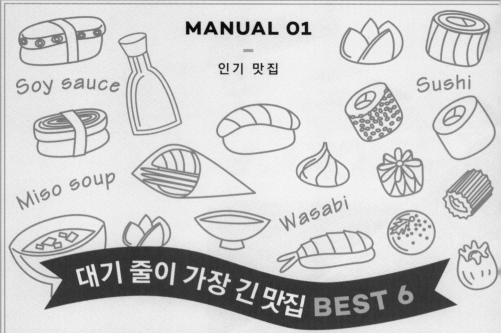

MANUAL 01

—

인기 맛집

Soy sauce

Sushi

Miso soup

Wasabi

대기 줄이 가장 긴 맛집 BEST 6

가게 앞은 여러 사람들이 모여 웅성거리고 좁은 가게 안은 항상 북적대니 궁금하지 않을 수 없다.
도대체 뭘 팔기에, 맛은 또 어떻기에 한여름 땡볕마저 견디며 줄을 서는 걸까?
짧게는 20분, 길게는 2시간씩 줄 서가며 맛본 나름의 결론은 이렇다. '줄을 서는 자, 기다림의 시간이
아깝지 않은 최상의 맛을 보게 될 테니, 일단 줄을 서시오!'

Vagasi

Dango

✔ 대기자 리스트 작성법

무작정 줄 끝에 서 있는다고 차례가 돌아오는 것은 아니에요. 일단 가게 입구나 계산대 앞에 대기자 리스트가 세워져 있는지 확인하세요.
대기자 리스트에 이름(お名前)과 인원수(人数), 원하는 자리(카운터석 カウンター席, 테이블석 テーブル席, 아무 좌석이나 どちらでも)를
기입해야 합니다.

평균
대기 시간
2시간

이렇게 팔아서,
남는 게 있나

가메쇼쿠루쿠루즈시
亀正くるくる寿し

마구로 스시(330¥)와 타마고 스시(165¥)

벳푸에서 가장 인기 있는 스시집. 스시 위에 올리는 네타는 오이타, 큐슈산을 주로 사용하며 스시를 미리 만들어두지 않기 때문에 굉장히 신선하고 맛도 훌륭하다. 구성도 눈여겨볼 만한데, 스시 종류만 70가지가 넘고 디저트와 사이드 디시도 다양해서 웬만한 스시는 모두 맛볼 수 있다. 이 정도면 충분할 것 같은데 가격까지 착하디착하니 게임 끝 아닌가. 손님이 많아 분위기는 기대하기 어렵지만 맛과 가격, 신선도를 모두 갖춰 '줄 서지 않고는 문턱 넘기 힘든 집'이 됐다. 인기 있는 메뉴는 재료가 떨어지면 더이상 판매하지 않으니 최대한 일찍 방문하자. 테이크아웃이 가능하며, 예약은 받지 않는다. (카드 결제 불가)

벳푸
ⓑ **2권** P.180 ⓜ **MAP** P.175L
ⓥ **가격** 스시 165~450¥

가성비 ★★★★★
싸다. 정말 싸다.

접근성 ★
벳푸역에서 버스로 20분, 간나와 버스터미널에서 버스로 5분

MENU

✔ 주문, 이렇게 하면 됩니다
자리마다 비치된 주문서로 주문을 받았지만 최근 터치형 패드를 설치해 편의성이 높아졌다. 영어지원

평균
대기 시간
1시간

괜찮아,
고기는 살 안 쩌!

야키니쿠 타규
焼肉多牛

안창살(890¥), 상갈비(690¥)

인기 절정의 야키니쿠집으로 예약하지 않으면 문턱을 넘을 수 없다. 어떤 부위를 주문하더라도 헉 소리가 날 만큼 맛있는데 가격도 한국에 비해 아주 저렴하다. 특히 먹어볼 만한 부위는 **안창살(ハラミ)**, 소의 혀인 **우설(牛タン)**, **상갈비(上カルビ)**. 가성비를 따지자면 돼지고기보다 비싼 소고기 위주로 주문하는 것이 유리하다. 고기를 직접 구워야 하기 때문에 고기 굽는 실력이 없으면 처음부터 끝까지 불 쇼만 하다 끝날 수도 있다. 환기 시설이 잘 갖춰지지 않아 눈이 매울 정도로 연기가 자욱하고 옷에 고기 냄새가 잔뜩 배는 점은 조금 아쉽다. 1인당 2000~3000¥이면 배불리 먹을 수 있으니 자리를 잡았다면 행운. 한국어 메뉴가 있다. (카드 결제 불가)

후쿠오카
ⓑ **2권** P.052 ⓜ **MAP** P.043G
ⓥ **가격** 상갈비 690¥,
우설 890¥, 안창살 890¥,
대창 690¥, 생맥주 520¥

가성비 ★★★★★
배불리 먹어도 1인당 3만원을
넘지 않는다.

접근성 ★★★
하카타 역에서 도보 10분

MENU

✔ 특이한 예약 방식에 주의하세요!
오후 3시부터 당일 방문 예약만 받으며 예약 시간보다 늦게 도착하면 다음 순번으로 넘어가기 때문에 순번이 20번 이내일 경우 개점 시간(17:30)에 맞춰 가야 한다. 예를 들어 1번으로 예약했다면 영업시간 중 아무 때나 가도 되는 것이 아니라 무조건 개점 시간 전에 도착해 있어야 한다. 그렇지 않으면 한 시간은 족히 기다려야 한다. 외국인은 대기표에 여권 영어 이름을 써야하며 입장 시 여권을 보여줘야 한다.

평균
대기 시간
50분

한국이야,
일본이야?

기와미야
極味や

햄버그스테이크 M 사이즈 세트 1580¥

손님의 90% 이상이 한국인일 정도로 유독 한국 사람에게 인기 있는 집. 식사 시간이 아니라도 기본 대기 시간이 20분이 넘는데, 국내 맛집 프로그램에 소개된 이후로 마치 한국 식당이된 느낌이다. 직접 구워 먹는 **햄버그스테이크(炭焼きハンバーグステーキ)**가 이 집의 대표 메뉴. 세트를 주문하면 밥과 샐러드, 미소 된장국, 소프트아이스크림이 함께 나오는데 모두무한 리필이 된다. 맛은 괜찮으나 솔직히 오랜 시간 기다려가며 먹을 정도인지는 잘 모르겠다. 한국인 직원이 있고 한국어메뉴가 있는 등 한국인에 특화된 서비스는 높이 살 만하다. 텐진 파르코 지하 1층과 하카타버스터미널 1층에 지점이있다. 예약은 받지않는다.

후쿠오카
🔴 2권 P.077 ⊙ MAP P.073G
🍴 **가격** 햄버그스테이크
S 사이즈 세트 1380¥,
M 사이즈 세트 1580¥,
L 사이즈 세트 1980¥
가성비 ★★★
가격이 점점 오르고 있다.
접근성 ★★★★★
텐진 파르코 백화점 지하 1층

MENU

평균
대기 시간
50분

튀김의 왕이
돌아왔다

텐푸라도코로 히라오
天麩羅処ひらお

에비테이쇼쿠 1090¥

가게 이전 준비를 한다는 얘기가 있을 때부터 난리이더니 긴긴 기다림 끝에 드디어 새로운 곳에서 영업을 시작했다. 메뉴구성은 거의 그대로이지만 맛은 좀 더 업그레이드됐다는 평가. 밥은 시마네현산 최상급 고시히라키만 이용해 짓고, 튀김 재료도 신선한 것만 골라 쓰니 맛이 없기가 힘들다. 큼지막한 새우와 야채가 포함된 **에비테이쇼쿠(えび定食)**를 추천.50¥을 더 내면 밥을 많이 준다. 인기는 더 많아졌는데 실내는절반으로 좁아져 대기 시간이 하염없이 길어졌다는 게 아쉽다.

후쿠오카
🔴 2권 P.083 ⊙ MAP P.072F
🍴 **가격** 에비테이쇼쿠 1090¥
가성비 ★★★★
재료의 신선함을 생각하면 싸다.
접근성 ★★★
예전에 비해 살짝 애매하다.

MENU

평균 대기 시간 40분

줄 서는 데는
이유가 있겠지

효탄즈시 본점
ひょうたん寿司 本店

평균 대기 시간 20분

이모, 여기
밥 한 그릇 추가요!

토요츠네 본점
とよ常 本店

오늘의 특선 스시 3200￥

특상 텐동 860￥

현지인과 여행객 모두에게 인기 있는 스시집. 이곳 역시 국내 맛집 프로그램에 소개되면서 한국인 사이에 유명세를 탔지만 사실 맛이 그리 뛰어나지는 않다. 더군다나 20~30분씩 기다려 가며 먹어볼 필요는 없는 집. 큰 기대 없이 비교적 적당한 가격에 질 좋은 스시를 맛본다는 생각으로 가면 만족할 만한 곳이다. 주문 즉시 스시를 만들기 때문에 신선하다. 세트 메뉴로는 **오늘의 특선 스시**와 **꽃스시**를, 단품으로는 **아나고 스시(260￥)**와 **전복 스시(430￥)**를 추천. 1인당 3000~3500￥을 예상하면 된다. 예약을 받지 않으며 개점 10~15분 전에 도착하면 대기 시간이 짧다. 솔라리아 스테이지 지하 2층에 회전 초밥으로 운영하는 분점도 있다.

아나고 스시 260￥

창업한 지 90년이 넘은 일식 전문점으로 현재 3대째 주인이 운영 중이다. 가볍게 먹을 수 있는 오이타 현의 향토 음식이 주를 이루는데, **특상 텐동(特上天丼)**의 인기가 독보적이다. 그 이유는 텐동이 눈앞에 나오자마자 알 수 있다. '다 먹을 수 있을까?' 싶은 푸짐한 양을 봐도 그렇고, 바삭한 튀김옷을 입은 채 요염하게 누워 있는 새우의 자태를 봐도 그렇다. 맛의 결정타는 함께 나오는 미소 된장국. 비릿한 미소 된장국과 달짝지근한 텐동 한 입이면 더 이상 부러울 것이 없다. 개점 직후에 가면 대기 없이 자리를 잡을 수 있다. 밀려드는 손님에 비해 가게가 좁다는 의견이 많았으나 최근 인근으로 확장 이전해 전보다 훨씬 쾌적하게 식사를 할 수 있으며 대기시간도 많이 줄었다. 1·2층으로 나누어져 있으며 2층이 좀 더 한적한 분위기. 걸어서 10분 거리에 분점이 있으니 참고하자. 한국어 메뉴가 있다.

MENU

후쿠오카

📖 **2권** P.078 📍 **MAP** P.073G

💴 **가격** 오늘의 특선 스시 3200￥, 꽃스시 1680￥, 게살크림크로켓 490￥

가성비 ★★★★
후쿠오카 도심에서 이 정도면 만족

접근성 ★★★★★
텐진 역에서 도보 3분 이내

MENU

벳푸

📖 **2권** P.167 📍 **MAP** P.162B

💴 **가격** 특상 텐동 950￥(새우 튀김 추가 시 360￥ 추가), 토리 텐 650￥, 생맥주(소) 500￥

가성비 ★★★☆
양은 푸짐하나 단맛을 싫어한다면 입에 맞지 않을 수도

접근성 ★★★★
벳푸 역에서 도보 10분

여기서 이걸 먹어야
잘 먹었다고 소문난다

'맛을 알려면 북(北)으로 가라'라는 일본 속담이 있다. 하지만 후쿠오카에 와 보면 그 말이 얼마나 틀린 것인지 알 수 있다. 맛있는 요리와 더 맛있는 요리뿐인 후쿠오카에서 뭘 먹을까?

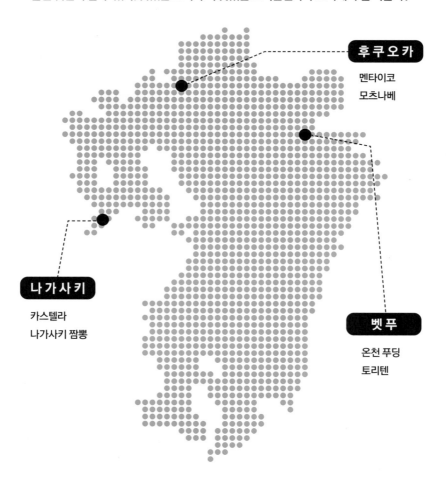

후쿠오카

멘타이코
모츠나베

나가사키

카스텔라
나가사키 짬뽕

벳푸

온천 푸딩
토리텐

벳푸

벳푸(別府), 그 이름처럼 별난[別] 곳[府]에 와서 독특한 음식 한번 안 먹고 갈 수는 없다. 벳푸가 아니면 맛볼 수 없는, 맛볼 수 있더라도 제맛은 나지 않는 음식을 모았다.

"
푸딩에도 급이 있다
온천 푸딩
"

오카모토야 매점의 지고쿠무시
푸딩(地獄蒸しプリン) 330￥

벳푸 가장 높은 곳에서 맛보는 푸딩의 맛
오카모토야 매점
岡本屋売店

1988년에 첫선을 보인 이후 30년째 푸딩 장인이 직접 만든 원조 지옥찜 푸딩으로 유명한 집. 묘반 온천 지역의 지열로 찐 푸딩으로 단맛을 조금 줄이고 부드러운 식감을 살린 것이 특징. '일본 10대 푸딩'으로 선정되었다.

ⓑ **2권** P.182 ⓜ **MAP** P.183 ⓖ **찾아가기** JR 벳푸 역에서 버스로 30분 ⓥ **가격** 지고쿠무시 푸딩 330￥, 온센타마고 220￥

도요켄의 토리텐
정식 세트 1375￥

줄 서서 먹는 집
분고차야
豊後茶屋

오이타현의 향토 요리를 전문으로 하며 위치가 좋아서 여행자가 찾아가기도 쉽다. **토리텐동 정식(とり天丼定食)**과 **분고 정식(豊後定食)**이 인기다. 함께 나오는 당고지루(だんご汁)도 보통 이상의 수준이다.

ⓑ **2권** P.167 ⓜ **MAP** P.162J ⓖ **찾아가기** JR 벳푸 역 1층
ⓥ **가격** 토리텐동 정식 980￥, 분고 정식 1100￥ (카드 결제 가능)

분고차야의
토리텐동 정식 980￥

"
치킨 대신
토리텐
"

벳푸에서 영접한 치느님
도요켄
東洋軒

1926년 개업해 현재 3대 주인이 영업하고 있다. 토리텐의 발상지로 더 알려져 있는데, 당시 유명세에 힘입어 일왕의 식탁에도 올랐을 만큼 맛으로 인정받았다. 합성 보존료와 첨가물을 전혀 넣지 않고 천연 재료만으로 조리한다.

ⓑ **2권** P.186 ⓜ **MAP** P.187 ⓖ **찾아가기** JR 벳푸 역에서 버스로 15분, 도보 8분 ⓥ **가격** 토리텐 정식 세트 1375￥

온천 푸딩

사람만 온천욕을 하란 법 없다. 온천수가 수돗물만큼 흔한 벳푸에서는 푸딩도 온천 사우나를 즐긴다. 갓 짠 우유와 오이타 현의 신선한 달걀이 주재료지만 '온천 증기'가 마지막 공정이자 비법인 셈이다. 일정한 온도의 온천 증기에 한참을 익혀야만 명품 온천 푸딩으로 인정받는다.

토리텐

예전에는 육질이 단단하고 질긴 토종닭이 많아서 이가 약한 일본인들이 먹기에는 불편했다. 그래서 닭의 허벅다리 살을 먹기 좋게 조각내어 튀긴 것이 토리텐의 시초다. 특제 간장과 마늘로 밑간한 상태에서 튀김옷을 입혀 튀기기 때문에 그냥 먹어도 맛있고, 가보스(유자의 일종) 소스나 식초 간장, 겨자 따위에 찍어 먹으면 풍미가 배가된다.

후쿠오카

유명하다고 다 맛있는 것은 아니지만 이유 없는 명성은 없는 법. 많은 사람이 입을 모아
'후쿠오카 가면 꼭 먹어봐야 해!'라고 추천한 이유를 내 눈으로, 입으로 직접 확인할 일이다.

> "
> 짭쪼름한 맛의
> 명란젓
> 멘타이코
> "

다시마로 숙성한 명란 요리
멘타이쥬
めんたい重

멘타이주 1680¥(명란 1개)

후쿠오카 최초의 명란 요리 전문점이다. 대표 메뉴인 멘타이
주(めんたい重)는 명란에 가다랑어 등 온갖 재료를 더해 조리
한 얇은 다시마를 말아 오랜 시간 숙성한 것으로, 명란이 낼 수
있는 최고의 깊은 맛을 낸다. 여기에 이 집에서 개발한 특제 소
스 '카케다레(かけだれ)'를 뿌려 먹으면 명란과 최상의 조화를
이룬다.

ⓑ **2권** P.065 ⓥ **MAP** P.056 I ⓞ **찾아가기** 텐진 역에서 도보 5분
ⓥ **가격** 멘타이주 1680¥(명란 1개), 멘타이니코미츠케멘 1680¥, 한멘
세트 2880¥(멘타이주+멘타이니코미츠케멘 150g)

저렴한 멘타이코 밥상
후쿠타로
福太郎

멘타이코 요리와 쇼핑을 동시에 즐기고 싶다면 단연 이곳. 두
종류의 멘타이코와 갖가지 반찬이 나오는 후쿠타로노멘타이
볼(福太郎のめんたいボウル)이 인기.

ⓑ **2권** P.089 ⓥ **MAP** P.073L ⓞ **찾아가기** 텐진미나미 역 6번 출구 바
로 옆 ⓥ **가격** 후쿠타로노멘타이볼 550¥~

멘타이코

일제강점기는 한일 양국 국민의 밥상에 적지 않은 영향을 미쳤다. 당시 조선에서 일본으로 전파된 대표적인 음식이 '멘타이코', 즉 명란젓이다. 1946년 해방 직후 부산에 살던 한 일본인 상인이 귀국해 일본 최초의 명란젓을 선보였는데, 그곳이 한국과 가장 가까운 후쿠오카였다. 멘타이코는 오랜 연구와 산업화를 거쳐 지금은 후쿠오카를 대표하는 향토 음식으로서 일본인의 밥상을 책임지고 있다.

모츠나베

모츠나베(もつ鍋). 말 그대로 소 곱창 전골인 이 음식의 칼칼하고 깔끔한 맛 뒤에는 강제징용 당한 조선인의 아픔이 녹아 있다. 1920~30년대, 큐슈 각지의 탄광과 산업 시설에 끌려온 조선인들이 당시 일본 사람들은 잘 먹지 않아 값이 싸던 소의 내장 '모츠(もつ)'와 채소를 넣어 자작하게 끓여 먹던 것이 모츠나베의 시초. 일본 사람들이 모츠나베를 본격적으로 먹기 시작한 것은 그로부터 20여 년이 지난 1950년대였고, 후쿠오카(당시 하카타) 지역이 유행의 중심지였다고 전해진다.

> **"**
> 씹는 재미가 있는
> 소 곱창 전골
> **모츠나베**
> **"**

깊고 진한 국물 맛
쇼라쿠
笑樂

한국인이 가장 많이 가는 모츠나베 전문점. 그만큼 맛과 분위기가 평균 이상이다. 큐슈산 소고기를 쓰고, 다른 부재료도 산지 직송을 고집한다. 그 덕분인지 곱창의 육질이 뛰어나고, 다른 집에 비해 국물이 진하지만 그만큼 더 달고 짠 것이 단점.

⊚ **2권** P.047 ⊙ **MAP** P.042B ⊙ **찾아가기** JR 하카타 역 아뮤플라자 10층 ⓥ **가격** 모츠나베 1인분 1520¥, 단품 메뉴 680~1300¥

말고기 육회가 최고
오야마
おおやま

맛과 가격, 메뉴 구성까지 삼박자를 두루 갖춘 집. 오전 11시부터 오후 3시까지 제공하는 오야마 세트(おおやま御膳)의 구성이 알찬데, 모츠나베는 물론 멘타이코(명란)와 바사시(馬刺し, 말고기 육회) 등 후쿠오카를 비롯해 큐슈 지역 명물 음식을 한꺼번에 맛볼 수 있어 여행 기간이 짧은 여행자에게 안성맞춤.

⊚ **2권** P.048 ⊙ **MAP** P.042B ⊙ **찾아가기** JR 하카타 역 데이토스 (DEITOS) 건물 1층 ⓥ **가격** 오야마 세트 1980¥~

나가사키

지역 명물 음식이 이토록 많은 동네도 드물다. 동서양의 음식이 나가사키에서 만나 현지인의 입맛에 맞게 변화하고 발전한 과정을 발견하는 것도 재밌다. 원조집만 찾아다녀도 관광 명소와 나가사키 역사의 대부분을 돌아본 셈.

"
쫀득하고 달콤하다
카스텔라
"

쇼오켄의
카스텔라 세트 750¥

커피와 함께 카스텔라를
쇼오켄 본점
松翁軒

1681년에 개업해 지금까지 전통 적인 방법으로 카스텔라를 만드는 곳이다. 본점은 고풍스러운 카페를 겸하고 있어서 카스텔라를 커피와 함께 맛볼 수 있어서 좋다. 카스텔라의 맛은 좀 단 편. 포장이 예쁘고 맛이 다양해서 젊은 여성들에게 인기다.

ⓢ **2권** P.207 ⓜ **MAP** P.203D ⓖ **찾아가기** 나가사키 노면전차 시민 카이칸 역 바로 앞 ⓨ **가격** 648¥(5조각), 1296¥(0.6호)

후쿠사야의 큐브
카스텔라 250¥(1개)

다양한 제품이 인기
분메이도 본점
文明堂

대로변에 있어 누구나 들렀다 가는 곳이다. 고풍스러운 검은색 외관에 금빛 마크가 인상적 이어서 굳이 찾으려 하지 않아도 눈길이 간다. 1900년, 일본 3 대 카스텔라로 꼽히는 세 곳 중 가장 늦게 문을 열었지만 말 차 맛, 초콜릿 맛 등 다양한 카스텔라를 선보여 주목받고 있 다. 다른 집보다 담백한 맛이 인기 요인. 손님이 없을 때에는 가게 안 좌석에 앉아서 카스텔라를 먹을 수 있으며, 상황에 따라 녹차를 서비스로 제공하기도 한다.

ⓢ **2권** P.207 ⓜ **MAP** P.202E ⓖ **찾아가기** 나가사키 노면전차 오하 토 역 바로 앞 ⓨ **가격** 오리지널 카스텔라 675¥(5조각)

원조 나가사키 카스텔라
후쿠사야 본점
福砂屋

1624년 문을 연 유서 깊은 가게 로 나가사키 카스텔라를 처음 선보인 곳이기도 하다. 원조라 는 타이틀에 걸맞게 카스텔라의 맛 또한 최고로 인정할 만한 데, 특히 쫀득한 식감은 후쿠사야를 따라올 곳이 없다. 큐브 카스텔라는 작고 예쁘고 저렴해서 선물용으로 인기다.

ⓢ **2권** P.207 ⓜ **MAP** P.203L ⓖ **찾아가기** 나가사키 노면전차 시안바 시 역에서 도보 2분 ⓨ **가격** 1박스 1188¥(0.6호), 큐브 카스텔라 270¥(1개)

분메이도의 오리지널
카스텔라 675¥(5조각)

카스텔라

나가사키가 개항하면서 일본의 기독교도 번성했다.
이때 선교사들이 서양식 과자를 선보였는데,
이를 발전시킨 것이 바로 카스텔라(カステラ)다.
나가사키 카스텔라는 부드럽고 촉촉한 질감이 일품이다.
맛은 우리나라 카스텔라에 비해 약간 더 단 편이다.

나가사키 짬뽕

나가사키 짬뽕을 처음 만든 시카이로(四海楼)의 창업자 천핑순 씨는
중국 푸젠 성에서 나가사키로 이주한 뒤, 중국에서 유학 온 학생들에게
영양가 높고 맛 좋은 음식을 싸게 대접하고 싶다는 마음으로 나가사키
짬뽕을 고안했다고 한다. 육수에 돼지 뼈가 들어가기 때문에 특유의
향이 나며 기름기가 돈다. 맛은 다소 짠 편이다.

시카이로의
나가사키 짬뽕 1210¥

"
하얀 국물의 결정판
나가사키 짬뽕
"

코잔로의
나가사키 짬뽕 1320¥

나가사키 짬뽕의 원조
시카이로
四海楼

나가사키 짬뽕의 역사가 시작
된 곳이다. 천핑순(陳平順) 씨가 1899년 창업한 이래 4대째 운
영 중이며, 지금도 전통적인 방법을 지켜 짬뽕을 만든다. 짬뽕
특유의 불 맛이 느껴지고 재료의 맛과 식감도 잘 살아 있지만,
다소 짠 편이라 음식 맛은 호불호가 갈린다. 건물은 5층으로
으리으리해 보이지만 식사 공간은 5층 단 한 층이다. 원조 집
답게 늘 관광객으로 북적이고, 언제 가도 시간에 관계없이 오
래 기다려야 한다는 것이 단점. 건물 2층에는 나가사키 짬뽕과
사라우동의 역사를 알 수 있는 당시 물건과 자료를 전시한 짬
뽕 박물관이 있다. 포장 제품도 판매한다.

ⓔ **2권** P.215 ⓜ **MAP** P.210C ⓖ **찾아가기** 나가사키 노면전차 오우라
텐슈도 역에서 도보 3분 ⓥ **가격** 나가사키짬뽕 1210¥, 사라우동 1210¥

담백한 국물로 인기
코잔로
江山楼

차이나타운에 위치한 60년 된
중국집이다. '아버지의 맛, 어머니의 정성'을 모토로 정성스럽
게 만든 맛있는 음식을 제공한다. 대표 메뉴인 나가사키 짬뽕
은 육수를 닭으로 우려 부드러운 맛이 나며, 채소와 해산물의
씹히는 맛이 살아 있다. 바삭한 사라우동과 고슬고슬한 볶음밥
도 인기 메뉴. 상어 지느러미와 해삼을 넣은 특상짬뽕은 이 집
의 특선 메뉴다. (5000¥ 이상 카드 결제 가능)

ⓔ **2권** P.215 ⓜ **MAP** P.210B ⓖ **찾아가기** 나가사키 노면전차 신치
추카가이 역에서 도보 3분 ⓥ **가격** 특상짬뽕 2310¥, 나가사키 짬뽕
1320¥

미식가들이 인정한 맛!
'구르메 레스토랑'
BEST 7

비싼 음식이 맛있는 것이야
당연한 일. 저렴한 음식일수록
대중적인 것 역시 당연한 일.
하지만 여행자에게는 적당한 가격에
맛까지 좋아야 반갑지 않을까.
맛은 둘째가라면 서러울,
미식가들도 두 손 두 발 다 든
구르메 레스토랑.
이곳이야말로 당신이 그토록
찾아 헤매던 곳일 터다.

✔ **구르메가 뭐예요?**
'구르메(gourmet)'는 미식을 뜻하는 프랑스어다.
일본에서는 요리나 술의 맛에 민감한 미식가들을
통칭하기도 하고, 미식을 위해 맛집을 찾아다니
는 행위를 구르메라고 부르기도 한다. 따라서
'구르메 레스토랑'은 미식가들이 많이 찾는
레스토랑쯤으로 생각하면 된다.

고급 레스토랑 제대로 즐기자!

1. 5일~일주일 전에 예약하는 것이 좋다. 90% 이상이 전화 예약만 받으며 영어로 의사소통이 되지 않는 경우가 많으므로 일본어를 잘하는 사람에게 부탁하는 것이 최선이다. 플래티넘 등급 이상의 비자 카드 소지 시, 비자 컨시어지 서비스를 이용하는 것도 한 방법. 해외 레스토랑 예약을 대행해준다.

2. 예약 시간은 반드시 지키자. 일본에서는 이 또한 손님이 갖춰야 할 최소한의 예의라고 생각하기 때문에 테이블 홀딩 시간이 다른 나라에 비해 짧은 편이다. 예약 시간보다 5분 이상 늦으면 노쇼(no-show)로 간주해 예약이 취소된다.

3. 예약을 변경하거나 취소할 경우에는 전화로 설명해야 한다. 따라서 예약할 때에는 신중하게!

4. 고급 레스토랑이나 대형 레스토랑은 영어나 한국어로 응대하는 경우가 있지만 규모가 작은 곳은 일본어로만 의사소통이 가능하다.

5. 고급 레스토랑이라도 신용카드로 지불할 수 없는 경우가 많고 카드 결제가 가능해도 일본 카드사의 카드만 해당되는 곳이 많으므로 현금을 충분히 가져가야 한다.

닭고기의 새로운 변신

1 토리덴 とり田

미슐랭 가이드 비브 구르망에 선정된 닭고기 전문점. 삶고 절이고 튀기는 등 닭고기의 무한 변신을 확인하고 싶다면 이곳이 제격이다. 가장 인기 있는 메뉴는 일본식 닭백숙인 '미즈타키(水たき)'지만 이왕이면 단품보다 애피타이저와 디저트가 포함된 코스 요리를 선택하는 것이 유리하다. 그중 **텐진 코스(天神)**를 추천할 만하다. 영어나 한국어로 의사소통이 되지 않지만 영어 안내문을 이용해 친절하게 안내해준다. 분위기가 차분하고 고급스러워 연인이나 가족과 함께 가기에 알맞으며 본점보다 야쿠인점이 더 분위기 있다. 예산은 1인당 7만 원 정도로 잡으면 된다. 5일 전에 전화로 예약하는 것이 좋다.

후쿠오카(야쿠인점) ⓑ **2권** P.097 ⑨ **MAP** P.094E ⓞ **찾아가기** 야쿠인오도리 역에서 도보 3분 ⑨ **가격** 텐진 코스 6600¥

가성비 ★★★	분위기 ★★★★	접근성	대기 시간
다소 비싼 감이 있는 가격	깔끔하고 고급스럽다.	텐진 한가운데. 텐진 역에서 도보 6분	개점 직후에는 예약하지 않고 가도 된다.

토리덴의 간판 메뉴인 미즈타키

닭고기로 만든 애피타이저

2 오노노하나레 小野の離れ

조용한 골목 끄트머리에 있어 단골들만 알음알음으로 찾아오는 숨겨진 일식집. 해산물을 주재료로 한 음식을 선보이는데 매일 아침 주인장이 직접 어시장에서 그날 쓸 해산물을 구입해 올 만큼 재료를 중요하게 생각한다. 이 집의 시그너처 메뉴를 모두 맛보려면 **사쿠라(桜) 코스**를, 가볍게 즐기려면 **마이(舞) 코스**를 선택하면 된다. 좋은 음식에 좋은 술이 빠지면 섭섭한 일. 이곳은 주류 라인업도 훌륭해서 애주가들에게 사랑받는데, 주석 잔에 따라 주는 생맥주 맛이 속된 말로 '기똥차다'. 은은한 조명과 차분한 분위기 덕에 데이트 장소로도 유명하지만 그 반대로 혼자 먹어도 어색하지 않은 분위기. 코스 구성이 다양해 식사를 마치는 데 3시간 정도 걸리며 식사 후에 오미쿠지(운세가 적힌 종이)를 주는 것도 특이하다. 늦어도 열흘 전에 예약해야 한다. 예약은 홈페이지의 예약하기(お問い合わせ)를 눌러 이메일을 보내거나 전화예약을 하면 된다.

후쿠오카 ● **2권** P.083 ● **MAP** P.072B ● **가격** 사쿠라 코스 5800¥~, 마이 코스 3800¥, 다나카로쿠후고 1잔당 600¥

가성비 ★★★★☆	혼잡도 ★	접근성 ★★	대기 시간
비싼 가격의 곱절에 해당하는 가치가 있다.	한정된 좌석 수. 매우 조용하다.	찾아가기 애매한 위치로 길을 헤매기 쉽다. 아카사카 역에서 도보 6분	좌석 수가 한정되어 예약 필수

손님들에게 오미쿠지를 나눠 준답니다.

마이 코스 미리 맛보기

제철 식재료를 쓰기 때문에 철마다 구성이 바뀐다.

오츠쿠리
(お造り, 생선회)
여덟 가지 츠쿠리를 한 접시에 담아 내오는 전채. 각기 다른 방법으로 손질하고 조리해 특유의 질감과 식감을 즐기기 좋다.

큐슈 요코즈나산 쿠에
(クエ, 자바리)

구마모토산 타이
(タイ, 도미)

대마도산 시메사바
(しめさば, 고등어초회)

일본산 우니노 아부리
(うにのあぶり, 성게를 겉면을 살짝 익힌 것)

우니센베이
(うにせんべい, 성게를 살짝 익힌 성게 과자)

홋카이도산 콘부쇼유
(コンブ, 다시마)
후쿠오카 쇼유
(しょうゆ, 간장)
를 섞은 것)

오이타산 시마아지
(しまあじ, 줄무늬 전갱이)

이토시마산 히라메
(ひらめ, 넙치)

대마도산 아나고
(あなご, 붕장어)

오이타산 간파치
(かんぱち, 잿방어)

고후쿠카이운(五福開運)
다섯 가지 복이 들어온다는 이름도 근사하지만 맛은 더 훌륭하다. 시고쿠 고치 현의 긴메다이(金目鯛, 금눈돔)구이, 시로하마구리(しろはまぐり, 백합)구이, 다이콘오로시(大根おろし, 무즙), 부리노치아이아게(ぶりのちあいあげ, 방어튀김)가 환상 궁합을 자랑한다.

사가규 스키야키
(佐賀牛 すき焼き)
호로록 마시듯 먹는 재미가 있는 나베 요리. 해산물 요리만 잘할 것이라는 예상을 보기 좋게 깬 음식. 사가규의 보들보들한 식감이 환상적이다.

오징어의 무한 변신

3 가와타로 河太郎

오징어로 유명한 사가 현 요부코(呼子)에서 직송한 활오징어만 쓰는 오징어요리 전문점. 인기 메뉴는 점심시간에만 주문할 수 있는 오징어 활어회 정식. 오징어 수급 상황에 따라 예약 손님만 받는 경우가 있으므로 일주일 전 전화 예약필수. (점심은 현금 결제만 가능)

후쿠오카 ⑧ **2권** P.064 ⊙ **MAP** P.058J ⊙ **가격** 오징어 활어회 정식 M 사이즈 2592￥, L 사이즈 3024￥

가성비 ★★★★	혼잡도 ★★★★	접근성 ★★★★	대기 시간
여러 명이 함께 가도 부담스럽지 않다.	예약하지 않고 갔다가는 대기하다 진이 빠질 수 있다.	캐널시티에서 도보 5분	기다리지 않으려면 예약 필수

활 오징어 회

오징어 몸통튀김

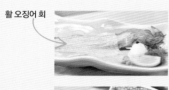

오징어 덤플링

아침부터 식욕 폭발

4 탄야 たんや

그 비싸다는 우설 정식을 8000원에 먹을 수 있다? 놀라지 마시라. 우설과 푸짐한 밥, 국, 커피까지 포함된 **규탄 아사테이쇼쿠(牛たん朝定食)**가 단돈 780￥이다. 게다가 밥 곱빼기(お替り)는 무료다. 그 대신 오전 10시까지만 파는 '한정 메뉴'이기 때문에 아침 일찍 일어난 사람들만 '싸고 맛있는 한 끼의 행운'을 거머쥔다는 사실을 명심하자.

후쿠오카 ⑧ **2권** P.046 ⊙ **MAP** P.042B ⊙ **가격** 규탄 아사테이쇼쿠 780￥

가성비 ★★★★★	혼잡도 ★★★★★	접근성 ★★★★★	대기 시간
규탄을 이 가격에?	소문난 맛집이라 늘 만원	JR 하카타 역 지하 1층	10분 이상(오전)

규탄 아사테이쇼쿠
씹는 맛이 일품인 우설을 저렴한 가격에!
780￥

5 야마나카 본점 やま中本店

미슐랭 가이드에 소개 되었지만 별을 획득하지는 못했다. 일왕이 방문할 만큼 창작 스시 분야에서는 독보적이다. 유명 건축가 이소자키 아라타(磯崎新)가 설계한 건물 안으로 들어서면 높은 천장과 모던한 인테리어가 먼저 눈에 들어오는데, 고급스럽고 품격 있는 분위기는 이곳이 왜 연인들의 데이트 코스로 인기 있는지 알려주는 대목. 특히 10m 길이의 테이블석은 일본의 스기(삼나무) 장인인 나카무라 소토지(中村外二)가 제작했다고 한다. 스시가 빨리 나오기는 하지만 누가 스시를 만드는지에 따라 맛의 편차가 있는 편. 하지만 재료가 신선한 데 비해 가격이 적당해 놀랍다. 그중에서도 런치타임에 제공하는 런치 **특상니기리**를 꼭 맛보길. 최소 일주일 전에 전화로 예약해야 원하는 시간에 식사를 할 수 있다.

후쿠오카 ⓘ **2권** P.097 ⓢ **MAP** P.095G ⓢ **찾아가기** 와타나베도리 역에서 도보 5분 ⓢ **가격** 맥주 600￥~, 런치 중니기리 3850￥~, 상니기리 4950￥~, 특상니기리 6050￥~, 스시 가이세키 5000￥~(+소비세 8%, 카드 결제 가능, 영어 메뉴 있음)

가성비 ★★★★☆	혼잡도 ★	접근성 ★★	대기 시간
비싼 가격의 곱절에 해당하는 가치가 있다.	한정된 좌석 수. 매우 조용하다.	찾아가기 애매한 위치로 길을 헤매기 쉽다. 아카사카 역에서 도보 6분	좌석 수가 한정되어 예약 필수

아나고 스시와 타마고 스시   아와비 스시와 붉은 살 생선 스시

6 산쇼로 山椒郎

관광지가 아니라 한적한 논밭 사이에 자리 잡고 있어 고즈넉한 분위기에서 식사할 수 있다. 유후인산 채소와 육류 등 고급 재료로 모던하고 정갈한 정식을 차려 내온다. 저녁에는 4000~6000￥대의 가이세키 요리나 코스 요리가 준비되어 있으나, 점심에는 비교적 저렴한 가격에 코스 요리 못지않은 음식을 맛볼 수 있다. 런치 메뉴 중 인기 있는 요리는 아와세바코(合わせ箱) 도시락. 닭고기나 소고기, 생선(회) 중에서 고를 수 있는데, 이와 함께 신선한 채소, 익힌 고구마와 옥수수 등을 듬뿍 넣은 덮밥에 절임 반찬(츠케모노)과 미소 된장국, 달걀말이 등이 나온다. 모든 재료가 신선해 몸과 마음이 힐링되는 맛. 500￥을 추가하면 오늘의 디저트 플레이트까지 풀코스로 즐길 수 있다. (카드 결제 불가)

유후인 ⓘ **2권** P.142 ⓢ **MAP** P.132 ⓢ **가격** 아와세바코 런치 도시락 2500￥

가성비 ★★★	혼잡도 ★★★	접근성 ★★	대기 시간
비싼 편이나 충분히 가치 있다.	조용한 편	JR 유후인 역에서 도보 10분	점심 시간만 피하자.

아와세바코 런치 도시락
몸과 마음이 힐링되는 맛!
2500￥

후쿠오카 최고의 스시야

7 타츠쇼 たつ庄

미슐랭 가이드 1스타 스시야. 여름에는 이키시마와 가라츠, 겨울에는 홋카이도산 생선을 주로 사용하며, 일본 최고로 인정받는 시 즈오카산 와사비를 쓰는 것을 철칙으로 삼고 있다. 또 간장을 포함한 식재료를 모두 직접 만드는데, 그중 비니거와 소금만 넣고 지은 밥은 후쿠오카 최고로 인정받는다. 일반적인 스시 외에도 훈연한 것, 간장에 절인 것 등 다양한 종류의 스시를 눈과 혀로 즐 길 수 있다. 좌석이 얼마 없어서 주인 슈지 상과 소통하며 음식을 맛볼 수 있는데, 스시 그림을 함께 보여주기 때문에 말이 통하지 않아도 덜 불편하다. 점심 스시 코스를 주문하면 비교적 싼값에 질 좋은 스시를 맛볼 수 있다. 단품 주문 불가. 5일 전 전화 예약 필 수. 최근 한국인 노쇼 손님이 늘어 일본 도착 후 일본인 호텔 스탭이 예약 확인을 한 번 더 해야 하니 유의하자.

후쿠오카 🔖 **2권** P.097 ◉ **MAP** P.095L 🚶 **찾아가기** 와타나베도리 역에서 도보 10분 ⓨ **가격** 런치 스시 코스 6000¥~, 런치 사시미 코스 1만800¥~, 디너 1만5000¥~ (일부 카드 결제 가능)

가성비 ★★★	혼잡도 ★★★★★	접근성 ★★★★★	대기 시간
예전만 못하다.	문 열자마자 가야 한다.	텐진 역에서 도보 6분	개점 직후에는 예약하지 않고 가도 된다.

한 번 맛보면 잊지 못할걸요!

주인 슈지 상

아나고쇼유
붕장어에 간장을
뿌린 것

**무시아와비
(蒸し鮑,)**
전복 특유의
풍부한 식감을 즐
기기 좋은 스시.
은은한 풍미는 덤.
손으로 쥐고
먹는다.

**가츠오와라야키
(鰹藁焼)**
가다랑어를 짚
위에 올리고 은은
한 불에 살짝 구워
달고 향긋한 맛이
일품인 스시. 입 안
가득 퍼지는 향이
압권이다.

**마구로쇼유즈케
(鮪醬油漬け,
참치간장절임)**
입 안에서 사르르
녹는 식감과
달콤한 간장의
환상적인
컬래버레이션.

지금은 면 요리 전성시대

거짓말 조금 보태 골목마다 면 요리 음식점이 한 군데씩은 있는 후쿠오카.
집집마다 쉴 새 없이 면발을 뽑아내느라 분주하고 후루룩 면발 흡입하는 소리가 끊이지 않는다.
하기야 이곳이 어떤 곳인가. 우동과 소바가 탄생한, 큐슈식 라멘이 처음 만들어진 동네 아니던가.

면의 질감과
맛보다는 얼큰한 국물을
중시하는 게 우리 입맛이라면, 일본 사람들은
국물보다 면의 질감을 따집니다. 특히 국물은 먹는
경우가 많지 않고, 그저 면에 간이 잘 배게 하는
역할에 충실해 아주 짜거나 달죠. 그래서 국물에
밥을 말아 먹을 수도 없고 먹지도
않는다고 해요.

우동
うどん

기껏해야 멸치 육수에 간장 몇 숟갈 넣어주는 싸구려 우동과 비교를 거부한다. 집집마다 다른 재료를 고아 육수를 내고 제면도 손수 하는 집이 대부분. 고명마저 정성껏 만들어내니 맛이 없으려야 없을 수 없다. 엄청난 정성과 노하우를 젓가락질 몇 번으로 후루룩 집어삼키는 게 미안할 지경이다.

우동과 소바는 어떻게 후쿠오카에서 탄생했을까?

1241년에 쇼이치 국사(聖一国師)가 중국 송나라에서 돌아오며 여러 신문물 가운데 만주, 양갱, 우동, 소바 등의 제조법도 들여왔는데, 그 핵심이 제분 기술이었다. 이 덕분에 일본의 면 요리가 본격적으로 발달했다. 당시 하카타 상인들은 너무 바빴기 때문에 장사 중간에 식사를 빠르게 하기 위해 면을 미리 삶아서 부드럽게 했던 것이 그 시초라고 한다. 특히 고보텐 우동(ごぼう天うどん 우엉튀김 우동)은 일본인들에게도 '후쿠오카에 가면 꼭 먹어봐야 할 메뉴'로 통한다. 집집마다 맛이 조금씩 다른 고보텐을 선보이고, 후쿠오카 우동 면 특유의 부드러운 식감과 대조되어 씹는 재미도 있다. 우동 면의 단면이 둥글지 않고 직사각형인 것도 특이하다. 우동과 달리 후쿠오카 소바의 특징은 없지만, 목 넘김이 좋은 니하치 소바가 후쿠오카에서 가장 대중적인 소바다.

에비카키아게우동(500¥)

맛 ★★★★★
혼잡도 ★★
가성비 ★★★★★
접근성 ★★★★

하가쿠레 우동 葉隠うどん

시원한 국물 맛, 쫀득한 면발

후쿠오카 우동집으로는 유일하게 미슐랭 가이드 비브 구르망에 이름을 올린 집. 후쿠오카 현지인들에게는 '우동 다이라'(P.108)와 쌍벽을 이루는 우동집으로 더 유명하다. 현재의 주인장 역시 다이라의 직원이었는데, 다년간 수행하며 배운 것을 토대로 하가쿠레 우동을 오픈했다고 한다. 그 때문인지 메뉴 구성이 다이라와 비슷한데, 국물 맛은 이곳이 한 수 위다. 재료를 그때그때 만들기 때문에 언제든 원하는 메뉴를 먹을 수 있는 점 또한 장점. 토핑은 두 가지를 함께 주문할 수 있는데, **에비카키아게(えびかき揚げ, 새우튀김), 고보(ごぼう, 우엉), 니쿠(肉, 고기)** 등이 인기다. 우동 외에도 이나리(いなり, 유부초밥)나 볶음밥을 곁들이면 훨씬 맛있다. 한국어 메뉴판이 있다.

후쿠오카 ⓜ 2권 P.052 ◎ MAP P.043K ◎ 찾아가기 JR 하카타 역에서 도보 10~12분
ⓥ 가격 우동 450~680¥, 이나리 200¥(카드 사용 불가)

우동 소바 발상지
'조텐지 承天寺'
큰 기대감을 가지고 갔다가는 후회하기 십상이다. 우동과 소바의 발상지라는 사실을 알리는 비석 하나 세워놓은 것이 고작인 데다 그 외 대부분의 구역은 출입조차 제한하니 여행자로서는 황당할밖에. 홈페이지나 사찰 입구의 QR코드를 인식하면 한국어 해설 MP3 파일을 내려받을 수 있다.
◎ 찾아가기 기온 역에서 도보 2분 ⓜ 2권 P.063 ◎ MAP P.057C

✔ 우동 맛있게 먹는 법

처음 절반은 나온 그대로, 남은 절반은 유자후추(ゆずごしょ, 유즈고쇼)를 넣어 먹으면 색다른 맛을 느낄 수 있다. 여기에 고춧가루까지 넣으면 국물 맛이 칼칼하다. 이나리즈시(いなり寿司, 유부초밥)나 오니기리(おにぎり, 주먹밥)를 곁들이면 한 끼 식사로 부족함이 없다. 오니기리를 한 입 베어먹고 우동 국물을 함께 마시는 것이 포인트!

▶ 유즈고쇼
▼ 이나리즈시

니쿠 고보텐 우동 680￥

맛 ★★★★★
혼잡도 ★★★★
가성비 ★★★★
접근성 ★★

우동 다이라 うどん平

우동 장인의 맛

적어도 후쿠오카에서는 이 집을 빼놓고 우동을 이야기하기 어렵다. 비가 오나 눈이 오나 끼니때만 되면 사람들이 물밀듯 들어오는 집. 그 덕에 재료는 언제나 신선하고 면발은 쫄깃쫄깃, 모든 맛이 한 그릇 안에 살아 숨 쉰다. 맛에 오롯이 집중하기 위해 음식 하는 사람이라면 탐낼 법한 미슐랭 가이드 선정의 영광마저 고사했다니, 단골손님으로선 이 또한 반갑다. 원하는 메뉴를 그나마 덜 기다려 먹으려면 영업 시작하기 30분 전에 도착해 줄을 서야 한다. 최근 스미요시로 확장 이전해 전보다 깨끗한 환경에서 식사할 수 있다.

가시와오니기리 200￥

> ### ✓ 무엇을 먹을까? 메뉴 주문 팁
> 토핑을 두 가지 고를 수 있는데, 가장 인기 있는 조합은 아무래도 에비텐(海老天, 새우튀김)과 고보(ごぼう, 우엉). 하지만 에비텐은 극소량만 준비하기 때문에 가게 오픈과 동시에 들어가지 않는 한 맛보기 힘들다. 니쿠(肉, 고기)도 맛있다.

후쿠오카 ⓑ **2권** P.069 ⓜ **MAP** P.057K
ⓒ **찾아가기** JR 하카타 역에서 버스 5분 ⓥ **가격** 고보텐 우동 480￥, 니쿠 우동 580￥ (카드 결제 불가)

다이후쿠 우동 大福うどん

맛	★★★★
혼잡도	★★★
가성비	★★★★
접근성	★★★★★

쫄깃하고 고소한 비빔우동

1950년 창업해 하카타 역에만 두 군데의 매장을 운영하는 소규모 우동 체인점이다. 텐진에 있는 본점은 전골 위주로 좀 더 고급스러운 메뉴를 취급하고, 나머지 매장에서는 우동과 덮밥 같은 가벼운 메뉴를 판다. 이곳의 별미는 비벼 먹는 붓카케 우동(ぶっかけうどん). 국수 위에 참깨, 가츠오부시(가다랑어 포), 김, 파, 달걀 반숙 등을 올리는데 여기에 함께 나오는 츠유 소스를 뿌려 비벼 먹는다. 쫄깃쫄깃한 면에

후쿠오카

(B) 2권 P.048 (M) MAP P.042B
(◎) 찾아가기 JR 하카타 역 데이토스
(DEITOS) 건물 1층
(¥) 가격 붓카케 우동 단품 780¥,
붓카케 우동 · 오야코동 세트 960¥,
가츠동 · 우동 세트 950¥
(카드 결제 가능)

가츠동 · 우동 세트 950¥

달짝지근한 츠유 소스, 고소한 참깨, 달걀 반숙의 부드러움이 어우러져 어디서도 맛보지 못한 새로운 맛을 즐길 수 있다. 가츠동이나 오야코동 등과 세트 메뉴가 인기지만, 양이 2인분에 가까울 정도니 잘 생각해서 주문해야 한다.

붓카케 우동 · 오야코동 세트 960¥

고보텐 우동 세트 1180¥

맛	★★★★★
혼잡도	★★★★★
가성비	★★★★
접근성	★★★

이나카안 田舍庵

유후인 (B) 2권 P.145 (M) MAP P.133
(◎) 찾아가기 JR 유후인 역에서 도보 10분
(¥) 가격 고보텐 우동 세트 1180¥,
고보텐 우동 단품 780¥, 오니기리 1개
160¥ (카드 결제 불가)

우엉튀김 우동의 최고봉

1970년에 문을 연 이래 대를 이어 운영하는 우동 가게다. 주문을 받으면 면을 뽑기 시작해 시간이 걸리지만, 그만큼 부드럽고 쫄깃한 맛이 일품이다. 후쿠오카산 밀가루에 오키나와 천연 소금으로 간을 해 뽑는 것이 맛있는 면의 비결. 대표 메뉴는 우엉튀김 우동인 고보텐 우동(ごぼ天うどん). 비주얼부터 심상치 않다. 우동에 커다란 우엉튀김을 그릇에 넘칠 정도로 담아 내온다. 우엉튀김은 튀김옷이 얇고 바삭한데, 우동 국물에 살짝 풀어지면 더 맛있다. 우엉밥과 오늘의 반찬, 츠케모노로 구성된 고보텐 우동 세트를 추천한다.

소바 そば

진한 국물 맛에 길든 한국인의 입맛에 소바가 잘 맞기는 쉽지 않다.
하지만 일본의 어느 면 요리보다 '면발'에 치중하는 덕분에
면을 씹는 느낌 자체를 즐기기에 소바만 한 것이 없고, 우리가 생각하는
'딱 일본스러운' 분위기의 소바집이 많아 여행 온 기분을 낼 수 있는 건
소바가 주는 소소한 즐거움이다.

맛 ★★★★
혼잡도 ★★
가성비 ★★★
접근성 ★★★★

덴세이로 소바 2400¥

✔ 소바 먹는 법

❶ 종지에 나오는 파와 와사비, 간 무는 츠유(간장)에 풍덩! 잘 섞는다.

❷ 소바 면은 츠유에, 덴푸라(튀김)는 튀김용 간장에 살짝 적셔서 먹는다.

❸ 소바를 다 먹은 다음 남은 츠유에 뜨끈한 소바유(소바를 삶은 물)를 부어 마신다. 비율은 입맛에 맞게 조절하면 된다.

데우치소바 야부킨 手打ちそば やぶ金

고가(古家)에서 소바 한 그릇

텐진 한가운데 이런 건물이 있었나? 이 앞을 수없이 오갔어도 이 멋진 건물을 못 알아봤다. 빼꼼 열린 대문을 지나면 그제야 모습을 드러내는 고가. 그 비밀스러움을 간직한 건물 자체가 국가 유형문화재로 등록됐다. 삐걱대는 나무 바닥에 발바닥이 닿는 감촉도 참 좋고, 창밖으로 보이는 일본식 정원은 흘깃 시선을 주어도 마음을 흔든다. 음식 맛 또한 분위기에 걸맞게 정갈해 여심을 홀린다. 혼자 가도, 어르신을 모시고 가도 더없이 좋은 곳.

> ### ✔ 이 메뉴를 주목하자
> 메뉴는 크게 차가운 소바(冷たいそば)와 따뜻한 소바(温かいそば), 덮밥(丼)으로 나뉘는데요. 그중에서도 다양한 튀김과 소바가 함께 나오는 덴세이로(天せいろ)의 인기가 대단합니다. 여성들도 그릇을 뚝딱 비울 수 있는 양과 맛이에요.

후쿠오카
📖 2권 P.084
📍 MAP P.072F
🚶 찾아가기 아카사카역에서 도보 10분
💴 가격 덴세이로소바 2400¥ (카드 결제 불가)

신규소바 무라타 信州そばむらた

정돈된 분위기 속에서 즐기는 소바

일단 평범한 외관에 실망할 확률이 높다. 하지만 자리에 앉으면 보이는 낮은 담벼락 풍경이, 먹고 또 먹어봐도 흠잡을 데 없는 소바 맛이 부족한 부분을 채우고도 남는다. 유기농 재료를 사용하는 것을 원칙으로 하는 점도 반가운데, 나가노 지방에서 무농약으로 재배한 메밀가루를 맷돌로 갈아 면을 뽑고, 육수는 홋카이도산 다시마와 구마모토산 가츠오부시를 넣고 끓인다. 소맥분의 함량이 20%로 목을 타고 넘어가는 느낌이 좋은 니하치 (二八) 소바가 가장 잘나가는 메뉴. 오츠마메(사이드 메뉴)도 훌륭한 편이다. 번역이 조금 어색하나마 한국어 메뉴판이 있어 주문하는 데 어려움이 없다.

맛 ★★★★
혼잡도 ★★★
가성비 ★★★
접근성 ★★★

후쿠오카 ⓑ **2권** P.063 ⓜ **MAP** P.056F
ⓖ **찾아가기** 기온 역에서 도보 5분
ⓥ **가격** 소바 770~1980¥ (카드 결제 불가)

니하치모리 900¥

세이로소바 1320¥

© hayang1007

맛 ★★★
혼잡도 ★★★★
가성비 ★★
접근성 ★★★★

이즈미 そば 泉

물 좋은 옛날식 수타 소바

가게에 들어서기도 전, 외부로 난 창을 통해 사람의 손으로 면을 뽑는 모습을 볼 수 있다. 옛날식 수타 소바를 만드는 이즈미 본점이다. 간판에 달랑 '泉'이라는 한자만 쓰여 있을 정도로 좋은 물을 내세운다. 지하수를 숯으로 여과해 소바를 반죽하기 때문. 대표 메뉴인 세이로소바(せいろそば)는 소바 하면 일반적으로 떠올리는 판 메밀이다. 함께 나오는 츠유는 짜므로 푹 담그기보다 살짝 찍어 먹는 것이 좋다. 긴린코 호수가 보이는 자리에서 먹으면 더 운치 있다.

유후인 ⓑ **2권** P.145 ⓜ **MAP** P.133 ⓖ **찾아가기** 긴린코 호수 근처 샤갈 미술관 옆 ⓥ **가격** 세이로소바 1320¥(오모리 1870¥), 오로시소바 1320¥, 오니기리 330¥ (카드 결제 불가)

라멘
ラーメン

구루메는 일찌감치 산업화가 시작된 도시다. 인구는 30만 명에 불과하지만 세계적인 타이어 회사 브리지스톤(Bridgestone)이 이곳에 본사를 두었을(현재는 도쿄) 정도다. 얄팍한 지갑과 늘 부족한 시간, 고된 노동에 시달리는 노동자들을 위해 고안한 음식이 바로 '돈코츠라멘'. 당시 노동자들에겐 둘도 없던 소울 푸드가 지금은 일본인이 사랑하는 음식, 여행자들의 배를 든든히 채워주는 음식이 됐으니 그 크나큰 변화에 격세지감이 든다. 하카타 돈코츠라멘은 매우 가는 면을 사용한다. 빨리 삶아낸 면을 들이켜듯 먹기 위해서다. 다른 지역의 라멘보다 부드럽고 목 넘김이 좋아 성격 급한 한국 사람에게 잘 맞을 수밖에 없다.

✔ 돈코츠라멘, 이렇게 주문하자

돈코츠라멘은 면을 익히는 정도에 따라 맛이 천차만별이기 때문에 주문할 때 얼마나 익힐지 함께 말하는 경우가 많다. 점원이 "멘노 카타사와 이카가데쇼카?" 하고 물어보면 자신 있게 대답하자.

명칭	면을 삶는 시간 (가게마다 다름)	특징
生/ 粉落とし 나마/ 고나오토시	2~3초	거의 생면을 먹는 느낌. 딱딱하다.
はりがね(針金) 하리가네	5초	조금 더 삶았어도 역시 딱딱하다.
ばりかた(バリカタ) 바리카타	8~10초	딱딱한 느낌이 아직 많이 남아 있다. 마니아들이 주로 먹는 정도
かため/ かた 카타메/ 카타	30초	딱딱한 느낌이 조금 남아 있다. 초보들이 먹기에 좋은 정도
普通(ふつう) 후츠	45초	보통. 면을 익히는 정도를 말하지 않으면 후츠로 삶아준다. 한국인 입맛에 가장 잘 맞는다.
やわらかめ/ やわ 야와라카메/ 야와	60초	푹 삶아서 면발에 힘이 없는 정도. 약간 퍼진 상태이기 때문에 나오는 즉시 먹어야 한다.

아카노렌 본점 赤のれん

라멘과 볶음밥의 환상 조합

'잇푸도'와 '이치란'이 워낙 유명한 까닭일까. 이상할 만큼 관광객에게는 낮게 평가받는 라멘집. 1946년 창업해 3대째 가업을 잇고 있는데, 개업 당시의 맛과 가격을 거의 그대로 유지하고 있다. 돈코츠라멘 마니아라면 두 팔을 치켜들 만한 라멘과 차슈멘(チャーシューメン)이 간판 메뉴. 하지만 딱 한 가지만 고르라면 역시 볶음밥과 라멘, 교자가 함께 나오는 라멘 정식(ラーメン定食)이다(15:00까지만 판매). 일반 라멘집과 다르게 사라우동, 짬뽕, 야키소바 등 다양한 면 요리와 호르몬, 덴푸라 같은 안주류까지 모두 팔아 선택의 폭이 넓은 것이 가장 큰 장점.

맛 ★★★★
혼잡도 ★★★★★
가성비 ★★★
접근성 ★★★★☆

라멘 정식 750¥

후쿠오카
🅑 2권 P.085 ◉ MAP P.072F
🅖 찾아가기 텐진 역에서 도보 3분 ▶ 가격 라멘 580¥ (곱빼기 680¥), 라멘 정식 780¥ (카드 결제 불가)

잇푸도 본점 一風堂 大名本店

그 유명한 잇푸도 본점

일본 전역은 물론 세계 각지에 분점이 있는 잇푸도의 본점이라니 맛이 궁금할 수밖에 없다. 그래서 사람이 몰린다. 이제는 열기가 좀 식을 법도 한데, 밥때마다 북새통을 이루는 것을 보면 '거대 프랜차이즈의 본점'이라는 이름값은 톡톡히 하는 셈. 하지만 라멘 맛은 우리가 아는 맛에서 크게 벗어나지 못한다. 긴 기다림 끝에 맛본 라멘이 평범하기 이를 데 없어 허탈할 정도. 맛보다는 상징적인 차원에서 들러볼 만하다. 단 대기 줄이 짧다는 전제하에.

후쿠오카 ⓑ **2권** P.084 ⓜ **MAP** P.072J
ⓖ **찾아가기** 텐진 역에서 도보 10분
ⓨ **가격** 시로마루 모토아지 라멘 790¥ (카드 결제 불가)

맛 ★★★
혼잡도 ★★★★★
가성비 ★★
접근성 ★★★☆

시로마루 모토아지 라멘 790¥

미소라멘 700¥

맛 ★★★★
혼잡도 ★★★★★
가성비 ★★★★
접근성 ★★★☆

후쿠오카 ⓑ **2권** P.065 ⓜ **MAP** P.056F
ⓖ **찾아가기** 나카스가와바타 역에서 도보 7분
ⓨ **가격** 미소라멘 700¥, 볶음밥 600¥

도산코 라멘 どさんこ

구수한 맛이 일품

한번 발을 들이면 누구나 단골이 된다는 라멘집이 어느덧 반백 살을 맞았다. 큐슈 지역의 미소를 두 가지 이상 사용해(合わせみそ) 부드럽고 구수한 맛이 일품인 **미소라멘(みそラーメン)**은 누린내가 적고 개운해서 누구나 부담 없이 먹을 수 있다. 여기에 **볶음밥(やきめし)**을 곁들여 먹으면 나도 모르게 엄지를 치켜들게 된다. 밑간을 해 밥을 짓기 때문에 쌀알마다 맛이 진하게 배어 있어 외려 라멘보다 더 유명한 메뉴가 되었다고 한다.

볶음밥 600¥

라멘 주문 방법
자판기로 주문을 한 다음
자리에 앉는다. 맛, 기름진 정도,
면의 익힘 정도, 토핑 등을 주문서
위에 체크해 식권과 주문서를 함께
제출하면 주문 완료. 한국어로
번역되어 있어 누구나 쉽게
주문할 수 있다.

차슈(돼지고기 편육) 추가는 260¥,
삶은 달걀 추가는 140¥, 파 추가는 130¥,
입맛에 따라 맛을 지정해 주문할 수 있다.

이치란 5선 라멘 1620¥

맛 ★★★
혼잡도 ★★★★★
가성비 ★★
접근성 ★★★☆

이치란 라멘 본점 一蘭 本社総本店

후쿠오카에서 찾은 원조의 맛

일본 전역에 지점을 둔 이치란 라멘의 본사 겸 본점. 라멘을 주문하는 방법과 먹는 법까지 한국어로 잘 설명되어 있어 일본 여행이 처음인 사람들이 식사하기 좋다. 독서실처럼 칸막이를 쳐두어 주변을 의식하지 않고 식사할 수 있는 점도 재미있는 부분. 이곳의 라멘은 얼큰하고 칼칼한 국물 맛이 특징인데, 맛의 비밀은 국물 위에 얹은 빨간 '란유(蘭油)'에 있다. 비밀 양념(秘伝のたれ)이라고도 불리는 고추 양념은 라멘에서 처음 시도한 것으로 맛을 음미하며 먹으면 더 맛있다. 매운 음식을 잘 못 먹는 사람이라면 주문 시 란유의 양을 기본이나 ½로 선택하자. 란유, 라멘 세트 등 라멘 관련 상품을 판매하는 숍도 겸하고 있다. 면세 불가.

후쿠오카 ⓘ **2권** P.065 ◉ **MAP** P.056E ◉ **찾아가기** 나카스가와바타 역 1번 출구 바로 옆

맛	★★★★
양	★★★★☆
가성비	★★
혼잡도	★

시코노규사미
2400¥

고기 꽃이 피었네
시치린야키 와사쿠
七厘焼き和作

료칸의 근사한 저녁상을 마다하고 나가서 밥을 사 먹을 이가 몇이나 될까? 이곳에 갔을 때 가장 먼저 든 생각이었다. 하지만 그건 괜한 걱정이었다. 소고기는 맛이 좋기로 유명한 분고규(豊後牛) 중에서도 최고 등급을 선별해 들여오고 닭고기 역시 지역 양계장에서 직접 수급한다. 또 보기만 해도 흐뭇한 마블링 위에 난초꽃으로 장식까지 해두었으니 어찌 일상적인 것이라 할 수 있으랴. 여러 부위를 한꺼번에 맛볼 수 있는 일종의 세트 메뉴인 '**모리아와세(盛り合わせ)**'가 가장 인기 있는데 갈비(カルビ), 등심(ロース), 우설(タン)이 포함된 **시코노규사미(至高の牛三味)**가 특히 가격 대비 만족스럽다. 3일전에 홈페이지에서 예약을 하는 것이 원칙이며 예약없이 찾아온 손님은 잘 받아주지 않는다.

유후인 ⓐ **2권** P.142 ⓜ **MAP** P.132
ⓒ **찾아가기** JR 유후인 역에서 도보 5분
ⓥ **가격** 시코노규사미 2400¥, 단품 650~1500¥ (카드 결제 가능)

스테이크
ステーキ

일본의 소 품종을 일컫는 '와규(和牛)'가 맛있다는 것은 고기 좀 씹어봤다 하는 사람이라면 알 만한 사실. 하지만 우리나라에서 일본 와규를 먹기란 쉬운 일이 아니다. 대부분 호주산 와규를 판매하기 때문이다. 일본에 온 김에 와규 스테이크 한번 배불리 먹어보자. 와규는 지역마다 다른 명칭으로 불리는데 벳푸에선 분고규, 후쿠오카와 사가에선 사가규를 으뜸으로 쳐준다.

스테이크 런치 미디엄 사이즈 2500¥

분고규 로스 런치 5300¥

분고규 스테이크 전문점
소무리
そむり

맛	★★★★
양	★★★
가성비	★★★
혼잡도	★★★

재료에 대한 자부심
그릴 미츠바
グリルみつば

맛	★★★★☆
양	★★★
가성비	★★★★
혼잡도	★★★

분고규 스테이크가 유명한 집. 오이타현에서 자란 분고규(豊後牛) 중에서도 육질이 4등급 이상의 최고급 소고기만 사용해 최상의 맛을 낸다. 바 자리에 앉으면 철판 위에서 익어가는 스테이크를 흐뭇하게 바라볼 수 있다. 비싼 가격이 부담이라면 점심시간(11:30~13:30)에만 주문할 수 있는 '스테이크 런치(ステーキランチ)' 메뉴를 먹어보자. 미디엄 사이즈 스테이크와 수프, 샐러드, 커피가 포함된 세트 메뉴로 가성비가 가장 좋다. 디너 타임에 음식 양만 좀 더 많은 스테이크 코스를 먹으면 1인당 6000¥ 이상은 각오해야 한다.

쇼와 28년(1953) 개업해 벳푸의 역사와 함께해온 전통 양식집. 튀김용 빵가루는 100년 역사의 벳푸 빵집 토모나가 팡야(友永パン屋)에서 가져온 식빵을 말린 후 빻아서 이용하며, 육수는 닭 뼈를 우려내는 '도리가라(鶏がら)' 방식으로 만들어 부드러운 맛이 특징이다. 분고규 스테이크만큼 유명한 이 집의 데미글라스 소스 역시 육우의 힘줄을 이용해 직접 만든다니, 수십 년 단골이 많을 만하다. 영어 메뉴가 있어 주문하기도 쉽다. 주차 공간이 부족해 주변 유료 주차장을 이용해야 한다는 점은 아쉽다.

벳푸 📖 2권 P.167 🗺 MAP P.163G 🚶 찾아가기 JR 벳푸 역에서 도보 6분 💰 가격 스테이크 런치 미디엄 사이즈 2500¥

벳푸 📖 2권 P.168 🗺 MAP P.163G 🚶 찾아가기 JR 벳푸 역에서 도보 10분 💰 가격 분고규 로스 런치 5300¥ (카드 결제 불가)

이색 고깃집

일본까지 왔으니 우리나라 고깃집에서도 쉽게 먹을 수 있는
구운 고기 말고, 가장 일본다운 고기를 씹고 뜯고 맛보자. 우리나라에서는
맛보기 어려운 이색 고기 요리를 모았다.

저렴한 가격으로 즐기는 철판볶음 요리

텐진호르몬
天神ホルモン

맛	★★★☆
양	★★★
가성비	★★★★
혼잡도	★★★

원조
호르몬 정식
1345￥

음식은 맛있고 가격은 감당할 수준인 곳. 위치까지 좋으면 감사할 따름. 당신이 원하던 곳이 바로 여기일지 모른다. 철판볶음 요리를 전문으로 하는 이 작은 식당은 개업과 동시에 입소문이 났다. 단품보다 세트 메뉴가 가격 대비 훌륭하며 한국어로 표기된 점도 반갑다. 한 사람에 메뉴 하나씩 주문하면 양이 약간 부족한 듯 알맞다. 밥과 국은 무한 리필 가능. 접근성이 좋은 것도 큰 장점이다. 대기 시간이 긴 경우가 많은데 15분 이상 기다려가며 먹을 필요는 없다.

후쿠오카 ⓑ **2권** P.047 ⓥ **MAP** P.042A ⓒ **찾아가기** JR 하카타 역 지하 1층 하카타 1번가
ⓥ **가격** 원조 호르몬 정식 1345￥, 대창 모둠 정식 1680￥, 생맥주 500￥(중)

규카츠
테이쇼쿠
1500¥

로스트비프동
1190¥

내가 직접 구워 먹는 규카츠	맛	★★★
	양	★★★★
모토무라	가성비	★★★★
牛かつもと村	혼잡도	★★★★★

입안에서 스르륵 없어지는	맛	★★★★
	양	★★★★★
레드 록	가성비	★★★★
RED ROCK	혼잡도	★★★★

오사카에서 유명한 규카츠 전문점이 후쿠오카에도 지점을 냈다. 손님이 직접 화로에 규카츠를 구워 먹는 방식인데, 화로의 연소시간이 짧아 빠른 시간안에 고기를 굽는 것이 관건. 한 두점 굽다보면 요령이 생긴다. 무난한 가격대에, 한국어 메뉴판이 있어 문턱이 낮다는 것이 장점. 하지만 그만큼 여행자들이 몰려 대기줄이 엄청 길다는 것이 단점이다. 텐진 지점의 대기줄이 너무 길다면 최근 오픈한 파르코 지점(파르코 지하 2층)으로 가자. 대기줄이 긴 것은 매한가지이지만 실내라서 기다림의 시간이 덜 고통스럽다. 긴 시간 기다려가며 먹을 만한 곳인가 묻는다면? NO. 후쿠오카에는 날고 기는 맛집이 널리고 널렸다.

도쿄에서 인기 있는 레드 록이 드디어 후쿠오카에도 지점을 냈다. **로스트비프동**의 맛도 맛이지만 약 200g에 달하는 로스트비프를 밥 위에 가득 올려줘 고기 마니아들의 사랑을 받고 있다. 독자적인 방법으로 익힌 호주산 소고기에 간장과 마늘을 넣어 졸인 뒤 특제 양파요구르트 소스를 뿌리는데 입맛이 자꾸 당긴다. 매장 입구의 자판기로 주문 및 결제 후 안내받은 자리로 가서 식사를 한다. 밥 오모리(곱빼기)는 350¥을 더 내면 된다. 음식 맛에 대한 호불호가 확실히 갈리는데 달고 느끼한 음식이 입맛에 안 맞는 사람이라면 비추천.

후쿠오카 ⑧ **2권** P.084 ⑨ **MAP** P.072J ⑩ **찾아가기** 텐진미나미 역에서 도보 7분 ⑪ **가격** 규카츠테이쇼쿠 1500¥ (현금결제만 가능)

후쿠오카 ⑧ **2권** P.086 ⑨ **MAP** P.072J ⑩ **찾아가기** 아카사카 역 5번 출구에서 도보 5분 ⑪ **가격** 로스트비프동 보통 사이즈 1190¥

비프맨 &
붉은 살 스테이크
1980¥

쿠로부타
로스가츠 정식
2200¥

입에서 살살 녹는 소고기	맛	★★★★
비프맨	양	★★★★★
	가성비	★★★
BeefMan ビーフマン	혼잡도	★★★★★

돈카츠 명가	맛	★★★★★
다이쇼테이	양	★★★
	가성비	★★★★
大正亭	혼잡도	★★★★★

다양한 소고기 메뉴를 선보인다. 어떤 메뉴를 주문하더라도 실패할 일이 없지만 **비프맨 & 붉은 살 스테이크(H)와 우설꼬치, 육회초밥**이 유독 인기다. 배부르게 먹으려면 1인당 4000¥ 정도는 잡아야 한다. 최근 1인 1음료를 반드시 주문하게끔 가게 규정이 바뀌어 가성비가 많이 낮아졌고 친절함도 더 이상 찾아볼 수 없다는 게 아쉽다. 테이블 차지 300엔이 있다.

돈카츠를 전문으로 하는 경양식집. 맛있기로 유명한 가고시마 흑돼지로 돈카츠를 만들고 부재료들도 가고시마에서 매일매일 공수해올 만큼 재료에 대한 자부심이 남다르다. **쿠로부타로스가츠 정식(黒豚ロースカツ定食)**이 인기 메뉴. 가격이 조금 비싼 것이 흠이라면 흠이지만 한입 맛보고 나면 낸 돈쯤은 잊게 된다. 도시락으로도 만들어 판매하고 있어서 선물용이나 피크닉용으로도 인기 있다. 점심과 저녁 시간 사이에 브레이크 타임이 있으며 메뉴 종류도 조금씩 달라지니 주의하자. 한국어 메뉴도 있다.

후쿠오카 ⑧ 2권 P.085 ⓥ **MAP** P.073F ⓨ **가격** 비프맨 & 붉은 살 스테이크(H) 1980¥, 육회초밥(2점) 520¥, 우설꼬치 380¥

후쿠오카 ⑧ 2권 P.086 ⓥ **MAP** P.072I ⓖ **찾아가기** 아카사카 역 2번 출구에서 도보 4분 ⓨ **가격** 쿠로부타로스가츠 정식 2200¥

MANUAL 06

—

저렴한 체인 음식점

1000¥ 미만으로 식사 해결!

수많은 사람들과 부대껴야 겨우 먹을 수 있는 유명한 맛집도,
먼 곳까지 물어물어 찾아가야 하는 숨은 맛집도 싫다.
어디서나 쉽게 갈 수 있고, 음식값이 싸면서도 보통 이상의 맛을 보장하는 곳.
바로 그런 곳들을 소개한다.

사이제리야 | サイゼリヤ

야키니쿠 햄버그
모리아와세 600¥

이탈리아식 경양식을 주로
판매하는 저가형 체인레스토랑.
음식 양은 적지만 다양한 경양식
메뉴를 파격적인 가격에 선보인다.
점심 세트메뉴 구성이 다양하고
밥 추가, 드링크바 이용 등의
옵션도 저렴해서 일본 학생들도
부담 없이 들르는 곳이다. 신메뉴가
자주 나온다.
대표 메뉴 런치메뉴 600~800¥

스키야 | すき家

요시노야(YOSHINOYA),
마츠야(松屋)와 함께 일본 3대 덮밥
체인레스토랑으로 손꼽힌다. 가격이
저렴하고 다양한 덮밥 요리를 선보여
누구나 부담 없이 한끼를 해결할 수
있다. 같은 메뉴라도 미니(ミニ)부터
메가(メガ)까지 양에 따라 6가지로
나뉘며 세트 구성을 입맛에 따라
구성할 수 있다는 점이 가장 큰 장점.
대표 메뉴 규동 미니 350¥ 보통 400¥

웨스트 | ウエスト

가키아게동 세트
730¥

우동과 튀김덮밥을 먹고 싶다면 이곳으로. 1966년 후쿠오카에서 시작해 지금은 큐슈를 대표하는 체인으로 성장했다. 지점별 맛의 편차가 적고 어떤 메뉴를 먹어도 평균은 하는 집이다. 세트 메뉴 구성이 다양하고 양도 많은 편

대표 메뉴 가키아게동 세트 800¥

오토야 | 大戸屋

스미비야키 바질 치킨 사라다 정식 885¥

일본식 정식을 판매하는 체인. 전국에 지점이 있지만 대부분의 지점은 도쿄에 있어 인지도는 떨어지는 편이다. 첨가물을 넣지 않은 건강한 음식을 선보이는데 돼지고기나 닭고기가 들어간 메뉴를 선택하면 실패할 일이 없다.

대표 메뉴 정식 메뉴 850~975¥

야요이켄 | やよい軒

치킨난반&새우후라이 정식 1010¥

'일본인의 밥집'이라는 수식어가 붙은 체인 음식점. 다른 체인 음식점에 비해 가격이 비싸지만 비싼 값을 톡톡히 한다. 정식 메뉴를 주문하면 주 반찬 한가지와 밑반찬 2~3가지, 미소국이 함께 나온다. 튀김이나 햄버그류를 주문하면 일단 실패는 없다.

대표메뉴 치킨난반&새우후라이 정식 1010¥

밤의 미식 축제

여행지에서 맞는 밤은 특별한 법. 평소 안 하던 것도 무작정 하고 싶어지기 마련이다. 술을 잘 못하는 사람의 경우 마찬가지. 안주 먹는 맛으로 술을 마시건, 술맛으로 술을 마시건 누구나 좋아할 곳을 추렸다.

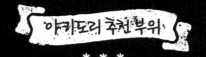

야키도리 추천부위

***

닭, 돼지, 소고기를 주로 사용하지만 아무래도 닭고기가 가장 대중적이다.

가와(かわ)
닭껍질. 식감이 독특하고 기름기가
많아서 맥주 안주로 제격이다.
여성들이 즐겨 먹는 부위다.

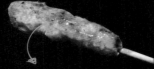

츠쿠네(つくね)
다진 닭고기를 반죽해 동그랗게
빚어 구운 것. 집집마다 맛이 달라
비교해가며 먹는 재미가 있다.

사사미(ささみ)
닭 가슴살. 생각보다 식감과 풍미가
뛰어나 입맛을 돋울 겸 가장 먼저 먹는
것이 좋다. 우메보시나 들깻잎 등 함께
조리하는 재료에 따라 맛이 다르다.

세세리(せせり)
먹기 좋게 뼈를 바른 닭 목살.
육질이 부드럽고 풍미가 진해
맥주와 와인에 모두 잘 어울린다.

데바사키(手羽先)
닭 날개살의 윗부분. 먹기는 조금
불편하지만 기름기가 많고 간이 잘
배어 있어 맛의 밸런스가 좋다.

모모(もも)
닭의 넓적다리. 씹으면 탄력 있는
육질과 풍부한 육즙이 느껴져
미식가들의 사랑을 받는다.

야키도리 메뉴읽기

***

채소

에린기(エリンギ) → 새송이버섯
나스(なす) → 가지
시이타케(しいたけ) → 표고버섯
아스파라(アスパラ(ガス)) → 아스파라거스
닌니쿠(にんにく) → 마늘
가보차(かぼちゃ) → 호박

대부분의 가게에
일본어 메뉴판만
있기 때문에
일본어를 모르면
난처할 수 있다.

∨ 어떤 메뉴를 주문해야 할지 모르겠다면
'오마카세(おまかせ)'로 주문하자.
메뉴 결정을 주방장에게 맡긴다는 의미다.
단, 집집마다 가격대가 천차만별이므로
주문 전에 가격을 확인하는 것이 좋다.

돼지고기

부타바라(豚バラ) → 삼겹살
가시라(かしら) → 돼지의 볼이나 관자놀이
가츠(がつ) → 위
시로(シロ) → 소장, 대장
뎃포(テッポー) → 직장

* 소고기는 고기 마니아 매뉴얼(P.116) 참고

1
야키도리

현지인 사이에 유명한 집일수록 사람이 바글바글. 한국어가 통할 리 없다.
사방에서 들리는 일본어의 맹공격에 잃었던 정신을 겨우 수습할 때쯤,
꼬치 굽는 직원들의 빠른 손놀림에 시선을 뺏기고 말았다. 흰 연기를 거칠게 토하며
익어가는 꼬치를 보고만 있어도 침이 꼴깍. 오늘 다이어트는 물 건너갔다.

후쿠오카의 최신 트렌드를 읽고 싶다면
야키도리 키쿠
焼鳥輝久

후쿠오카의 젊은 직장인들은 어디서 술을 마시는지 궁금하다면 이곳에 가야 한다. 요즘 일본에서 유행하는 '야키도리+와인 바' 콘셉트의 공간으로 2030세대 사이에 핫하다. 닭으로 만드는 야키도리가 이 집의 자랑거리인데, 미야자키 현의 브랜드 닭인 '도네도리(刀根鶏)'를 마리째 구입해 쓰기 때문에 희소 부위도 맛볼 수 있으며, 이 지역 농장에서 직접 엄선한 채소를 사용한다. 또 최고급 숯인 '비장탄'을 고집하는 등 주인장의 음식 철학이 확고하다. 와인 컬렉션도 가격대별로 잘 갖추고 있으며, 손님의 취향에 맞게 와인을 추천해주기도 한다. 하지만 이곳을 사랑할 수밖에 없는 가장 큰 이유는 역시 친절한 직원들이다. 혼자 가서 먹어도 어색하지 않은 친근하고 정감 있는 분위기 덕에 이곳에는 '혼술족'도 많다. 메뉴는 일본어 메뉴뿐이지만 영어가 가능한 직원이 있어 영어로 의사소통이 가능하다. 저녁 6~7시에 가면 예약하지 않아도 식사를 할 수 있다. 비싼 가격대가 유일한 단점으로 예약은 홈페이지에서 할 수 있다.

후쿠오카 ⓘ 2권 P.066 ⓞ MAP P.056I ⓖ 찾아가기 텐진미나미 역에서 도보 6분 ⓥ 가격 단품 오마카세 1만5000¥, 글라스 와인 900¥~

오픈 전부터 줄 서는 집
가와야
かわ屋

➜도리카와 (닭 껍질 꼬치) 120¥

조용한 주택가 골목. 해가 지기 무섭게 한 가게 앞에 긴 줄이 늘어선다. 기다리다 지친 누군가는 흘끔흘끔 가게 안을 살피고, 점원들은 "좃토 맛테 구다사이(조금만 더 기다려주세요)"라는 말만 한다. 조용한 '동네 맛집'이 외국인도 알음알음으로 찾아오는 '글로벌 맛집'이 되며 생긴 변화다. 유명해졌어도 예전 그 맛, 그 분위기는 변치 않았다. 닭 껍질 꼬치(とり皮, 도리카와)를 수북이 쌓아놓은 옆자리 손님을 봐도 그렇고, 꼬치 몇 개면 생맥주가 술술 들어가는 것만 봐도 그렇다. 하지만 아무 때나 불쑥 찾아가도 빈자리가 있던 '행운'이 이제는 '요행'이 된 것 같아 아쉽다. 핫페퍼(www.hotpepper.jp) 또는 전화로 예약하는 것이 안전하다.

◀스나즈리 (닭 모래집 꼬치) 110¥

후쿠오카 ⓘ 2권 P.109 ⓞ MAP P.105H ⓖ 찾아가기 하카타 버스터미널에서 버스로 20분 ⓥ 가격 야키토리 120~350¥, 생맥주 400¥

싶으면서도 생각나는 그 맛

로바타 카미나리바시
炉ばた 雷橋

후쿠오카 최고의 야키도리 가게. 예약이 힘들어 현지인도 제때 먹지 못할 만큼 인기 있는 곳으로 늦어도 1~2주 전에는 전화로 예약해야 한다. 직원들이 모두 미남이라 여성 손님이 많다. 직원들이 항상 바쁘기 때문에 차마 말을 섞기가 힘든 대신 먹는 데 집중할 수 있다. 풍로(七厘)에 구워 육질이 살아 있고 육즙이 풍부한 데다 굽는 기술까지 받쳐주니 맛은 두말하면 잔소리. 풍로가 두 자리에 하나씩 설치되어 있어서 짝수 단위로 짝지어 가는 것이 좋다. 한 사람당 2000~3000¥이면 적당히 먹고 마시기 알맞다.

후쿠오카 ⊚ 2권 P.089 ⊙ MAP P.073L ⊙ 찾아가기 텐진미나미 역에서 도보 1분 ⊙ 가격 생맥주 660¥, 단품 200¥ (현금 결제만 가능)

➤ 야사이 모리아와세 2인 1100¥

✔ 추천 메뉴

야사이 모리아와세(野菜盛合せ, 모둠채소)
쉽게 말해 채소 모둠. 연근(蓮根), 표고버섯(椎茸), 주키니 호박(ズッキーニ), 소귀나물(くわい), 방울양배추(芽キャベツ)를 구워준다. 생각보다 맛있고 육류와 잘 어울린다. 1인 650¥, 2인 1200¥

도리 모리아와세(鶏盛合せ, 모둠닭)
목살(せせり), 다진 닭고기(つくね), 엉덩이살(ぼんじり), 넓적다리(もも), 가슴과 무릎 물렁뼈(なんこつ), 꼬리(テール)를 모두 맛볼 수 있어 인기다. 700¥

후쿠오카
최고의 맛을 자랑
합니다!

➤ 모모(닭의 넓적다리) 150¥

✔ 추천 메뉴

오스스메(おすすめ, 추천)라고 표시된 메뉴를 고르면 실패할 일이 없다. 메뉴 종류로는 꼬치구이(串もの)가 가장 인기 있다.

싸고 맛있다 그래서 좋다

무사시
やきとり六三四

사람 눈은 다 비슷한가 보다. 음식값 싸고 보통 이상의 맛과 분위기까지 갖춘 덕에 이곳은 관광객과 현지인이 모두 사랑하는 집이 됐다. 입맛도 비슷한지 인기 부위는 일찌감치 매진되기 일쑤. 밀려드는 주문에 꼬치를 쉴 새 없이 구워대는데도 빈 꼬치만 수북하다. 술값도 부담 없으니 오늘 밤 마음껏 먹고 마셔야겠다 싶은 날에 이만한 곳이 없다. 손님 테이블과 멀찍이 떨어진 곳에서 조리해 내오기 때문에 옷에 냄새가 덜 배는 점은 반갑지만 그만큼 눈요깃거리가 줄어 아쉽다. 예약은 필수다.

후쿠오카 ⊚ 2권 P.089 ⊙ MAP P.073L ⊙ 찾아가기 텐진미나미 역에서 도보 3분 ⊙ 가격 야키도리 130~230¥, 희소 부위 야키도리 300~480¥, 주류 450~600¥ (현금 결제만 가능)

2 야타이

그림자가 길어질 무렵, 썰렁하던 거리가 분주해진다. 그 많은 포장마차가 어디서 나타났는지는 몰라도 순식간에 곳곳을 점령한다. 그리고 하나둘 조명이 켜지고 온갖 음식 냄새가 풍길 때쯤이면 이곳은 세상에 둘도 없는 미식의 거리로 변모한다. 코끝을 스치는 음식 냄새와 눈앞에 펼쳐지는 음식의 향연, 먹느라 정신없는 사람들을 못 본 척 지나치기는 어려운 일. 오늘만큼은 밤의 미식 축제를 즐겨야 하리라.

✔ 야타이 제대로 즐기기

01 지역마다 야타이의 특징이 다르다.
음식값이며 술값이 일반 레스토랑보다 비싼 야타이가 많다. 그렇다고 맛이 특출한 것도 아닌데 말이다. 주문하기 전 가격대가 어느 정도인지 확인하는 것이 필수. 야타이에서 배부르게 먹기보다 안주 한두 가지에 맥주를 곁들인다는 생각으로 주문하는 것이 현명하다. 이제 유명 관광지나 다름없는 나카스 지역보다는 텐진이나 하카타 역 주변 야타이가 가격 대비 만족스럽고 음식 맛도 월등히 좋으며 분위기도 서민적이다.

02 체험 티켓 한 장으로 야타이를 저렴하게!
야타이에 가고 싶지만 비싼 가격이 부담스럽고, 어디로 가서 무얼 먹을지 모르겠다면 **후쿠오카 체험 버스 티켓**(福岡体験バスきっぷ)을 이용하자. 이 티켓 한 장이면, 지정된 야타이에서 요리 한 가지(오뎅이나 라멘)와 주류(맥주, 사케 등)를 먹을 수 있다. 버스 회사에서 외국인을 대상으로 저렴하고 편리하게 야타이를 이용할 수 있게 만든 티켓이기 때문에 처음이라도 걱정할 필요가 없다. 2570￥ 티켓에는 체험 티켓(1030￥) 2장과 후쿠오카 도시권 니시테츠 버스 일일 자유 승차권(510￥)이 포함돼 있다. (2권 P.031 참고)

✔ 오뎅 150~400￥ ✔ 교자 500￥

텐진의 야타이에서는 현지인들과 거의 끼어 어울려 휴쿨 설출 수 있다.

오뎅과 돈코츠라멘을 추천합니다!

마음 편한 야타이의 밤
히메짱
姫ちゃん

낯선 일본인들과 격의 없이 어울리며 야타이 본연의 분위기를 느끼기 좋은 곳. 야타이는 불친절하고 오래 기다려야 한다는 고정관념이 있다면 텐진 쪽으로 눈을 돌려보자. 이곳의 인기 메뉴는 돈코츠라멘과 교자, 오뎅. 라멘은 돼지고기 특유의 냄새가 나지 않고 담백하며, 바삭하게 구운 교자는 한 입 베어 물면 육즙이 입 안을 가득 채운다. 주인이 추천하는 도테야키(どてやき:소의 힘줄을 된장에 조린 요리)도 맛있다.

후쿠오카 2권 P.079 ⓞ **MAP** P.073L ✔ **찾아가기** 텐진미나미 역 1번 출구 앞 ✔ **가격** 라멘 600￥, 오뎅 150~400￥, 교자 500￥. 병맥주 650￥, 사케 500￥ (현금 결제만 가능)

나의 비밀 아지트

피샤리
飛車浬(ぴしゃり)

말풍선: 한 번 맛보면 잊을 수 없는 맛이랍니다.

♥ 라멘 600¥

♥ 오뎅 150¥

현지인이 알음알음으로 찾아가는 숨은 맛집. 투박하지만 엄지를 절로 치켜들게 되는 음식들도 보통 솜씨가 아니다 싶더니 역시나! 일본 B급 구르메 대회에서 준우승을 차지한 이력을 가진 재야의 고수가 여기 있다. 다양한 오뎅과 라멘은 웬만한 전문점보다 나은 수준이고, 한국 사람의 입맛에도 잘 맞는다. 게다가 값도 싸니 돈을 쓰고도 돈을 번 것 같은 기분이다. 단언컨대 이런 곳 흔치 않다.

후쿠오카 🅑 **2권** P.053 ◉ **MAP** P.042F ◎ **찾아가기** JR 하카타 역에서 도보 3분 ⓥ **가격** 오뎅 150¥, 라멘 600¥ (현금 결제만 가능)

♥ 곱창 미소 볶음 1200¥

시끌벅적한 맛에
가는 곳

야타이 푠키치
ぴょんきち

역시 포장마차는 시끌벅적해야 제맛이라고 생각하는 사람이라면 이곳이 제격이다. 가뜩이나 사람 많은 번화가. 없는 자리를 억지로 만들어가며 자리를 꽉 채우는 탓에 몸을 꾸깃꾸깃 접은 채 비집고 들어가야 할 정도다. 상황이 이러니 손님들이 불편을 토로할 만도 한데, 이 또한 야타이의 묘미. 음식 대부분이 우리 입맛에 익숙하고 한국어 메뉴판도 완벽하게 준비되어 있다. 점원 대부분이 한국어를 조금씩 할 줄 알아서 짤막하게나마 대화할 수 있는 점도 반갑다. 주인장이 재일 교포라 누리는 뜻밖의 혜택일 것이다.

후쿠오카 🅑 **2권** P.079 ◉ **MAP** P.073K ◎ **찾아가기** 텐진미나미 역에서 도보 1분 ⓥ **가격** 곱창미소볶음 900¥, 명란젓만두 800¥ (현금 결제만 가능)

3
술 한잔

일본 맥주가 맛있다는 것은 잘 알려진 사실. 하지만 다른 술은 그리 잘 알려지지 않았다. 일본 맥주 만큼 맛있고 그보다 더 맛있는 안주 거리들을, 이곳에서 맛보자. 생각보다 술값이 저렴해 길고 긴 밤 헛헛함을 술 한 잔으로 달래기 좋다. 이 특권을 얼마나 누릴 것인가가 관건.

↬ 사시미 모리아와세 1000¥

벳푸 최고의 인기

로바타진
ろばた仁

사시미를 포함해 해산물 요리가 특히 맛있다. 그날그날 질 좋은 신선한 해산물을 사들여 쓴다니 어쩌면 당연한 일일밖에. 모둠사시미(사시미 모리아와세, 刺身盛り合わせ)와 새우튀김(에비 프라이, えびフライ) 등은 식사 메뉴로 손색없는 수준이며 분고규 스테이크 등의 육류메뉴도 두루두루 사랑받는다. 값이 비교적 싸고 인근에 맛집이 몰려 있어 2차, 3차 직행하기 딱 좋다. 주말에는 손님이 많은 편이니 조금 일찍 들르자. 최근 인기가 높아져 예약없이 찾아갔다가 헛걸음만 하는 경우가 많다.

벳푸 ⓑ 2권 P.167 ⓞ MAP P.162B
ⓒ 찾아가기 JR 벳푸 역에서 도보 7분
ⓥ 가격 단품 380~1000¥, 일품 요리 1200~1600¥
맥주 550¥ (현금 결제만 가능)

↬ 구시야키 세트 650¥

✓ 일본 소주, 니혼슈 주문 팁

1. 주량을 잘 생각하고 주문하세요
메뉴판에 병(보틀, ボトル) 단위와 잔(글라스, グラス) 단위로 따로 표기되어 있습니다. 한두 잔 마실 생각이면 글라스로 주문하는 것이 좋습니다.

2. 급하게 마시지 마세요
술을 따르기 무섭게 마셔버리는 우리와 달리 술맛을 천천히 음미하며 마시는 것이 보통입니다. 특히 알코올 도수가 높은 술은 얼음이나 물에 희석하기 때문에 급하게 마시면 위험할 수 있어요.

3. 점원에게 술을 추천받아보세요
주문한 안주와 어떤 술이 어울릴지 잘 모를 때에는 점원에게 추천받을 수 있습니다. 'おすすめの酒を推薦してください (오스스메노 사케오 스이센시테 구다사이)'라고 말하면 됩니다.

✓ 음용법

酒

1. 롯쿠(ロック) 컵에 얼음을 넣고 술을 따라 약간만 희석해 마시는 방법. 알코올 도수가 높아 주당들이 즐기는 방법이다.

2. 미즈와리(水割り) 긴 컵에 얼음과 물을 3분의 2 정도 채우고 술을 따라 마시는 방법. 일반적으로 애용하는 음용법이다.

3. 오유와리(お湯割り) 컵에 뜨거운 물을 3분의 2 정도 채우고 술을 따라 마시는 방법. 겨울에 많이 즐기는 방법으로 취기가 빨리 오른다.

4. 사와(サワー) 또는 주하이(チューハイ) 과일 주스나 탄산수 등을 섞어 사와나 주하이로 만들어 마신다.

고독한 미식가도 감탄한 곳
카즈토미
一富

드라마 〈고독한 미식가〉에 소개된 주점이다. 사바고마와 와카도 리스프타키를 추천. 손님 자리의 맥주병 통 안에 5¥짜리 동전이 들어 있는데, 5¥과 인연(ご縁, 고엔)의 발음이 같은 것에 착안해 '인연이 있기를'이라는 의미라고. 메뉴에 가격이 표기되지 않은 것이 유일한 단점으로 1인당 3000~4000¥ 정도. 술까지 마신다면 5000¥ 정도는 각오하고 가야 한다. 현금 결제만 가능.

후쿠오카 ⓘ **2권** P.067 ⓞ **MAP** P.056E ⓒ **찾아가기** 나카스가와바타 역 1번 출구에서 도보 4분 ⓥ **가격** 메뉴별로 다름, 대개 2000¥대

녹진녹진한 모츠니 한 그릇
사케도코로 아카리
酒処あかり

JTBC 〈퇴근 후 한 끼〉에서 마츠다 부장이 찾아간 동네 선술집. 떠들썩한 현지인 술집 분위기를 느낄 수 있다. 곱창을 장조림 같이 푹 삶아낸 '모츠니'와 튀김옷이 얇고 바삭한 닭 날개 튀김이 인기 메뉴. 모츠니를 주문할 때는 계란은 꼭 추가하자. 모츠니와 닭날개 튀김, 맥주 한 잔을 묶은 세트를 1000¥에 판매해 혼술할 사람에게 안성맞춤이다. 한국어 메뉴판이 있고 주인이 친절하다.

후쿠오카 ⓘ **2권** P.053 ⓞ **MAP** P.043G ⓒ **찾아가기** JR 하카타 역 지쿠시 출구에서 도보 3분 ⓥ **가격** 모츠니 490¥, 닭날개 튀김 1개 180¥

핫 수플레
치즈 케이크
900¥

라떼 아트
커피
650~680¥

독특한 커피를 음미할 시간

카페를 선택하는 기준은 비단 커피 맛만은 아니다.
독특한 분위기일 수도 있고, 예쁜 라떼 아트일 수 있고, 때론 흘러나오는 좋은 음악일 수도 있다.
어디서도 볼 수 없는 독특한 카페를 소개한다.

몽글몽글 귀여운 라떼 아트

카페 듀오
カフェデュオ

기차역에서 가기에는 꽤 먼 거리이니 유노츠보 거리를 거쳐 긴린
코 호수까지 돌고 온 후 잠시 쉬었다 가길 권한다. 특별할 것 없는
인테리어와 주인의 무뚝뚝한 태도에 실망하는 것도 잠시, 테이블
여기저기서 터져 나오는 "가와이~", "스고이~" 하는 탄성에 이내
기대를 품게 된다. 라떼 아트로 유명한 카페로, 몽글몽글 입체적
인 라떼 아트가 그야말로 환상적이다. 커피 잔을 살짝 쥐고 흔들
면 예쁘게 그려진 동물들이 살아 있는 것처럼 움직인다. 이 카페의
또 하나의 하이라이트는 핫 수플레 치즈 케이크. "20분 정도 걸린
다."는 말과 함께 긴 기다림의 시간 끝에 눈앞에 놓인 케이크는, 특
별할 것 없는 모양새지만 한입 베어 무는 순간 깜짝 놀라고 만다.
갓 구워 따끈따끈하고 구름처럼 폭신한 케이크에 사르르 녹아내
린 생크림의 조화는 감동 그 자체!

유후인 ⓑ **2권** P.147 ⓜ **MAP** P.133
ⓐ **찾아가기** JR 유후인 역에서 도보 15분
ⓨ **가격** 아트 커피 650~680¥, 핫 수플레 치즈 케이크 900¥

커피를 넣어 만든
커피 카스텔라

구리잔에
커피를 담아 줘
더 맛있다.

라떼 아트로 만나는 역사적 인물

아틱
Attic アティック

나가사키는 일본에서 커피를 가장 먼저 받아들인 곳이지만 그 역사에 비해 유명한 커피숍이 많지 않다. 그나마 나가사키 항 데지마 워프 안에 있는 '아틱'이 관광객 사이에 입소문이 난 정도. 아틱은 바다가 보이는 테라스에서 운치 있는 시간을 보낼 수 있는 카페로, 라떼 아트로 유명하다. 이곳의 라떼 아트는 나가사키와 관련 있는 역사적 인물들을 모델로 하는데, 나가사키 곳곳에서 만날 수 있는 사카모토 료마(坂本龍馬)를 비롯해 구라바엔의 주인이었던 토머스 글러버 등이 대상이다. 라떼 아트는 원하는 모양으로 주문도 가능하지만, 사카모토 료마의 얼굴이 가장 인기이며, 자주 만들어 그런지 모양도 가장 또렷하다. 마음에 드는 라떼 아트와 케이크를 고를 수 있는 아틱 케이크 세트가 인기. 이 집 커피를 넣어 만든 커피 카스텔라도 맛있다.

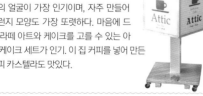

나가사키 ⓑ 2권 P.207 ⓜ MAP P.202I
ⓖ **찾아가기** 나가사키 노면전차 데지마 역에서 도보 2분
ⓥ **가격** 아틱 케이크 세트 780¥, 료마 카푸치노 380¥

구리 머그잔에 담아주는 시원한 커피

우에시마 카페텐
上島珈琲店

'흑당 커피'로 유명한 체인 커피숍. '마지막 한 방울까지 맛있는 커피'를 지향하는 만큼 로스팅과 드립에 각별히 공을 들인다. 융 드립 방식의 커피머신은 이 집의 전매특허. 종이 필터에 비해 추출되는 커피의 입자가 작아서 맛과 향이 훨씬 풍부한데, 한마디로 쉽게 잊을 수 없는 맛이다. 단맛이 강한 커피를 좋아한다면 브라운 슈거 밀크 커피(黑糖ミルク珈琲)를, 커피 좀 마셔봤다 자부하는 이들에게는 넬 드립 커피를 추천한다.

중 6380¥~,
대 7590¥~

✔ **이 상품, 놓치지 마세요**
구리 머그잔 銅製マグカップ 평범한 커피도, 덜 시원한 맥주도 여기에 부어 마시면 맛이 배가된다. 보냉 효과가 뛰어나 여름에 효과 만점. 비싸긴 해도 한번 사면 오래 쓸 수 있다.

후쿠오카 ⓑ 2권 P.077 ⓜ MAP P.073C
ⓖ **찾아가기** 하카타 역, 덴진 지하 상가
ⓥ **가격** 브라운 슈거 밀크 커피 620¥, 넬 드립 커피 530~760¥

천연 지하수로
내린 부드러운
더치 커피

커피에서 와인과 같은 풍미가

산수이 워터드립커피 山水水出珈琲

천연 지하수를 이용해 더치커피(콜드브루) 방식으로 만든 커피를
선보이는 카페. 가게 통유리창을 통해 더치커피 기구로 커피를 추
출하는 과정을 볼 수 있다. 이 집의 시그니처 메뉴인 더치커피를 주
문하면, 아리타 지역에서 만든 도자기에 맥주처럼 고운 거품이 올
라간 커피가 나온다. 더치커피 특유의 깔끔하고 부드러운 맛이다.
오전에 판매하는 아침 식사 메뉴가 가격 대비 좋으며, 스위츠 메뉴
도 맛있기로 유명하다.

후쿠오카 ◎ 2권 P.066 ◎ MAP P.056E ◎ 찾아가기 나카스카와바타
역 6번 출구 리버레인몰 1층 ◎ 가격 더치커피 550¥, 더치라떼 600¥,
모닝 세트 100¥ 추가(토스트, 달걀 제공)

온천커피와
찰떡 궁합!
아이스크림도
맛있다.

온천수로 만든 커피

커피 나츠메 喫茶なつめ

온천수로 만든, 일명 '온천커피(温泉コーヒー)'를 판매하는 커피
숍으로 1963년 개업해 60년이 넘는 역사를 자랑한다. 엄선한 생두
를 이 집만의 방식으로 자가배전(커피콩을 직접 볶는 것)해 내리는
것이 원칙. 간카이지(観海寺) 온천 지역의 온천물로 만들어 입맛
을 돋우고 피부 미용에도 좋다고 한다. 옛날 다방 같은 고즈넉하고
소담한 분위기도 커피 맛을 거든다. 볶은 콩은 판매도 한다.

벳푸 ◎ 2권 P.168 ◎ MAP P.163G
◎ 찾아가기 JR 벳푸 역에서 도보 7분 ◎ 가격 온천커피 550¥

모르고 지나치기
쉬운 카페 외관.
2층으로 올라가야
한다.

데라다 겐이치로
화백의 작품을
확대해서 만든
벽화

화가의 아틀리에로 초대받다

아틀리에 테라타 ATELIER てらた

큐슈를 대표하는 화백 고(故) 데라다 겐이치로(寺田健一郎)의 아
틀리에를 개조한 카페다. 도무지 카페가 들어설 곳 같지 않은 언덕
배기에 자리한 데다 건물마저 카페 같지 않아서 찾는 데 애를 먹을
수 있다. 작은 간판이 걸린 마당을 지나 2층으로 올라가면 갤러리
같기도 하고 별장 같기도 한 신비로운 공간이 나타난다. 작가의 아
틀리에이자 예술가들의 살롱이던 곳. 작가가 세상을 떠난 후 그때
그 분위기를 그리워한 아들 부부가 2011년 카페를 열었다. 실내는
'아직 화실로 쓰이나?' 싶을 정도로 작가가 생존하던 당시의 모습
을 고스란히 간직하고 있다. 작가의 작품뿐 아니라 생전에 사용한
도구들이 그대로 놓여 있을 정도.

후쿠오카 ◎ 2권 P.111 ◎ MAP P.105K
◎ 찾아가기 하카타 버스터미널에서 버스로 25분 ◎ 가격 하트랜드
맥주 680¥, 야호카레 900¥

인스타그램 속 인기 카페

굿 업 커피 Good Up Coffee

감성 돋는 연출 없이, 음식만 찍은 사진으로도 충분히 예쁘다.

♥ 6830 likes

#토스트#팥앙금#버터#두툼#커피와먹으면굿

한두 평 남짓한 작은 카페가 이렇게 인기 있을 수 있나? 외진 위치, 앉아 있기 불편한 자리이지만 언제나 만석. 속칭 '인스타 카페'들 중 음식 맛은 별로인 곳이 더러 있는데, 이곳은 손수 내린 커피와 집에서 만든 팥앙금을 듬뿍 올린 토스트가 맛있다.

후쿠오카 ⓐ 2권 P.098 ⓜ MAP P.095L
ⓐ **찾아가기** 와타나베도리 역 1번 출구에서 도보 10분 ⓨ **가격** 커피 470~580¥, 팥 토스트 670¥

후쿠 커피 FUK COFFEE

20¥을 추가하면, 라떼 위에 레터링을 올려준다. 카페의 아이덴티티를 잘 보여주는 메뉴다.

♥ 13382 likes

#공항분위기#카페#FUK#후쿠오카공항코드

공항 콘셉트 카페. 실내는 높은 테이블과 널찍한 벤치로 꾸며져 카페가 아닌 공항 대기실 분위기가 난다. 개성 있는 인테리어 소품이나 자체 굿즈 등 볼거리도 쏠쏠.

후쿠오카 ⓐ 2권 P.061 ⓜ MAP P.056F
ⓐ **찾아가기** 구시다진자마에 역에서 도보 2분
ⓨ **가격** 카페라떼 550¥, 라떼아트 20¥ 추가

스테레오 커피 Stereo Coffee

파란 의자에 앉기보다 그 앞에 무심히 서는 편이 사진은 더 잘 나온다.

♥ 21096 likes

#후쿠오카인증샷필수코스#화보속주인공#파란벤치#음악도좋아

좋은 음악과 맛있는 커피로 유명한 카페지만, 외벽이 멋진 포토존이라 후쿠오카 인증샷 필수 코스로 자리 잡았다. 인근에 레코드숍 '리빙 스테레오'를 운영하고 있으니, 음악이 마음에 든다면 함께 둘러볼 것.

후쿠오카 ⓐ 2권 P.100 ⓜ MAP P.095C ⓐ **찾아가기** 텐진미나미 역 동12C 출구로 나와 직진, 미니스톱 다음 골목으로 들어가면 왼쪽
ⓨ **가격** 핸드드립 커피 450¥, 아메리카노 400¥

노 커피 No Coffee

색감이 예뻐서 말차라떼 하나만으로도 주목을 끈다. 단, 커피와 말차가 섞이기 전, 재빨리 사진을 찍을 것!

♥ 36017 likes

#말차라떼#보기만해도힐링#맛은달달#굿즈대박

인적 드문 곳, 테이블 없이 계단식 좌석이 전부인데도 늘 사람들로 북적인다. 말차라떼, 블랙라떼 등 달달한 음료가 인기이며, 카페 분위기를 잘 반영한 노 커피 굿즈도 못지않게 인기다.

후쿠오카 ⓐ 2권 P.098 ⓜ MAP P.094J
ⓐ **찾아가기** 야쿠인오도리 역 2번 출구로 나와 바로 보이는 골목으로 직진
ⓨ **가격** 아메리카노 450¥, 말차라떼 550¥

커피를 밥보다 사랑하는 당신을 위해

때론 분위기 좋은 카페에서 맛본 커피 한 잔이, 여행 중 어떠한 경험보다
깊은 감동으로 남을 수 있다. 후쿠오카를 포함한 북큐슈에는 커피 장인들이
대거 포진해 있어서 우리나라 커피 전문가들이 카페 투어를 떠날 정도.
이곳에서라면 '인생 커피'를 만날 수 있을 것 같다.

이런 커피, 마셔봤니?

1 융 드립

추출 방식 플란넬이라는 직물을 이용해 커피를 추출하는 방식으로, 일반 여과지로 추출할 때에 비해 오일 성분이 걸러지지 않아 진하고 풍부한 맛과 향을 느낄 수 있다.

맛 진하지만 쓰지 않고 부드러운 맛이 특징.

어디서 카페 비미, 카페 란칸

2 사이펀

추출 방식 압력을 이용해 추출하는 방식으로, 추출 과정을 지켜볼 수 있어서 재미있다.

맛 다른 방식에 비해 깔끔하고 산뜻한 맛이 특징.

어디서 카라반 커피

3 프렌치 프레스

추출 방식 가장 간단한 추출법. 용기에 뜨거운 물을 부어 우린 후 프레스로 눌러 따른다.

맛 커피의 오일 성분이 살아 있고, 맛이 깊고 진해 일본에서는 '커피계의 말차'라고도 한다.

어디서 마누커피

COFFEE

후쿠오카 시내 카페의 원두를 책임진다

바이센야 | 焙煎屋

원두만 판매하는 로스터리 숍이다. 오로지 커피가 좋아서 독학으로 로스팅을 공부한 히라야마 사장이 1986년 문을 연 숍으로, 후쿠오카의 이름난 커피 전문점이나 레스토랑에 커피를 납품한다. 바이센야의 원두는 주인이 생산국의 농장에서 직접 생두를 구입해 손으로 일일이 원두를 고르고(핸드픽) 로스팅한 후에 다시 핸드픽을 거칠 정도로 까다롭게 만들어진다. 아쉽게도 이곳에서 커피는 마실 수 없다.

후쿠오카 ⑨ **2권** P.111 ⑨ **MAP** P.105H ⑨ **찾아가기** 아카사카역에서 도보 10분 ⑨ **가격** 느티나무거리 블렌드 650¥, 시티 블렌드 블라우그라나 650¥(100g) (카드 결제 가능)

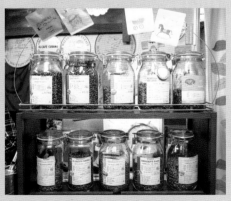

↑다양한 원두를 취급하는데 가장 인기 있는 제품은 이 가게가 위치한 거리 이름을 딴 '느티나무 거리 블렌드'다.

모든 맛을 담은 10가지 블렌드 커피

토카도 커피 | 豆香洞コーヒー

2012년 재팬 로스팅 챌린지에서 우승하고, 2013년 프랑스 니스에서 열린 월드 커피 로스팅 챔피언십에서 우승한 커피 장인 고토 나오키 씨가 운영하는 커피숍이다. 본점은 후쿠오카 외곽에 있지만 다행히 분점 이 접근성이 좋은 후쿠오카 시내에 있다. 분점인 이곳은 바 좌석 네 곳이 전부지만 바리스타가 핸드드립 하는 모습을 보며 조용히 커피를 음미하기에 좋다. 원두는 본점에서 로스팅해서 들어오며, 분점이지만 매주 월요일을 비롯해 수시로 고토 씨가 자리를 지키고 있다. 원두는 코스타리카, 과테말라 등에서 들어온 단일 원두의 스페셜티 커피뿐 아니라 열 종류나 되는 다양한 맛의 블렌드가 있어 바리스타에게 원하는 맛을 이야기하면 내게 딱 맞는 커피를 마실 수 있다.

후쿠오카 Ⓑ **2권** P.066 | ◉ **MAP** P.056E | Ⓥ **찾아가기** 나카스가와바타 역 리버레인 몰 지하 2층 | Ⓥ **가격** 토카도 블렌드 484￥(핫), 594￥(아이스)(세금 포함, 카드 결제 가능)

융 드립 커피의 진수를 맛보고 싶다면 필수 코스.

바리스타들이 인정하는 커피를 만날 수 있는 곳

카페 비미 | 珈琲美美

국내에도 잘 알려진 커피 장인 모리미츠 무네오(森光宗雄) 씨가 했던 카페다. 2016년 12월 그가 세상을 떠난 이후 그의 아내가 운영하고 있지만 그 맛은 여전하다. 1층에서는 로스팅을 하고 원두를 판매하며, 2층에 올라가야 좌석에 앉아 커피를 주문할 수 있다. 커피는 주문 즉시 바에서 융 드립으로 내린다. 매년 예멘과 에티오피아 등지에서 직접 골라온 각종 스페셜티 커피를 취급하며, 블렌드 커피만 해도 네 종류에 이른다. 이 중 딜리셔스 블렌드는 필리핀 민다나오 섬에서 재배한 카페 아라비카로 만들어, 과일 향과 쓴맛의 조화가 이상적인 커피. 세 종류의 술에 담근 일곱 가지 과일이 들어 있는 프루츠 케이크도 맛있다.

후쿠오카 Ⓑ **2권** P.109 | ◉ **MAP** P.105G | Ⓥ **찾아가기** 오호리코엔 역에서 도보 15분 | Ⓥ **가격** 베이직 블렌드 850￥, 클래식 블렌드 900￥(카드 결제 가능)

80년 후쿠오카 커피 역사의 산증인

브라질레이로 | ブラジレイロ Brasileiro

후쿠오카에서 가장 오래된 카페로 80여 년 동안 후쿠오카 카페 문화를 선도한 곳이다. 1934년 나카스(中洲)에 터를 잡고 브라질에서 원두를 수입하는 커피 사업을 시작해 지금의 자리로 옮겨왔다. 일본 문인들이 모여 토론을 한 명소로도 이름나 일본 전국에서 사람들이 일부러 찾아올 정도. 분위기는 딱 옛 음악다방 느낌이다. 하지만 로스터리 카페가 대부분 커피와 간단한 디저트 정도를 파는 데 반해 이곳은 오히려 식사 메뉴가 유명할 정도. 오전 10시부터 11시까지는 모닝 세트를, 점심에는 런치 메뉴를 제공한다. 그러나 준비한 양만 팔기 때문에 매진되기 일쑤. 커피는 생크림이 함께 나와 비엔나커피로 마실 수 있다.

후쿠오카 ◎ 2권 P.066 ⓢ MAP P.056B ⓢ 찾아가기 고후쿠마치 역에서 도보 3분 ⓨ 가격 마일드 블렌드 커피 600¥ (생크림 포함), 멘치카스 1450¥ (카드 결제 불가)

> 커피뿐 아니라 샌드위치나 식사 메뉴도 인기다. 커피가 포함된 과일 샌드위치 세트 850¥

후쿠오카 대표 커피 브랜드

마누커피 하루요시점

マヌ コーヒー 春吉店

> 낮 12시 이전에는 오늘의 커피를 200¥에 맛볼 수 있다.

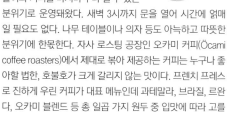

후쿠오카 내에 5개의 체인점을 둔 소규모 지역 체인 커피숍이다. 이 중 1호점인 하루요시점은 2003년에 동네 한복판에 문을 열어, 사랑방처럼 누구든 편안하게 들어와 커피를 마시며 수다 떨 수 있는 분위기로 운영돼왔다. 새벽 3시까지 문을 열어 시간에 얽매일 필요도 없다. 나무 테이블이나 의자 등도 아늑하고 따뜻한 분위기에 한몫한다. 자사 로스팅 공장인 오카미 커피(Ōcami coffee roasters)에서 제대로 볶아 제공하는 커피는 누구나 좋아할 법한, 호불호가 크게 갈리지 않는 맛이다. 프렌치 프레스로 진하게 우린 커피가 대표 메뉴인데 과테말라, 브라질, 르완다, 오카미 블렌드 등 총 일곱 가지 원두 중 입맛에 따라 고를 수 있다. 또 카페라테나 카푸치노는 16종류나 된다.

후쿠오카 ◎ 2권 P.101 ⓢ MAP P.095D ⓢ 찾아가기 텐진미나미 역에서 도보 5분 ⓨ 가격 아메리카노 580¥ (카드 결제 가능)

오너 바리스타 이와세 씨의 2015 일본 바리스타 챔피언십 우승 트로피.

월드 바리스타 챔피언십 우승자의 커피
REC 커피 야쿠인역점
レックコーヒー 薬院駅前店

2015년 일본 바리스타 챔피언십 우승, 2016년 월드 바리스타 챔피언십 준우승에 빛나는 이와세 요시카즈 씨가 운영하는 카페다. 이와세 씨는 '마누커피'에서 일하다가 영감을 받아 2010년 야쿠인 역 앞에 첫 점포를 냈고, 최근 키테 하카타 6층에 새 매장을 냈다. 야쿠인역점은 인테리어에 신경을 쓴 것 같지 않은 빈티지한 분위기로, 프렌차이즈 느낌이 나는 하카타 매장보다 정감이 있다. 커피는 다소 산미가 강한 것이 특징으로 우리나라 사람들에게는 호불호가 갈릴 법하다. 대회에서 사용한 에티오피아와 파나마 원두를 블렌딩한 커피도 만날 수 있다. 케이크, 샌드위치, 빵류도 판매하는데, 이 중 스콘이 인기. 샌드위치 메뉴와 커피를 함께 주문하면 50¥을 할인해준다.

후쿠오카 ⑥ **2권** P.098 ⊙ **MAP** P.095G ⑧ **찾아가기** 야쿠인 역에서 도보 1분 ⓨ **가격** 오늘의 커피(핸드드립) 490¥~, 카페라떼 520¥~, 아메리카노 510¥, 토스트 440¥(카드 결제 가능)

사이펀 커피 내리는 노신사가 있는 곳
카라반 커피 ┃ キャラバン珈琲

긴린코 호수 인근에 자리 잡은 이곳은 비밀의 화원이나 산장 같은 분위기로 관광객의 발길을 붙든다. 실내에 들어서면 수많은 다기와 인테리어 소품들이 빚어내는 아기자기한 분위기에 감탄하게 되고, 주인장 노부부의 따뜻한 환대에 또 한 번 감탄한다. 나비넥타이를 하고 손님을 맞는 후지이 사스쿠 씨는 오스트리아, 브라질 등지에서 커피를 배우고 돌아와 후쿠오카에서 커피숍을 운영하다가 유후인에 자리 잡았다. 커피는 주문 즉시 사이펀으로 추출해 깔끔하고 산뜻한 맛이 난다. 이 집을 대표하는 블렌드 커피와 향이 짙은 숯불 로스팅 커피, 모카 마타리, 브라질 산토스 등 다양한 커피를 취급한다.

유후인 ⑥ **2권** P.146 ⊙ **MAP** P.133 ⑧ **찾아가기** JR 유후인 역에서 도보 15분 ⓨ **가격** 블렌드 커피 500¥, 비엔나커피 850¥(카드 결제 가능)

커피 장인 사스쿠 씨. 사이펀으로 커피를 추출하는 모습이 흥미롭다.

🫘 모자가 대를 이어 운영하는 카페
카페 란칸 | 珈琲蘭館

다양한 맛의 원두는 물론, 최고의 원두인 '컵 오브 엑셀런스' 대회에서 우승한 커피도 맛볼 수 있다.

타하라 준코 씨가 1978년 남편과 함께 개업한 카페로, 장남 타하라 데루키요 씨가 후계자가 되어 2002년부터 대를 이어 지켜가고 있다. 타하라 데루키요 씨는 큐슈에서 처음으로 스페셜티 인증(SCAA)을 받았고, 각종 세계 대회를 섭렵한 로스터리 마스터. 가게 내부는 오픈 당시 인테리어에 변화를 거의 주지 않아 옛 가정집 같은 고풍스러운 분위기다. 게다가 커피의 색깔과 향, 맛만큼이나 다기를 중요하게 여기는 주인장들의 취향 덕분에 다양한 다기를 갖추고 있어서 구경하는 재미가 쏠쏠하다. 타하라 씨는 세계 각지에서 직접 콩을 골라 수입하는데, 때마다 최고 품종을 골라 취급하는 원두가 계절마다 달라진다. 여섯 종류의 블렌드 커피와 에스프레소 베이스 커피, 단일 원두 커피, 1년에 한 번 최고의 원두를 뽑는 컵 오브 엑셀런스 대회에서 우승한 커피 등 다양한 메뉴가 있다. 모든 커피는 융 드립으로 내리고, 컵 오브 엑셀런스 커피만 프렌치 프레스로 진하게 우린다.

후쿠오카 🅑 2권 P.131 Ⓜ MAP P.126 I Ⓖ 찾아가기 니시테츠 다자이후 역에서 도보 5분 Ⓨ 가격 마일드 블렌드 커피 580¥, 카페오레 750¥, 비엔나커피 750¥, 컵 오브 엑셀런스 1080¥, 블렌드 커피와 케이크 세트 980¥ (카드 결제 가능)

🫘 일왕이 즐겨 마시던 커피
그린 스폿
| グリーンスポット

더치커피 위에 고운 우유 거품을 올린 '호박의 여왕' 커피. 달콤 씁쓸한 맛의 조화가 일품이다.

일왕이 즐겨 마시던 커피로 유명한 카페로, 찾아가기는 좀 어렵지만 벳푸에 오면 반드시 가봐야 하는 곳이다. 이곳의 대표 메뉴는 더치커피인 '호박의 여왕(琥珀の女王)'. 48시간 워터 드립으로 내린 커피를 다시 48시간 동안 숙성한 커피로, 더치커피 위에 고운 우유 거품층이 덮여 있다. 이 커피를 마실 때에는 우유 거품을 섞지 말고 그대로 마셔야 하는데, 커피와 함께 입 안으로 들어오는 거품이 벨벳처럼 부드럽고 달콤하다. 이 가게의 원두는 모두 자체 공장에서 로스팅하는데, 타닌과 카페인을 소량만 남기고 진하게 로스팅해 원두 본래의 좋은 맛을 끌어낸다고 한다. 블렌드 커피와 케이크 세트도 인기이며, 일회용 드립커피도 판다.

벳푸 🅑 2권 P.168 Ⓜ MAP P.162 I Ⓖ 찾아가기 JR 벳푸 역에서 도보 12분 Ⓨ 가격 호박의 여왕 커피 900¥, 카페오레 840¥, 블렌드 커피(혹은 홍차)와 케이크 세트 970¥, 원두 800~1300¥(100g) (카드 결제 가능)

눈과 입이 즐거운 미식 기행

일본의 디저트 카페는 커피와 음료 등 디저트뿐만 아니라 주류와 간단한 식사를
대부분 팔고 있다. 어떤 카페는 식사 메뉴가 더 유명할 정도.
게다가 런치 타임도 넉넉해 저녁 식사 직전인 오후 7시까지 런치 메뉴를 내는 곳도 있다.
풀코스 식사부터 음주까지 가능한, 일본 특유의 디저트 카페로 여행을 떠나보자.

초콜릿 숍 하카타노이시다타미
チョコレートショップ博多の石畳

후쿠오카의 전통 스위츠 가게인 '초콜릿 숍'에서
가장 인기 있는 상품. 일명 '큐브 케이크'로 알려져 있으며
초콜릿 스펀지케이크, 초콜릿 무스, 생크림 등 5겹으로 만든
생초콜릿 케이크다. 부드럽고 진한 초콜릿 맛이 일품.
ⓢ **2권** P.066 ⓜ **MAP** P.056A
ⓖ **찾아가기** JR 하카타 역 아뮤플라자 1층
ⓨ **가격** 하카타노이시다타미 518¥(소)

미뇽 크루아상
Ll Forno del Mignon クロワッサン

하카타 역에 가면 크루아상의 진한 버터 향에 이끌려
자신도 모르게 줄을 서게 된다.
이 집의 크루아상은 한입에 쏙 들어가는 크기라 먹기 좋다.
플레인, 초콜릿, 고구마 세 가지 맛이 있다.
ⓢ **2권** P.049 ⓜ **MAP** P.042B
ⓖ **찾아가기** JR 하카타 역 1층
ⓨ **가격** 초콜릿 205¥, 플레인 183¥,
고구마 216¥(100g, 약 3개 기준)

무츠카도 식빵 **むつか堂**

말랑말랑한 식빵 하나로 후쿠오카 명소로 자리 잡은 곳.
그야말로 닭가슴살 같이 결이 살아 있는 촉촉 부드러운 식빵으로 유명하다.
이 식빵으로 만든 샌드위치는 어떤 것이든 맛있을 수 밖에.
ⓢ **2권** P.048 ⓜ **MAP** P.042B(아뮤플라자점), P.094E(야쿠인오도리점)
ⓖ **찾아가기** 야쿠인오도리 역 1번 출구에서 도보 3분(본점), JR 하카타 역 아뮤플라자 5층(아뮤플라자점)
ⓨ **가격** 식빵(소) 432¥, 과일샌드위치 792¥, 카페라떼 660¥(아뮤플라자 기준)

엉클테츠 치즈 케이크
Uncle Tetsu's チーズケーキ

세계적으로 유명한 엉클테츠 치즈 케이크는
후쿠오카 출신 리쿠로 오지상이 개발한 케이크로
크림치즈와 달걀을 듬뿍 넣어 폭신폭신 부드럽다.
치즈 카스텔라에 가까워 느끼하거나 질리지 않는 것이 장점.

🅑 **2권** P.049 📍 **MAP** P.042B
📍 **찾아가기** JR 하카타 역 키테 하카타 1층
💴 **가격** 870¥(1개)

몽셰르 도지마롤
Moncher 堂島ロール

일본의 대표 롤케이크. 몽셰르는 한국에는
몽슈슈라는 이름으로 알려져 있다. 홋카이도산 우유를
엄선해 생크림으로 만들어 갓 짠 우유의 신선함이
살아 있으며, 빵도 촉촉하고 맛있다. 달지 않고
뒷맛이 깔끔해 많이 먹어도 느끼하지 않아 인기.

🅑 **2권** P.048 📍 **MAP** P.042F 📍 **찾아가기** 한큐 백화점 지하
💴 **가격** 도지마롤 1436¥(1롤), 도지마 프린스롤 1834¥(1롤)

갸토 페스타 하라다
Gateau Festa Harada

모양은 평범하지만 일단 먹어보면
잊을 수 없는 맛의 러스크. 바삭바삭한 식감과 진한 버터 향,
은은한 단맛이 어우러져 중독성이 강하다.

📍 **MAP** P.042F
📍 **찾아가기** 한큐 백화점 지하
💴 **가격** 1188¥(13봉)

베이크 치즈 타르트
Bake Cheese Tart

갓 구운 따끈따끈한 치즈 타르트를 맛볼 수 있는 곳.
큐슈에는 텐진에만 매장이 있어서 늘 북적인다. 1인당 구매
개수를 12개로 제한할 정도다. 두 번 구워 바삭한 타르트와
세 종류로 만든 크림치즈 무스의 조화가 가히 환상적.

🅑 **2권** P.077 📍 **MAP** P.073G
📍 **찾아가기** 텐진 지하상가 동4 출구
💴 **가격** 230¥(1개)

하카타를 대표하는 투톱 만주

하카타 히요코 博多ひよこ

병아리 모양의 만주. 1912년에 탄생해
100년 넘는 세월 동안 맛과 모양이
그대로 유지되고 있다. 소가 가득
들어 있어 하나만 먹어도 요기가 되는
느낌. 차나 우유를 곁들이면 더 맛있다.
어르신들 선물용으로 좋다. 퍽퍽하고
목이 메는 느낌을 싫어한다면 사지
않는 것이 좋다.

하카타 토리몬 博多通りもん

히요코가 단단한 편이라면 토리몬은 빵이
얇고 소도 촉촉하고 부드러워 입안에서
사르르 녹는다. 소는 달달한 흰팥을
사용했는데, 많이 단 편이라 호불호가 갈린다.
모양은 히요코에 비해 평범해 인지도에서는
밀리지만 둘 다 먹어본 사람들은 토리몬에
한 표를 던진다. 벨기에에서 열린 몽드
셀렉션에서 17년간 금상을 수상했다

MANUAL 10 디저트 카페

바나나 초콜릿 팬케이크 1320¥

시아와세노 팬케이크
幸せのパンケーキ

오래 기다려도 괜찮아

일본 전역에서 인기 있는 팬케이크 전문 체인점. 폭신함과 부드러움의 끝판왕이다. 평일이든 주말이든 늘 대기 줄이 1층부터 2층까지 늘어서 있다. 그럼에도 가격은 저렴한 편이고 맛은 감동적이니 기다리는 보람이 있다. 가게 이름을 딴 팬케이크가 가장 인기이며, 생크림과 메이플 시럽만 곁들여도 맛있지만 아이스크림을 추가해 먹으면 더 맛있다.

◉ **2권** P.078 ◉ **MAP** P.072F ◉ **찾아가기** 텐진 역 2번 출구로 나와 우회전, 텐진요시토미 빌딩 2층 ◉ **가격** 시아와세노 팬케이크 1200¥, 바나나 초콜릿 팬케이크 1320¥

캠벨 얼리
キャンベル・アーリー

시폰 케이크 같은 부드러운

밀가루와 과일을 다루는 내공이 느껴지는 집이다. 후쿠오카산 밀가루로 반죽을 빚어 알맞게 구운 팬케이크 위에 제철 과일과 아이스크림까지 올려 내온다. 제철 과일로 만드는 파르페와 과일 칵테일도 맛있고, 팬케이크와 미니 파르페, 커피(홍차)로 구성된 세트 메뉴가 인기다.

◉ **2권** P.048 ◉ **MAP** P.042B
◉ **찾아가기** 아뮤플라자 하카타 9층
◉ **가격** 바나나 캐러멜 팬케이크 1298¥

바나나 캐러멜 팬케이크 1298¥

일본의 팬케이크는 그 식감이 마치 솜사탕이나 시폰 케이크와 같이 부드럽다.
뜨끈뜨끈한 팬케이크에 아이스크림이나 생크림, 버터 등을 곁들여 먹으면 여행의 고단함과 온갖 시름이 스르르 녹는다.

팬케이크 라떼 아트 커피세트 1300¥

카페 델 솔
Cafe del SOL

눈과 입이 즐거워

젊은 여성과 그들 손에 이끌려 온 남성이 대부분일 정도로 젊은이들 사이에서 한창 주목받는 곳이다. 인기 메뉴는 부드럽고 폭신한 팬케이크와 귀여운 라떼 아트 커피. 예쁘게 플레이팅된 모습이 SNS상에서 퍼지며 여심을 사로잡았다. 팬케이크만 해도 한 끼 식사로 충분할 만큼 양이 많고 커피 맛도 괜찮다. 한국어 메뉴는 없지만 메뉴판에 사진이 있어 주문하기 쉽다. 기본 15분은 줄을 서서 기다려야 한다.

ⓘ **2권** P.085 ⓜ **MAP** P.072J ⓒ **찾아가기** 텐진 지하상가 서10 출구에서 도보 5분 ⓨ **가격** 초콜릿 팬케이크 1320¥, 팬케이크 라떼 아트 커피 세트 1300¥

아이보리시
Ivorish

시폰 케이크 같은 부드러운

인기 절정의 프렌치토스트 전문점. 고객의 90%가 여성일 정도로 여성들에게 인기다. 모든 메뉴가 골고루 인기 있으며 계절마다 제철 과일로 만든 신메뉴가 꾸준히 나온다. 1층을 오픈 키친 겸 숍으로 꾸며놓았는데, 쿠키나 케이크 등 선물하기 좋은 상품도 판매하니 눈여겨보자.

ⓘ **2권** P.085 ⓜ **MAP** P.072F
ⓒ **찾아가기** 텐진 역 2번 출구에서 도보 5분
ⓨ **가격** 베리 딜럭스(하프 사이즈) 1200¥

베리 딜럭스(하프 사이즈) 1200¥

과일 타르트(한 조각) 630¥

키루훼봉
キルフェボン

달콤한 과일 타르트 한 조각

과일 타르트 전문점. 제철 과일을 듬뿍 올린 계절 한정 메뉴와 지점 한정 메뉴가 다양하고, 두세 달을 주기로 메뉴가 바뀐다. 값이 비싼 편이므로 한 조각을 먹어보고 더 주문하는 것이 좋다. 메뉴에 사진이 첨부되어 있어 주문하기는 비교적 쉽다. 선물용 과자도 인기 있다.

ⓑ **2권** P.077 ◎ **MAP** P.073K
◉ **찾아가기** 텐진미나미 역에서 도보 5분
ⓨ **가격** 과일 타르트 한 조각 860¥~(현금 결제만 가능)

긴노이로도리
銀の彩

이렇게 다양한 에클레르가!

'은의 채색'이라는 뜻의 이름을 가진 디저트 전문 카페. 제철 과일을 비롯해 큐슈에서 나는 식재료로 에클레르, 케이크, 쿠키 등 다양한 디저트를 만들어 판다. 이 중 특히 인기 있는 것이 에클레르. 녹차 맛, 크림 맛, 초콜릿 맛, 과일 맛 등 다양한 에클레르를 맛볼 수 있다. 가벼운 슈와 달지 않은 크림이 특징.

ⓑ **2권** P.143 ◎ **MAP** P.132
◉ **찾아가기** JR 유후인 역에서 도보 1분
ⓨ **가격** 에클레르 200~250¥, 음료와 에클레르 세트 400¥, 커피 250¥

프루츠 초콜릿 케이크 300¥

에클레르 250¥

후쿠오카에는 프랑스 블랑제리 만큼이나 맛있는 디저트로 가득하다. 보는 것만으로도 행복한 깜찍한 디저트. 어서 내 뱃속으로 꺼지라고!

149

과일 타르트(한 조각) 935¥

딸기 타르트(한 조각) 946¥

아 라 캉파뉴
A la Campagne ア・ラ・カンパーニュ

타르트의 천국

고베에 본점이 있는 인기 타르트와 케이크 전문점. 쇼케이스에 진열된 제철 과일을 듬뿍 올린 다양한 타르트가 눈길을 사로 잡는다. 베스트셀러인 과일 타르트는 싱싱한 과일을 아낌없이 넣어 만들었다. 맛도 맛이지만 한 조각이 큼지막해서 끼니로도 충분하다. 미츠코시 백화점 지하에도 매장이 있다.

ⓑ **2권** P.048 ⓜ **MAP** P.042B
ⓖ **찾아가기** 아뮤플라자 하카타 1층 ⓥ **가격** 블랜드 커피 550¥, 카페라테 660¥, 과일타르트 935¥

캐러멜 배 케이크 500¥

마들렌 300¥

파티시에 자크
ジャック

큐슈 최고의 파티시에가 있는 곳

빵과 케이크에 관심 있는 사람이라면 주목! 세계적인 파티시에 모임인 를레 디저트의 회원인 오츠카 요시나리의 베이커리 겸 카페다. 고급 케이크를 작은 조각으로 판매하며, 가게 한쪽에는 조용히 차를 마실 수 있는 살롱 드 떼도 마련돼 있다. 인기 메뉴는 캐러멜 배 케이크. 절인 배 조각이 들어 있어서 부드럽고 달콤하다. 시내에서 좀 떨어져 있지만, 대신 오호리 공원과 니시 공원 사이에 있어서 여유롭게 즐길 수 있다. 이와타야 본점 지하 2층에도 지점이 있다.

ⓑ **2권** P.109 ⓜ **MAP** P.104B
ⓖ **찾아가기** 오호리코엔 역에서 도보 6분
ⓥ **가격** 캐러멜 배 케이크 500¥, 마들렌 300¥, 마론 로얄 560¥

SHOPPIN

Shopping intro

알면 돈 되는 쇼핑의 기술 3

원하는 물건을 싼값에 손에 넣었을 때의 기쁨은 무엇과도 비교할 수 없다. 소소하지만 모이면
큰 힘이 되는 할인 정보와 '진작 알았더라면!' 하고 무릎을 탁 치게 하는 쇼핑의 기술을 소개한다.

쇼핑의 기술 1 일본 쇼핑의 재미,
소비세 8~10% 돌려받자!

Japan.
Tax-free
Shop

일본에서는 쇼핑 후 결제 총액이 일정액 이상인 경우 물건값에 포함된 소비세를 바로 돌려준다. 일본은 공항에서 환급받는
시스템이 아니라 구입한 당일, 해당 상점에서 택스 리펀드를 받는 구조라 훨씬 편하다. 게다가 2022년 10월부터 면세 수속
전자화로 변경돼, 면세 데스크에서 결제 시 여권을 제시하면 바로 면세 금액을 빼고 계산된다. 여권에 영수증도 붙여주지
않는다. 단, 먹고 마시는 데 든 비용과 관광 명소의 입장료 등 그 나라에서 소비한 것은 택스 리펀드 대상이 아니다.

일본 소비세, 8%, 10%?

편의점이나 마트, 기타 상점에서 구입하는 음식료품을 제외한 나머지 품목은 10%라 생각하면 쉽다. 알코올이 들어간 음료는
10%(무알콜 맥주는 8%), 의약품, 화장품, 장난감, 각종 의류는 10% 소비세가 붙어서 그만큼 환급된다.

소모품, 비소모품, 구분해야 해?

소비세 환급 기준은 종전과 동일하다. 종전처럼 소모품과 비소모품 각각 총액이 5000¥(세금 제외) 이상이면 소비세가 면제되고,
돈키호테의 경우 소모품과 비소모품 구분 없이 합산해 5000¥(세금 제외) 이상이면 면제 가능이다. 단 소모품과 비소모품을 한
번에 포장해 일본 내에서 사용을 금한다. 단, 식품, 음료, 의약품, 화장품 등의 소모품은 50만¥ 이하만 면세를 받을 수 있다.
√ **소모품** 동일 매장에서 1일 및 1인당 합계 구입금액이 5,000~50만¥(식품, 음료, 의약품, 화장품 등)
√ **비소모품** 동일 매장에서 1일 및 1인당 합계 구입금액이 5,000¥ 이상

택스 리펀드 무작정 따라 하기

택스 리펀드 준비물 ❶ 구매한 상품 ❷ 여권(입국 스탬프 필요) ❸ 구매한 영수증 ❹ 지불한 카드   * ❷~❹는 명의가 일치해야 한다.

STEP 1	STEP 2	STEP 3	STEP 4	STEP 5
상품을 구매한 후 면세 카운터를 찾아간다. (당일 본인이 가야 가능)	지참한 준비물을 카운터에 제시한다.	구매자 서약서에 사인한다.	상품 구매가에 포함된 세금을 엔화로 환급하고 영수증을 여권에 붙여준다. 상점에 따라 면세 수수료를 제하고 돌려주기도 한다.	지정된 봉투에 넣어 포장한 구매 물품과 여권에 부착된 영수증은 훼손되지 않도록 주의해야 한다. 영수증은 출국 시 세관에 제출한다.

✔ **엔화 or 원화 결제?** 해외여행 가서 신용카드로 물건을 산 경우 원화로 결제하는 것보다 현지 통화로 결제하는 편이 유리하다.

짐 부치고 홀가분하게
여행하자

우체국 이용

여행하는 도중에 이것저것 쇼핑해 짐이 늘면 그 때문에 애를 먹게 된다. 짐에
치이다 보면 여행 기분을 망치기 십상. 이럴 때에는 여행 중이라도 우편으로
짐을 부치자. 일본의 경우 배편이 시간이 좀 걸리기는 하지만 저가 항공 이용 시
추가 비용과 비교해 비슷하거나 저렴할 뿐 아니라 공항까지 들고 가는 수고를
덜 수 있어 편하다. 게다가 하카타 우체국과 후쿠오카(텐진) 중앙우체국은 시간
외 운영 부스가 마련돼 있어 실질적으로 24시간 이용할 수 있다.

배편으로 짐 부치기 무작정 따라 하기

해외 우편 전용 창구에서 상자를
구입한다. 이때 'parcel by ship'
이라고 하거나 '후바잉'이라고 하면
소포 용지를 함께 준다.

소포 용지에 영문 주소와 품명 등을
자세히 기록한다. 보내는 사람 주소는
호텔 주소를 써도 된다.

물건을 꼼꼼히 포장한다.

무게를 달고 우편 요금을 낸다.
단, 현금 결제만 가능하다.

PLUS TIP

01 소포는 도착할 때까지 한 달 정도 걸린다.
따라서 변질되거나 급히 써야 하는 물건은 안
되고, 무게가 덜 나가더라도 여행에 방해되는
물건을 부치는 것이 좋다.

02 업무 시간 이외에는 시간 외
운영 부스에서 우편물을 접수할 수 있다.

하카타 우체국

◉ **MAP** P.042F
◉ **찾아가기** JR 하카타 역 하카타 출구로 나와 왼쪽 키테 옆 건물 JRJP 하카타 빌딩 1층
◉ **주소** 福岡県福岡市博多区博多駅前8-1 ☎ **전화** 092-431-6787
◉ **시간** 09:00~19:00(토요일은 ~17:00, 일·공휴일은 ~12:30), 영업시간 이후 시간 외 부스 이용
◉ **휴무** 연중무휴

후쿠오카 중앙우체국

◉ **MAP** P.073C
◉ **찾아가기** 텐진 지하도 동1b 출구로 나가면 바로 ● **주소** 福岡県福岡市中央区天神4-3-1
☎ **전화** 092-713-2414 ◉ **시간** 09:00~19:00(토요일은 ~17:00, 일·공휴일은 ~12:30),
영업시간 이후 시간 외 부스 이용 ◉ **휴무** 연중무휴

✔ 무게당 배편 요금

1kg 이하	1800¥
2kg 이하	2200¥
3kg 이하	2600¥
4kg 이하	3000¥
5kg 이하	3400¥
6kg 이하	3800¥
7kg 이하	4200¥
8kg 이하	4600¥
9kg 이하	5000¥
10kg 이하	5400¥
15kg 이하	7400¥
20kg 이하	9400¥
30kg 이하	13400¥

쇼핑의 기술 3

마지막 쇼핑 찬스를 놓치지 말자!
공항 면세점 인기 쇼핑 품목 BEST 6

여행 마지막 날. 원 없이 먹고 볼 것도 다 봤다 싶은데, 아차! 선물 사는 걸 깜빡했다.
게다가 환전해둔 돈도 애매하게 남았다면 공항 면세점이 해결책. 어떤 물건을 사 가야 환영받을까?
이럴 때에는 인기 품목만 사도 절반은 성공.

감자칩 초콜릿
800¥

생초콜릿(마일드 카카오
マイルドカカオ / 오레 오ーレ /
화이트 ホワイト) 800¥

1 로이즈 초콜릿 ROYCE

진열을 전담하는 직원의 고군분투도
사방에서 뻗치는 손길에는 역부족.
진열하는 족족 집어 드는 통에 예쁘게
진열된 모습을 보지 못했다. 하기야
'쫀득한 촉감을 느낄 새도 없이 사르르
녹아 없어지는 맛에 빠지면 그럴 수
있지'. 그 마음 이해가 간다. 이곳에선
먼저 집는 사람이 임자. 요청하면 보냉
포장을 해준다. (100¥)

＊겉면에 'Liquor Free'라고
표기된 제품만 알코올이
들어 있지 않다.

8개입 1080¥
12개입 1600¥

2 도쿄 바나나 東京ばな奈

도쿄의 명물로 요즘은 '일본 여행의 증표'쯤으로
여기는 분위기. 시폰처럼 보들보들한 빵 속에
바나나 맛이 나는 크림이 가득 들어 있어
한 번 맛보면 중독되기 십상. 낱개로 포장돼 있어
선물로도 좋다.

3

히요코 만쥬 名菓ひよ子

일명 '병아리 빵'으로 유명한 과자.
1912년에 후쿠오카현에서 탄생해
지금은 일본을 대표하는 과자가
됐다. 맛은 흔히 먹는 밤빵과
비슷하다.

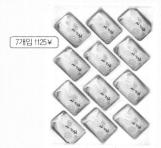

7개입 1125¥

4

후쿠사야 카스텔라 福砂屋 カステラ

나가사키 카스텔라의 원조로 알려진
'후쿠사야'도 면세점에 들어와 있다.
원조의 맛을 그대로 느낄 수 있는
오리지널 카스텔라는 쫀득쫀득한
식감 덕에 한국인에게도
인기 있다.

0.6호 1100¥

5

시로이 고이비토 白い恋人

우리나라의 쿠크다스와 맛이 비슷한
과자. 쿠크다스에 비해 초콜릿이 훨씬
많이 들어 있고 좀 더 부드러워 누구나
맛있게 먹을 수 있다. 초콜릿 맛에 따라
화이트, 다크로 나뉘며 두 가지 맛이
섞인 제품도 있다. 낱개로 고급스럽게
포장돼 있어 선물용으로 좋다.

12개입 880¥
18개입 1320¥

6

1620¥

르타오 더블프로마주 더블 LeTAO Fromage Double

살살 녹는다는 것이 어떤 건지 생생하게 느끼게 한다.
홋카이도산 우유로 만든 부드럽고 가벼운 크림 맛도
일품이다. 치즈 케이크 잘 먹고 일본 베이커리 좋아하는
사람에겐 이만한 선물이 없다.

현지인의 진짜 삶을 만나다

"후쿠오카에도 전통 시장이 있어?" 후쿠오카 시장 이야기를 하면 반응이 대개 이럴 것이다.
사람 사는 곳이 다 비슷하듯, 후쿠오카에도 현지인의 삶을 엿볼 수 있는 크고 작은 시장이 여기저기
숨어 있다. 단, 우리나라 시장처럼 북적이는 분위기는 아니다.

> 후쿠오카 시장은
> 평일 낮에 문을 닫는 가게가
> 많다. 주부들이 저녁 찬거리를
> 준비하는 평일 늦은 오후나
> 토요일 점심 무렵에
> 찾아가자.

QUESTION
내게 맞는 전통 시장을 찾아라!

후쿠오카
사람들의
삼시 세끼가
궁금하다면

A
미노시마
시장

현지인이 찾는
투박한 맛집과
가게에
가보고 싶다면

B
나가하마
수산시장

왁자지껄한
도매 시장 분위기,
신선한 해산물을
만나고 싶다면

C
야나기바시
연합시장

100여 년의
역사를 가진
전통 시장이
궁금하다면

D
가와바타
상점가

후쿠오카 사람들은
무얼 먹을까?

야나기바시 연합시장

柳橋連合市場

볼거리	먹거리	접근성	혼잡도
📷	🍴	🔄	🔲
★★★★	★★★★	★★★★	★★★

항구도시의 시장답게 입구부터 비릿한 생선 냄새가 풍긴다. 규모는 크지 않지만 '하카타의 부엌'이라고 불릴 만큼 현지인들에게 필요한 가게가 모두 모여 있다. 생선 가게에서는 신선한 해산물뿐 아니라 끼니가 될 만한 초밥과 손질한 횟감도 판다. 그러나 시장이 내세우는 '무지 활기차고 무지 신선함'이라는 캐치프레이즈는 좀 과장된 면이 있는 듯싶다.

후쿠오카 ⑥ 2권 P.101 ⊚ MAP P.095H
ⓖ 찾아가기 와타나베도리 역에서 도보 3분
ⓣ 시간 08:00~18:00(가게마다 다름)
ⓗ 휴무 일요일, 공휴일

✔ 매년 11월 첫째 주 일요일에는 야타이(포장마차)와 각종 공연이 열리는 시장 축제 '우마카몬 마츠리(うまかもん祭り)'가 열린다.

⊕ ZOOM IN

다카시마야 과자점
高島屋菓子舗

레몬 케이크
100¥

옛날 빵집이다. 세련되진 않지만 추억을 불러일으키는 빵들로 가득하다. 가격은 80~300엔으로 저렴한 편. 인기 메뉴인 닭튀김 패티가 들어간 버거는 하루에 한정 수량만 판매한다.

ⓣ 시간 08:00~18:00

베니스 카페 喫茶ベニス

인테리어부터 음식까지 제대로 클래식한 옛 모습을 간직한 카페다. 사이폰 커피로 유명하며, 팬케이크, 토스트, 나폴리탄 등 간단한 식사도 판매한다. 메론 소다도 맛있다.

ⓣ 시간 10:00~18:00

타카마츠노 가마보코
高松の蒲鉾

하나에 35~150¥ 하는 어묵을 골라 살 수 있다. 다양한 재료로 만든 갖가지 어묵을 구경하는 재미가 쏠쏠하다.

ⓣ 시간 05:00~18:00

요시다 센교텐 吉田鮮魚店

식당을 겸업하는 생선 가게다. 1층 생선 가게에서 이곳에서 주문한 뒤 2층 식당에서 먹으면 된다. 생선튀김(혹은 닭튀김)과 회덮밥 세트를 추천. 갓 잡아 올린 듯 신선한 회는 쫄깃한 식감을 자랑하며, 두툼하고 양도 엄청나 시장 특유의 넉넉한 인심을 느낄 수 있다.

회덮밥 세트 900¥

ⓣ 시간 11:00~15:30(식당)

02

전통 공예품과 현지인이
찾는 맛집이 있는 곳

가와바타
상점가
川端商店街

볼거리	먹거리	접근성	혼잡도
○	🍴	🔁	🛏
★★★	★★★	★★★★★	★★★★

대형 쇼핑센터인 캐널시티와 세련된 리버레인몰. 지극히 현대적인 이 두 건물 사이에 분위기가 완전히 다른 '가와바타 상점가'가 펼쳐진다. 현지인의 삶을 고스란히 느낄 수 있는 시장으로 일본 전통 공예품을 파는 가게를 비롯해 옷 가게, 식료품점, 음식점 등 다양한 점포가 자리 잡고 있다. 간판도 제대로 없는 식당들은 어느 집에 들어가도 기본 이상의 내공이 느껴진다.

후쿠오카 📖 2권 P.067 ⊙ MAP P.056E
◎ **찾아가기** 나카스가와바타 역
🕐 **시간** 가게마다 다름
⊖ **휴무** 가게마다 다름

🔍 ZOOM IN

가와바타 단팥죽 광장
川端ぜんざい広場

시장 중앙에 있는 관광안내소 겸 단팥죽 전문점. 평일에는 안내소로 운영하고, 일주일에 금·토·일요일 단 3일만 단팥죽을 판다. 1910년대에 문을 열어 하카타 3대 명물 중 하나로 자리 잡은 유서 깊은 곳이다. 맛은 달짝지근한 단팥죽 본연의 맛에 충실하다. 데우기만 하면 먹을 수 있게 포장해 팔기도 한다.

🕐 **시간** 11:00~18:00
(금·토·일요일,
공휴일만 영업)

단팥죽 한 그릇 500¥

하카탄 사카나야고로
博多ん肴屋 五六桜

백종원의 〈스트리트 푸드 파이터〉 후쿠오카편에 등장한 맛집이다. 후쿠오카 지역 음식인 모츠나베와 미즈타키, 고마사바(참깨 고등어회), 교자 등을 판매한다. 가장 인기 있는 메뉴는 미즈타키로, 맑은 국물에 닭고기와 채소가 잘 어우러져 있다. 면 사리 추가를 추천한다.

🕐 **시간** 11:30~14:00,
18:00~22:00, 일요일 휴무

하카타 라멘 하카타야
博多ラーメン はかたや

연중무휴로 하루 24시간 영업하는 저렴한 라멘집. 300~500¥에 국물이 진한 라멘과 교자(만두)를 맛볼 수 있다.

> 🕐 **시간** 24시간, 연중무휴

이소마루 수산 磯丸水産

가성비 좋은 해물 포차로, 오사카와 도쿄 등에서도 맛집으로 유명한 체인점이다. 메뉴당 399~988¥ 정도의 저렴한 가격으로 싱싱한 해산물을 맛볼 수 있다. 나카스강 바로 옆에 위치해 분위기가 좋다.

> 🕐 **시간** 24시간

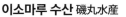

만푸쿠테이
まんぷく亭

양배추와 돼지고기를 기름에 볶아 철판에 담아 내오는 집. 인기 메뉴는 단연 철판불고기(780¥). 맥주와 같이 먹으면 더 맛있다.

> 🕐 **시간** 화~토요일 11:30~21:30,
> 일요일·공휴일 11:30~19:30,
> 월요일 휴무

도산코 라멘
どさんこ

하카타에서 몇 안 되는 홋카이도 라멘집이다. 미소라멘은 특유의 돼지 냄새가 없고 짜지 않아 라멘을 좋아하지 않는 사람도 반할 정도. 고슬고슬한 볶음밥도 인기 있다.

볶음밥 600¥

미소라멘 600~800¥

> 🕐 **시간** 11:15~19:55, 매주 화요일,
> 셋째 주 월요일 휴무

커리혼포 본점
伽哩本舗 本店

뚝배기에 담겨 나오는 구운 카레가 별미. 토핑을 추가해 먹으면 더 맛있다. 점심 메뉴로 '오늘의 런치' 메뉴가 있는데 원하는 메뉴를 900¥에 판매하며, 추가 선택으로 토핑과 후식, 커피 등을 고르면 저렴한 가격에 제공한다.

> 🕐 **시간** 11:00~18:30, 목요일 휴무

아지도코로 이도바타
味処 井戸端

저녁에는 이자카야로 운영하지만 점심때에는 하카타 전통 음식을 선보인다. 오후 12시부터 2시까지 런치타임에 닭 육수 라멘을 파는데, 육수가 짠편이지만 중독되는 맛이다.

> 🕐 **시간** 12:00~22:00, 월요일 휴무

03
떠들썩한 하카타항
생선 경매 시장

나가하마 수산시장
長浜鮮魚市場

볼거리	먹거리	접근성	혼잡도
📷	🍴	🔄	💬
★★★	★★★★	★★	★★★

1955년에 문을 연 니가하마수산시장은 매일 활기찬 수산물 경매가 이뤄지는 도매시장이다. 도매시장은 일반인은 입장할 수 없지만, 견학자 통로가 따로 있어서 시장의 일부를 견학할 수 있다. 또한 시장 1층에는 이곳에서 판매되는 생선정식, 회전초밥 등의 식당이 여러 곳 있는데, 도매시장 특성상 아침 6시부터 문을 열어서 아침식사 때부터 붐빈다. 체험공간인 '물고기 친구 플라자(魚っちんぐプラザ)', 시장회관 13층 전망 플라자도 함께 둘러볼 수 있다.

후쿠오카 ⓑ 2권 P.121 ⓜ MAP P.115K
ⓖ 찾아가기 아카사카역에서 도보로 10분
ⓣ 시간 화, 수, 목09:00~17:00(수산시장), 가게마다 다름 ⓗ 휴무 월, 금, 토, 일(수산시장), 가게마다 다름

⊕ ZOOM IN

오키요
おきよ食堂

시장 안에 위치한 식당 중 가장 인기 있는 식당이다. 참치머리 구이, 참깨 고등어(고마사바)와 해산물 덮밥이 가장 인기다. 합리적인 가격의 정식도 판매한다.

⏱ 시간 08:00~14:30, 18:00~22:00

우오타츠 스시
市場ずし 魚辰

나가하마수산시장 내에 위치한 회전초밥집이다. 가격은 한 접시에 115¥~575¥ 정도. 저가 회전초밥집은 아니지만 생선 퀄리티 대비 가격이 저렴한 편. 한국어 메뉴판이 준비돼 있다.

⏱ 시간 평일 09:30~20:30, 일요일 11:00~08:30 휴무 수요일

시민 감사데이 市民感謝デー

한 달에 한 번, '시민 감사데이'라는 이름으로 월 1회 일반인들도 입장할 수 있는 날이 있다. 가장 인기 있는 행사는 참치 해체 경매쇼로, 참치 한 마리 전체를 현장에서 해체한 후, 가장 좋은 부위는 가장 합리적인 경매가를 제시한 사람에게 낙찰되는 과정을 볼 수 있다. 생선 손질 체험, 어린이 초밥 만들기 체험 등의 프로그램도 마련된다. 시민 감사데이는 보통 토요일에 열리며, 날짜는 매달 홈페이지를 통해 공개한다.

04

쇼와 시대 정취가
배어 있는 시장

미노시마
시장
美野島商店街

볼거리　　먹거리

📷　　　🍴

★★★　　★★★

접근성　　혼잡도

🔄　　　🔲

★★★　　★★

원조 '하카타의 부엌'이라고 불리는 시장이다. 슈퍼마켓, 과일 가게, 생선 가게, 꽃집, 소박한 식당과 빵집 등이 들어서 있다. 야나기바시 연합 시장보다 규모가 크지만 그에 비해 오래된 가게들이 많아 구경하는 재미가 있다. 역사가 대개 20~30년을 훌쩍 넘기고 길게는 100년 가까이 된 가게도 있을 정도.

후쿠오카 📖 2권 P.099 🎯 MAP P.095L 🚩 찾아가기 하카타 역에서 도보 15분
🕐 시간 가게마다 다름 🚫 휴무 가게마다 다름

카도야 식당 かどや食堂

무려 90년의 역사를 자랑하는 이 시장의 터줏대감. 우동과 돈카츠 정식, 유부초밥 등을 선보이는데, 맛은 가게의 분위기처럼 수수하다. 돈카츠 정식 500¥, 여름 한정 아이스크림은 단돈 50¥.

🕐 시간 11:00~19:00(L.O 18:30),
화요일 휴무

05

가장 북적이는 시장이자
드러그스토어 천국

니시진
중앙상점가
西新中央商店街

볼거리　　먹거리

📷　　　🍴

★★★　　★★★

접근성　　혼잡도

🔄　　　🔲

★★★　　★★★★

후쿠오카 시내에서 좀 떨어진 곳에 있어 관광객이 찾아가기에는 약간 불편하지만, 시장 규모도 크고 물건의 종류가 다양해 제법 '시장다운' 느낌이 나는 곳이다. 다만 대부분의 가게가 드러그스토어와 파친코다. 그나마 과일 가게, 옷 가게, 음식점, 반찬 가게, 꽃집 등이 있고, 거리 중앙에는 리어카 가판대가 늘어서 있다.

후쿠오카 📖 2권 P.123 🎯 MAP P.123 🚩 찾아가기 니시진역 바로 앞 🕐 시간 가게마다 다름 🚫 휴무 가게마다 다름

호라쿠 만주 蜂楽饅頭

니시진 중앙상점가의 명물인 '호라쿠 만주' 후쿠오카 본점이다. 흰팥 소가 든 것과 검은팥 소가 든 것 두 종류를 판다. 단맛이 강한 홋카이도산 팥을 사용한 것이 특징. 가격도 110¥으로 저렴해 박스 단위로 사기에 부담 없다.

🕐 시간 10:00~18:00, 화요일 휴무

일본 진짜 명품 찾아, 오픈런!

후쿠오카는 면세 쇼핑족들에게는 성지나 다름없다.
인기 있는 브랜드를 구입만을 노리고 당일치기로 다녀오는 관광객이 있을 정도.
그들이 원하는 명품 브랜드부터, 일본에서만 만날 수 있는 명품 라이선스 제품까지
백화점을 돌아볼 이유는 충분하다.

백화점 쇼핑 인기 브랜드 · 아이템

Best 7

1 꼼데가르송 포켓		이와타야 백화점
2 이세이 미야케, 옴므플리츠		한큐백화점, 이와타야 백화점
3 샤넬		다이마루 백화점
4 빔즈(편집숍)		파르코
5 비비안 웨스트우드		한큐백화점, 다이마루 백화점
6 명품 라이선스 손수건, 스타킹		모든 백화점 1층
7 갸토 러스크, 도지마롤 등 일본 유명 디저트		모든 백화점 지하 1층

✔ 명품을 소품으로 만나자!

단돈 1000¥에 명품을 소유할 수 있다? 일본 백화점에서는 비비안 웨스트우드,
지방시, 폴로(폴로 랄프 로렌), 캘빈 클라인, 랑방 등 라이선스 계약을 맺은
명품 브랜드의 이름으로 손수건, 장갑, 스타킹, 양말 등을 만들어 판다. 가격은
손수건이 1000¥부터, 스타킹은 1500¥부터로, 브랜드 명성에 비해 매우 저렴한
가격에 판매해 선물용으로 인기. 매장에 요청하면 포장도 할 수 있다.

후쿠오카에 온 사람들은 누구나 거쳐 간다는 하카타 역 역사인 JR 하카타시티에 위치한 백화점이다. 아뮤플라자, 아뮤이스트, 도큐핸즈, 마루이 등 다른 쇼핑센터와 이어져 있어서 그야말로 원스톱 쇼핑이 가능하다. 한큐백화점은 해외 명품부터 세계에서 주목받는 일본 명품 브랜드, 요즘 유행하는 트렌디한 브랜드까지 골고루 갖춰놓아 한국 여행자 사이에서도 인기가 높다. 특히 2층은 젊은 남성들이 좋아하는 패션과 잡화를 모아놓은 멘즈 크리에이터가, 3층은 젊은 여성들을 위한 하카타 시스터즈가 자리를 잡아 백화점의 고루한 이미지를 탈피했다. 1층 화장품 매장은 후쿠오카 최대 규모이며, 지하 식품 매장은 도쿄·오사카 인기 디저트는 물론이고 큐슈 명물을 모두 만날 수 있다.

후쿠오카 📖 2권 P.050 ⊙ MAP P.042F ◉ 찾아가기 JR 하카타 역사 내

✔ 쇼핑 전 체크하세요

01 1층 인포메이션 센터에서 여권을 제시하면 5% 할인 쿠폰을 받을 수 있다.
02 면세 수속은 10:00~12:00 1층 인포메이션센터에서, 12:00~20:00 M3층(2층과 3층 사이) 소비세 면속 수속 카운터에서 가능하다.

✔ 놓치지 말자! 이 브랜드

이세이 미야케의 세 브랜드
일본을 대표하는 디자이너 중 한 명인 이세이 미야케의 인기 브랜드 숍, 플리츠플리즈·미·바오바오 이세이 미야케를 만날 수 있다. ◉ **위치** 1, 5층

멘즈 크리에이터
하카타 시스터스에 이어 2층에 크리에이티브한 남성들을 위한 플로어를 만들었다. 디젤, 옴므 플리세 이세이 미야케, 비비안 웨스트우드 맨, Y-3, 요지 야마모토 등 일본에서만 만날 수 있는 유니크한 명품 남성 브랜드들이 입점돼 있다.
◉ **위치** 2층

일본 디자이너 브랜드 쇼핑의 메카

2 이와타야 백화점
岩田屋本店

큐슈 최초의 터미널 백화점으로 후쿠오카 텐진에 문을 열어 70여 년간 그 자리를 지켜온 후쿠오카 대표 백화점이다. 명성에 걸맞게 쟁쟁한 브랜드의 매장이 들어서 있다. 지하 2층, 지상 7층 규모의 본관과 지하 2층, 지상 8층 규모의 신관, 2개 동으로 이루어져 있으며, 일본 인기 디자이너 브랜드와 라이선스 브랜드, 명품 브랜드, 인기 로컬 브랜드 매장이 두루 포진해 있다. 특히 꼼데가르송은 꼼데가르송 포켓을 비롯해 6개 라인을 갖추고 있고, 이세이 미야케의 인기 라인도 4개나 있다. 또 세계적인 일본 디자이너 요지 야마모토의 브랜드도 있으니 쇼핑을 목적으로 후쿠오카에 온 관광객이라면 꼭 들러야 하는 곳이다.

✔ 쇼핑 전 체크하세요

신관 1층 면세 카운터에서 게스트카드를 발급받으면 전 매장에서 5% 추가 할인을 받을 수 있다.

후쿠오카 ⓑ 2권 P.080 ⓜ MAP P.073G ⓢ 찾아가기 텐진 역, 텐진미나미 역 도보 5분

✔ 층별 주요 브랜드

본관

7F	스페셜 이벤트 홀
6F	유아·장난감·남성 캐주얼·골프
5F	**신사복·잡화** 아르마니 꼴레지오네 블랙 라벨 크레스트브리지, 꼼데가르송, 폴 스미스 컬렉션 스톤 아일랜드, 프라다, 랄프로렌, 몽블랑, 매킨토시 런던, 준야 와타나베
4F	**여성복/** 아네스 B. 페미닌, 아네스 B. 보야지, 이세이 미야케 미·플리츠플리즈 이세이 미야케, 요지 야마모토, 45R, 매킨토시 런던
3F	**여성복 남성복/** 아크네 스튜디오, 엠포리오 아르마니, 메종 키츠네, 마크 제이콥스, 폴로 랄프 로렌, 사카이, 언더커버, 비비안 웨스트우드, Y's, 준야 와타나베
2F	**여성복/** 블랙 꼼데가르송, 버버리, 코치, 랄프로렌, 훌라, 토리버치
1F	**명품/** 꼼데가르송 포켓, 디올, 구찌, 돌체앤가바나, 에르메스
B1F	식품관
B2F	레스토랑

신관

8F	헤어 살롱
7F	레스토랑 e.a.t 파라다이스
6F	리빙·공예·안경
5F	라이프 스타일 랄프로렌 홈
4F	**여성복** 막스마라, 로로피아나
	보석·시계 쇼메, 오메가, 피아제, IWC
3F	**명품 의류** 끌로에, 꼼데가르송(여성), 질 샌더 생 로랑, 스텔라 맥카트니, 마르니
2F	**명품 잡화** 바오바오 이세이 미야케, 펜디, 발렌시아가, 버버리, 셀린느, 지미추
1F	화장품·면세 카운터
B1F	신발
B2F	리빙

꼼데가르송 포켓

본관 1층에 있는 꼼데가르송 포켓은 팝업 스토어라 오해할 정도로 작고 애매한 위치에 있고 물건도 많지 않아 금세 매진되곤 한다. 그러나 후쿠오카 백화점에 입점된 유일한 매장이며, 가격도 국내에 비해 20~30% 저렴하다. 원하는 아이템이 있으면 입고 날짜를 미리 알아보고 가자.
☺ **위치** 본관 1층

꼼데가르송 고급 라인

꼼데가르송이라 하면 대개 꼼데가르송 포켓을 떠올리지만 꼼데가르송은 10여 개의 라인을 가지고 있다. 이와타야 백화점에 그중 고급 라인인 블랙 꼼데가르송, 준야 와타나베 등 다양한 라인이 입점해 있다. 비싸긴 하지만 패션에 관심이 있다면 한 번쯤 둘러보자.
☺ **위치** 본관 2, 3, 5층, 신관 3층

요지 야마모토 라인

'깔끔하고 깨끗한 룩만큼 심심한 것은 없다'는 문구가 적힌 라벨을 옷에 붙일 정도로 독특한 패션관을 가진 세계적인 디자이너 요지 야마모토가 이와타야 백화점에 두 개의 라인을 입점시켰다. 메인 라인인 Y's와 블랙 컬러를 기본으로 하는 요지 야마모토다.
☺ **위치** 신관 3, 4층

질 샌더 네이비

질 샌더가 소비자에게 더 편안하게, 더 부담 없이 다가가기 위해 만든 세컨드 브랜드. 질 샌더 네이비는 독일 브랜드지만 일본에서 먼저 론칭했을 정도로 일본과 인연이 깊다. 질 샌더 네이비는 질 샌더의 시크한 느낌을 유지하면서도, 편안하고 스포티한 스타일이 특징이다. 질 샌더보다는 젊은 층을 겨냥하며, 가격은 절반 정도다.
☺ **위치** 신관 3층

사카이

꼼데가르송에 다니던 디자이너 아베 치토세가 런칭한 브랜드로, 현재 일본을 대표하는 패션 브랜드로 여성·남성 라인이 두루 사랑받고 있다. 나이키, 노스페이스, 애플, 디올 등 다양한 브랜드와 콜라보로 국내에서도 인지도가 높다.
☺ **위치** 본관 3층

이세이 미야케 라인

바오바오 이세이 미야케는 백화점에서도 구입할 수 있지만, 매장 규모나 제품의 종류와 양에서 이와타야 백화점이 압도한다. 맘 편하게 구입하려면 이곳으로 가자. 플리츠플리즈, 이세이 미야케 미 등도 있어 함께 둘러보기 좋다.
☺ **위치** 본관 4층, 신관 2층

남들과 다른 제품을 원한다

파르코

PARCO

색깔이 분명한 젊은 백화점이다. 본관, 신관 두 동으로 이루어진 공간에 유명 브랜드나 고가의 명품보다는 일본 주요 편집 매장이나 인테리어 리빙 숍, 로컬 브랜드가 모여 있다. 두 동이 지하 1층, 5층과 4층, 7층과 6층처럼 다른 층끼리 이어져 있어서 쇼핑할 때 주의해야 한다. 최고 인기 편집숍 빔스, 프릭스 스토어, 인기 캐릭터 숍 '텐진 캐릭터 파크', 리빙 & 인테리어 숍 '프랑프랑' 등이 있어서 쇼핑 목적으로 후쿠오카에 온 사람이라면 꼭 들르게 된다. 지하 1층의 푸드 코트 '오이치카'에는 후쿠오카를 비롯한 큐슈의 맛집이 모두 모여 있다. 이마리큐 햄버그스테이크로 문전성시를 이루는 '기와미야(極味や)', 하카타의 명물 하카타 한입 교자의 주인공 '테츠나베(鉄なべ)'의 음식을 맛볼 수 있으며, 후쿠오카와 큐슈의 특산물이 모인 '더 텐진(THE 天神)'도 인기다.

후쿠오카 ⓘ **2권** P.080 ⓞ **MAP** P.073G ⓞ **찾아가기** 텐진 지하상가 서3b~서4, 갓파노이즈미(かっぱの泉) 출구, 텐진 역 서쪽 출입구

✔ 놓치지 말자! 이 브랜드

저널 스탠다드
일본의 고급 편집 매장. 프랑스, 이탈리아, 영국 등 유럽 캐주얼 의류가 많으며 자체 생산 제품도 눈에 띈다. 1층에 남성복, 2층에 여성복이 있으며, 5층에는 가구도 있다. ⓞ **위치** 본관 1, 2, 5층

빔즈
세계의 유명한 캐주얼 의류를 모아놓은 일본 내에서 명성이 자자한 셀렉트 숍. 아메리칸 캐주얼 라인이 특히 인기인데, 디자인이 독특한 상품이 많으며 요즘 유행하는 아이템도 모두 만날 수 있다. 패션뿐 아니라 인테리어 잡화도 취급한다. ⓞ **위치** 신관 1, 2층

4 미츠코시 백화점

시내 면세점이 9층에

福岡三越

일본의 유서 깊은 백화점 브랜드지만, 미츠코시 후쿠오카점은 2, 3층에 버스터미널이 끼여 있어서 쇼핑하기에 불편하다. 게다가 지하 1층은 '라시크 후쿠오카 텐진(LACHIC 福岡天神)'이 한 층을 다 쓰고 있고, 9층은 시내 면세점이다. 바로 옆 이와타야 백화점과 같은 그룹 계열사이다 보니 브랜드도 나누어 배치했다. 랑방 라인을 다양하게 만날 수 있으며, 그 외 라이선스 브랜드도 입점돼 있다. 3층의 갭 매장이나 라코스테 매장은 유아와 어린이 제품뿐 아니라 여성복과 남성복까지 갖추어 온 가족이 쇼핑하기 편리하다. 9층에는 갤러리가 있어 다양한 문화 관련 전시가 열리며, 지하 2층의 식품관에는 다양한 신선 식품과 유명 제과 브랜드가 있다.

후쿠오카 ⓘ 2권 P.078 ⓜ MAP P.073K ⓖ 찾아가기 니시테츠 후쿠오카(텐진) 역과 연결, 텐진 지하상가 서5 출구

후쿠오카에서 유일하게 샤넬 매장이 있는 백화점이다. 샤넬을 비롯해 루이 비통, 까르띠에 등 대부분의 고급 명품 브랜드 매장이 자리하고 있다. 이 밖에 폴로 랄프 로렌, 폴 스미스, 랑방 컬렉션 등 세계적인 브랜드의 매장으로 채워져 고급스럽다. 본관과 동관 두 곳으로 나뉘어 있으며 본관은 여성복, 신사복, 인테리어, 생활 잡화 중심이고, 동관은 영 브랜드, 화장품, 해외 브랜드로 구성돼 있으며 지하 2층과 3층에서 연결된다. 지하에는 한큐 백화점 못지않은 유명 식품관이 들어서 있으며, 생활 잡화 전문 숍인 '애프터눈 티'도 있어서 쇼핑하는 즐거움을 더한다. 8층 행사장에서는 시즌에 따라 특별 할인전을 개최한다.

후쿠오카 ⓘ 2권 P.080 ⓜ MAP P.073K ⓖ 찾아가기 텐진 지하상가 동9 출구

다이마루 백화점

명품을 둘러보고 싶다면 이곳으로

大丸 福岡天神店

✔ 쇼핑 전 체크하세요

면세 카운터는 동관 5층에 있다.

핫한 패션 브랜드는
이곳에 다~ 있다!

다이묘

텐진 뒤편, 아카사카와
이마이즈미에 둘러싸인
곳으로 서울의 홍대나
이태원 거리를 떠올리게
한다. 빈티지 숍과 스트리트
패션, 디자이너숍 등이
다양하게 들어서 있어서
패션피플이라면 반드시
찾아가는 골목이다.
트렌디한 맛집도 많으니 요즘
가장 핫한 지역답다.

 챔피언
Champion チャンピオン
매장은 작지만 흐뭇한 가격에 원하는
제품을 구입할 수 있다.

 래그태그
Rag tag
일본 대표 빈티지 프랜차이즈. 디자이너
브랜드 중심으로 셀렉해 희귀 아이템이
많아 연예인 등 패션피플들도 즐겨
찾는 곳으로 유명하다.

 크롬하츠
Chrome Hearts クロムハーツ
미국의 실버 액세서리 전문 브랜드로,
크리스트교와 중세 유럽의 문양을
모티브로 와일드한 이미지를 내세운다.

 닥터마틴
Dr.Martens ドクターマーチン
우리나라에 비해 다양한 모델을 수입해
독특한 디자인의 모델을 볼 수 있다.

 슈프림
Supreme スプリーム
전 세계 단 10개의 오프라인 매장
가운데 하나. 물건은 많지 않지만, 패션
피플에게는 성지 같은 곳.

 베이프 Bape
국내에서 지드래곤을 비롯한
패셔니스타가 입어서 잘 알려졌다.
유니크한 디자인이 인기 요인.

 스투시
Stussy ステューシー
국내 의류 편집 매장에서 눈에 띄는
미국 스트리트 패션 브랜드다. 힙합
마니아층에서 인기를 얻다가 이제는
대중적인 브랜드가 됐다.

 **앵커 Anchor**
규모가 큰 빈티지 숍. 저렴한 제품부터
브랜드 제품까지 다양하게 진열돼
있어서 보물찾기 하는 재미가
쏠쏠하다.

09 나이키 후쿠오카
Nike Fukuoka

일본에는 일본 한정판 등 구하기
어려운 모델들이 있어 패션에 관심이
많은 사람들이 꼭 찾아간다.

10 캐피탈 kapital

디자인과 컬러가 유니크한 패션 브랜드.
하나하나 수작업으로 작업한다.

11 와이쓰리 Y-3

요지 야마모토가 아디다스와 손잡고
론칭한 브랜드 숍.

12 엑스라지 X-large

LA의 스케이트 보드 및 스트리트 브랜드.
여러 브랜드나 아티스트와 협업을 자주한다.

13 세컨 스트리트 2nd Street

후쿠오카 인기 빈티지 프랜차이즈. 명품부터
스트리트 패션까지 두루 판매한다.

텐진니시 거리

고쿠타이 도로

꼭 둘러봐야 할 쇼핑의 메카

후쿠오카는 쇼핑하기 좋은 도시다. 텐진에는 일본의 백화점이 모두 모여 있고,
하카타와 나카스 등 곳곳에 쇼핑센터가 포진해 있다. 이 중 오랜 시간 후쿠오카의
랜드마크이자 쇼핑의 메카 자리를 지켜온 곳들을 소개한다.

1 원스톱 쇼핑센터
캐널시티 하카타
キャナルシティ博多

접근성 ★★★   편의성 ★★★★★   혼잡도 ★★

쇼핑센터, 캐릭터 숍, 호텔, 극장, 레스토랑 등이 한 곳에 모인 거대한 복합 문화 공간이다. 지하 1층을 가로지르는 수로(캐널)를 중심으로 6개의 빌딩이 연결돼 그 자체로 장관을 이룬다. 이 독특한 분위기 덕분에 1996년 처음 문을 열었을 때부터 후쿠오카에 오면 꼭 거쳐가는 필수 관광 코스가 됐다. 워낙 방대해 짧은 시간에 원하는 숍들을 찾아다니기는 쉽지 않으니, 한국어로 된 플로어 가이드를 손에 쥐고 여유 있게 둘러보자. 유니클로, 무인양품, 프랑프랑(Franc Franc), H&M 같은 인기 브랜드의 숍은 규모가 꽤 커서 쇼핑하기 좋다. 트렌디한 패션 매장과 일본 캐릭터 숍도 대거 포진해 있으며, 고급 레스토랑부터 부담 없이 즐길 수 있는 패스트푸드점까지 다양한 음식점이 들어서 있다. 이 중 일본 각지의 라멘 가게가 모인 '라멘 스타디움'은 반드시 가봐야 할 곳 중 하나. 와이파이도 무료로 이용할 수 있다.

후쿠오카 ⓑ 2권 P.060 ⓜ MAP P.056J ⓖ 찾아가기 구시다진자마에 역 바로 앞

✔ 캐널시티 하카타 이용 팁

01 산큐패스 소지자는 캐널시티 하카타에서 사용할 수 있는 1100¥짜리 식사권을 1000¥에 살 수 있다. (인포메이션 센터에 문의)

02 매주 수요일을 '레이디스 데이'로 정해 매장마다 소소한 혜택을 제공하니 여성이라면 수요일을 노릴 것.

03 국내 전용 신한카드 로도 결제할 수 있다.

04 엔화가 급히 필요하면 센터워크 2층에 있는 외화 자동 환전기를 이용하자. 외화를 넣으면 자동으로 엔화로 바꿔준다. 단, 환율은 유리한 편이 아니다.

🕐 **시간** 09:00~21:00

층별 가이드		사우스 빌딩	센터워크	노스 빌딩	이스트 빌딩	비즈니스 센터	그랜드 빌딩
5F			라멘 스타디움				
4F		니토리	**게임·엔터테인먼트** 타이토 스테이션, 카페 오토 시클로, 하카타 덴푸라 타카오	무지 북스, 무인양품의 집, 무지카페, 캐널시티극장(4층)			그랜드 하얏트 후쿠오카
3F		공사중	**스포츠·아웃도어** ABC마트, 반스, 닥터 마틴		프랑프랑, 자라, H&M, 유니클로, 글로벌 워크		
2F			디즈니 스토어, 모우시, 니콜 클럽 포맨, 라코스테, 외화 환전기	위고, 오니츠카타이거, 아메리칸 홀릭			
1F		갭, 갭 키즈	아디다스 오리지널스, 스투시, 게스, 디젤, 종합인포메이션	마츠모토 키요시, 조프(안경), 사이제리아	세트레봉, 하카타 히나노야키, 자라, H&M, 유니클로	면세 카운터	피시 & 오이스터 바
B1F		OPQ	**OPQ** 신리오 갤러리, 산큐마트, 돈구리 리퍼블릭, 점프 숍	**레스토랑** 이치란, 호시노야 커피, ATM		마츠모토 키요시	

캐널시티 하카타 추천 상점

리빙 숍

01 무지 북스 Muji Books

캐널시티에서는 색다른 무인양품을 만날 수 있다. 대대적으로 리뉴얼해 3만권이 넘는 서적을 기존 상품과 함께 판매하는 복합 매장 '무지 북스'로 재탄생한 것. 책, 음식, 생활과 삶, 꾸미기 등 주제를 정해 책과 그에 어울리는 상품을 진열해놓았다.

◎ **위치** 노스 빌딩 3~4층

02 프랑프랑 FrancFranc

후쿠오카에서 가장 규모가 큰 프랑프랑. 물건도 많고 숍 인테리어도 예쁘다. 테이블웨어, 홈웨어, 패브릭, 가구 등을 갖추고 있는데, 이 중 주방용품이 제일 인기다. 컬러풀한 색상에 모던한 디자인으로 인테리어 포인트로 활용하기 좋다.

◎ **위치** 이스트 빌딩 2~3층

캐릭터 · 기타 숍

03 산리오 갤러리
Sanrio Gallery

일본을 대표하는 헬로키티, 마이멜로디 등 한국에서도 인기가 많은 산리오 캐릭터 상품을 살 수 있는 곳.

◎ **위치** 센터워크 지하 1층

04 돈구리 리퍼블릭
どんぐり共和国

〈이웃집 토토로〉〈센과 치히로의 행방불명〉 등 스튜디오 지브리의 작품에 등장하는 캐릭터를 활용한 상품을 판매하는 곳. 인형을 비롯해 홈웨어, 시계, 가전제품, 인테리어 소품까지 다양하게 갖추고 있다.

◎ **위치** 센터워크 지하 1층

음식

05 하카타 히나노야키
博多 ひなのやき

선물용 상품뿐 아니라 즉석에서 만든 만주도 판다. 큐슈산 밀가루로 반죽하고 홋카이도산 팥과 강낭콩으로 소를 만들어 채워 달콤하고 맛있다. 우유 맛이 진한 부드러운 커스터드 크림도 인기.

◎ **위치** 이스트 빌딩 1층

만쥬 1개 150¥

Editor's pick

06 라멘 스타디움

캐널시티에 수많은 맛집이 있지만 이곳만큼은 꼭 가봐야 한다. 일본 내 지역 대표 라멘집을 한자리에 모두 모아놓았다. 다양한 라멘이 있어서 입맛에 맞게 고를 수 있으며, 그만큼 실패할 확률이 낮다. 인기 없는 매장은 철수하게 하는 것이 인기 비결 중 하나.

◎ **위치** 센터워크 빌딩 5층

2 새로운 캐릭터 전문 쇼핑센터 등장
라라포트 후쿠오카
ららぽーと福岡

접근성
★★★

편의성
★★★★★

혼잡도
★★

하카타 역에서 한 정거장 떨어진 다케시타 역에서 걸어서 9분 정도 이동하면, 포레스트 파크 입구에서 역대 최고 크기를 자랑하는 건담인 '실물크기 건담'이 맞이해준다. 5층 건물의 상가에 222개의 점포가 있으며, 큐슈의 다양한 먹거리의 매력을 즐길 수 있는 약 20개 점포인 'Food Marche(푸드 마르쉐)'도 있어서 원스톱 쇼핑이 가능하다. 인포메이션에 여권을 제시하면 할인 쿠폰북을 받을 수 있다. (2024년 3월 31일 한정)

후쿠오카 🅑 2권 P.053 ◉ MAP P.043L ◉ 찾아가기 하카타 역 버스 정류장에서 44, 45번을 타고 라라포트 후쿠오카 정류장에서 내린다.
🕐 시간 10:00~22:00 ⊖ 휴무 없음 ⊖ 전화 81927079820 ◉ 홈페이지 https://mitsui-shopping-park.com/lalaport/fukuoka

©LaLaport Fukuoka

©LaLaport Fukuoka

©LaLaport Fukuoka

01 건담 파크 후쿠오카

쇼핑몰 4층에 건담을 주제로 조성된 복합 엔터테인먼트 시설로, 크게 세 구역으로 나뉜다. 다양한 건담 프라모델을 판매하는 '건담 사이드-F', 체험형 어트랙션 시설인 'VS PARK WITH G', 건담 컴퓨터 게임과 건담 가챠 등이 마련된 게임룸 'namco'이다.

02 후쿠오카 장난감 미술관

목제 완구가 약8000점 전시되어 있는 나무의 매력을 선보이는 이 시설은 목제 완구를 가지고 놀면서 나무의 따뜻함을 느낄 수 있는 체험형 시설이다. 나무로 만들어진 후쿠오카의 포장마차, 선물 등 재미 있는 완구가 많이 있으며, 어른을 위한 체험 시설도 있어서 온 가족이 즐기기 좋다.

03 MARKET 351

쇼핑몰의 주소인 '351번지'와 이전에 있던 시설을 떠올리는 '시장'을 합친 'MARKET 351'은 시장에서 물건을 운반할 때 많이 사용되는 터릿 트럭에 생산지 직송의 야채와 고기, 생선이 진열되어 있다. 물건을 살 수 있는 '마켓 구역'과 음식을 먹을 수 있는 '이트 인 구역'으로 나뉜다.

텐진 지하상가의 맥
텐진지하상가
天神地下街

접근성 ★★★★★

편의성 ★★★★

혼잡도 ★★★★

텐진 지하상가 한눈에 보기

EX 동1b

우에시마 카페텐
上島珈琲

EX 동2

EX 동3a

지하철 공항선 텐진 역
(동쪽 입구)

EX 동1a

내추럴 키친
Natural Kitchen

EX 동1b

EX 서1

살루트
Salut!

EX 서2b

에스프레소 일리
Espresso Illy

EX 동4

세븐일레븐

베이크 치즈
타르트
Bake Cheese
Tart

EX 동5

EX 서2a

EX 서3a

텐진빌딩

메이커스 셔츠 카마쿠라
Maker's Shirts Kamakura

비플 바이 코스메 키친
ピープル by コスメキッチン

동6 EX

지하철 공항선 텐진역
(중앙 입구/서쪽 입구)

EX 서3b

파르코

EX 서4

구츠시타야
靴下屋

네추럴 키친 셀럭트
Natural Kitchen Select

EX 서5

EX 서6

솔라리아 스테이지
텐진 고속버스터미널
니시테츠 후쿠오카(텐진) 역

솔라리아
스테이지

3번가의 비밀!
후쿠오카 시의 꽃인 부용과 애기동백을
모티프 삼은 스테인드글라스, 30분마다
음악이 흘러나오는 '자동인형시계
유러피언 드림'을 찾아보세요. 르네상스
화가 보티첼리의 '삼미신'이 그려진
스테인드글라스도 볼 수 있어요.

텐진의 지하를 남북으로 관통하는 전체 길이 600m의 지하 상점가. 패션 상품, 먹을거리, 서적 등을 파는 점포 150여 개가 자리 잡고 있다. 지하 통로를 통해 백화점과 쇼핑몰로 진입할 수 있으며 지하철역 두 곳과 연결되어 있어 접근성도 좋다. 분위기는 의외로 차분하다 못해 어둡다. 19세기 유럽의 시가지를 본떠 설계했으며 돌바닥과 아라비아 문양으로 장식한 천장 등에서 고급스러움을 느낄 수 있다. 최근 오픈 40주년을 맞아 부분적으로 리뉴얼을 계속해나가는 중. 지하철 텐진 역, 텐진미나미 역에서 바로 연결되며 니시테츠 후쿠오카(텐진) 역, 텐진 고속버스 터미널과 연결되는 등 편리한 교통 또한 강점이다. 와이파이도 무료로 이용할 수 있다.

후쿠오카 📖 2권 P.081 ⊙ MAP P.073G
◎ **찾아가기** 텐진 역 · 텐진미나미 역에서 연결

✔ 텐진 지하상가 이용 팁

O1 곳곳에 한국어로 된 가이드북이 비치돼 있다. 지하도가 워낙 넓고 복잡하니 길을 잃지 않으려면 이것부터 챙기자.

O2 수시로 바뀌는 숍 정보와 이벤트는 라인 친구(@tenchika)를 맺으면 바로바로 확인할 있다.

O3 엔화가 급히 필요하면 서3a에 있는 외화 자동 환전기를 이용하자. 외화를 넣으면 자동으로 엔화로 바꾸어준다. 단 환율은 유리한 편이 아니다.
🕐 **시간** 09:00~21:00

O4 아이디 등록이나 패스워드 입력 등 번거로운 절차 없이 무료 와이파이를 사용할 수 있다.

텐진 지하상가 추천 상점

리빙 숍

01 쿠라 치카 바이 포터
Kura Chika by Porter

일본의 가방 장인 요시다 기치조가 1962년 론칭한 가방 브랜드로, 장인 정신을 바탕으로 내구성과 실용성을 만족시켜 일본 국민 가방으로 자리 잡았다. 최근에는 여러 브랜드와 다양한 협업을 통해서도 즐거움을 선사하고 있다. 국내에도 공식 론칭됐지만, 일본 현지가 훨씬 저렴해 직구 필수 아이템으로 꼽는다.

02 구츠시타야
靴下屋

'양말도 패션이다'라는 슬로건이 확 다가오는 패셔너블한 양말 가게. 독특한 패턴과 디자인의 질 좋은 양말이 가득해 양말 마니아들이 꼭 찾아가는 곳. 샌들용 양말, 뒤꿈치 양말, 발가락 양말 등 기능성 양말도 많다.

03 비즈니스 레더 팩토리
Business Leather Factory

감각적인 비즈니스맨의 선택. 가죽 제품은 클래식하다? 이런 편견을 깨는 가죽 잡화를 선보이는 곳이다. 경쾌한 색의 서류 가방, 다이어리, 지갑, 파우치 등을 접할 수 있다. 추가 비용을 내면 이름도 새길 수 있어 선물로도 좋다.

패션

04 내추럴 키친
Natural Kitchen

2001년 오사카의 작은 잡화점으로 출발해 텐진 지하상가를 대표하는 상점으로 자리 잡았다. 테이블웨어, 인테리어 소품 등을 싸게 파는데 계절별 주제에 맞게 진열한 상품을 구경하기만 해도 인테리어 감각을 높일 수 있다.

05 살루트
salut!

'여어~'라는 가벼운 인사를 뜻하는 '살루트!'는 '매일 인테리어'를 지향하는 리빙숍이다. 캐주얼하게 하나만 들여놔도 생활공간에 변화를 줄 수 있는 상품이 많다. 내추럴 키친보다는 가격도 높고 물건도 더 고급스럽다.

06 비플 바이 코스메 키친
Biople by Cosme Kitchen

유기농 먹거리와 화장품 등을 파는 곳. 카카오 함량이 높은 공정무역 초콜릿, 유기농 허브티, 건강한 재료로 만든 레토르트 수프, 아로마 제품 등이 인기다. 둘러보기만 해도 건강해지는 느낌이다.

음식

©ringo

07 링고 ringo

구운 커스터드 애플파이 전문점. 베이크와 동일한 방식으로 구운 즉시 판매한다. 북해도산 버터와 글루텐을 20% 낮춘 혼합 밀가루를 사용해 144겹으로 만들어 바삭한 식감이 일품. 사과와 커스터드 크림도 잘 어울린다. 1인당 4개로 판매 개수가 제한돼 있을 정도로 인기. (1개 420¥)

©芋屋金次郎

08 이모야 킨지로 芋屋金次郎

일본 전통 고구마 유탕 과자를 판매하는 곳이다. 1952년 고치현에서 문을 연 뒤 큐슈에는 2018년에 입성했다. 얇은 고구마스틱에 달콤한 유탕 코팅을 해서 딱딱하지만 아삭한 식감이 좋다. 초콜릿 코팅, 말차 코팅, 딸기 파우더 코팅 등 다양한 맛이 있으며, 고구마로 만든 쿠키도 판매한다. 매장에서 갓 튀긴 고구마 과자를 맛보자.

©pressbuttersand

09 프레스 버터 샌드 Press butter sand

도쿄에서 시작해 일본 전역에서 판매되고 있는 버터샌드 전문점이다. 매장에서 오리지널 프레스 기계로 갓 구운 버터 샌드를 만들어 판다. 만듦새가 고급스러워서 선물용으로 좋지만, 그만큼 비싼 편. 텐진점 한정 치즈맛이 인기다. 3개입 800~972¥ 5개입 1300~1620¥

10 칼디 커피 팜 Kaldi Coffee Farm

커피 회사 캐멀에서 로스팅한 30여 가지 커피 원두와 세계의 식료품을 모아 놓은 숍이다. 인스턴트커피를 비롯해 초콜릿, 스낵, 와인, 치즈, 커피 도구 등 다양한 상품을 만날 수 있다. 시음 행사도 열린다.

©伊都きんぐ

11 이토킨구 伊都きんぐ

후쿠오카 대표 농산물인 아마오우 딸기는 과즙이 풍부하고 유난히 단 맛이 특징이다. 바로 이 딸기를 재료로 해서 디저트를 선보이는 가게다. 쫀득한 식감이 일품인 딸기 도리아키, 탕후루 등을 선보이며, 텐진 지하상가에서만 먹을 수 있는 특별 한정 메뉴도 제공한다.

12 베이크 치즈 타르트 Bake Cheese Tart

갓 구운 따끈따끈한 치즈 타르트를 맛볼 수 있는 곳. 두 번 구워 바삭한 타르트와 세 가지 크림치즈 무스의 조화가 가히 환상적이다. (1개 230¥)

화장품과 약,
그 이상의 공간
드러그스토어

일본의 드러그스토어는 이름과 달리 약국이
아니다. 규모가 큰 곳은 대형 마트로 착각할 정도로
약과 건강식품은 물론이고 화장품과
다양한 식품까지 판다. 번잡하게 느껴지지만
유용한 물건은 모두 모여 있는 이곳,
그야말로 일본 쇼핑의 하이라이트다.

고세 소프티모 스피디 클렌징 오일

**클렌징 오일 판매 순위 1위,
자극 없이 강력하고 빠른 세정력**
ソフティモ・スピーディ・
クレンジング・オイル

화장품 사이트에 소개되며 소문이 난 제품으로
각질과 모공 속 오염까지 깨끗하게 없앤다.
인공 향료와 착색제, 알코올, 파라벤을 배제해
자극 없이 피부를 매끈매끈하게 만든다. 리필
제품이 있어서 경제적이다.
547¥(230ml)

키스미 약용 핸드크림

확실한 보습을 원한다면
リップクリーム

악건성 피부를 위한 쫀득한
핸드크림. '약용'이라는 이름답게
손을 많이 써서 거친 피부에도
효과가 있다. 촉촉한 보습효과가
8시간 지속된다고.
217¥(30g)

키스미 히로인 마스카라

속눈썹 공주의 비밀
ヒロイン マスカラ

눈 화장 분야에서는 일본을
따를 자가 없다. 마스카라의
지존으로 통하는 키스미 히로인
마스카라. 섬유질을 함유해
덧바를수록 속눈썹이 길어지고
하루 종일 그대로 유지된다.
2014년 코스메 1위 제품.
우리나라에서 살 때의 절반 값에
살 수 있다. 1320¥(6g)

리얼 래스팅 아이라이너

지워지지 않는 자신감
リアルラスティングアイライナー

문신을 한 것처럼 피부에 확실히 밀착돼
하루 종일 번지거나 뭉개지지 않고 또렷한
라인을 유지해준다. 라인을 그린 후 뷰러를
사용해도 번지지 않는다. 2015년(6개월간)
코스메 1위 제품. 1320¥

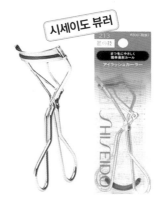

시세이도 뷰러

명품 뷰러란 이런 것!
アイラッシュカーラー

한 번 써본 사람들은 '인생 뷰러'라고
극찬할 인기 있는 제품. 속눈썹 한
올 한 올 섬세하게 올릴 수 있다.
우리나라에서 살 때의 절반 값에 살
수 있다. 880¥

'@cosme'를 기억하세요
일본 드러그스토어에 가면 정신없는 홍보 문구와 현란한 광고
영상 때문에 무얼 사야 할지 막막해지기 쉽다. 판매 1위, 인기 1위 등의
문구가 난무한다. 그런데 막상 자세히 읽어보면 자사 제품 중 판매 1위이거나
공신력이 없는 홍보성 문구인 경우도 있다. 화장품을 구입할 때 참조하면 좋은 표시는
'@cosme'. 코스메는 일본 최대 온라인 화장품 사이트로, 매년 화장품의 판매 순위를
매겨 발표한다. 브랜드에 상관없이 판매량을 기준으로 하기 때문에 어느 정도 믿을
만하다는 평이다. 다만 신제품이 하루가 다르게 쏟아져 나오는
만큼 오래된 자료보다는 최신 자료를 신뢰할 것!

일본 마니아들의 드러그스토어 쇼핑 리스트

일이나 여행 등으로 1년에 몇 차례씩 일본을 방문하는 사람들에게는 그들만의 쇼핑리스트가 있다. 이들이 공략하는 곳은 바로 드러그스토어! 국내에는 없는 신통방통한 기능성 제품이나, 국내에 비해 엄청나게 저렴한 제품 등이 이들의 애정템. 이들이 일본을 갈 때마다 몇 개씩 쓸어 오는 쇼핑 아이템을 공개한다.

1 | 노도누루 누레마스크

"안에 젖은 패드를 끼워 넣을 수 있는 가습 마스크예요. 장시간 비행기를 타거나, 겨울철 건조할 때 쓰면 좋아요. 10시간이라고는 하지만, 7~8시간은 지속되는 것 같습니다. 수면용 일상용 큰 사이즈 작은 사이즈 등 종류도 다양해요~.(니나, 도쿄 유학생 출신 일본관광업 종사자) 418¥(10개)

2 | 메디 퀵 H メディクイックH

"습진에 바르는 물파스 비슷한 약이에요. 두피가 가려울 때 사용하면 정말 유용합니다. 습진과 피부염, 두드러기, 땀띠, 벌레물린 상처 등 피부질환이나 일반적인 가려움증에도 사용하면 좋아요. 물파스 타입이라 바르기도 편하답니다." (니나, 도쿄 유학생 출신 일본관광업 종사자) 1304¥(200ml)

3 | 브레스케어 필름 ブレスケア フィルム

"필름 타입의 구취제예요. 입이 텁텁할 때 혀에 얹으면 샤르르 녹아내리는데, 순간 화~하는 느낌과 함께 상쾌함만이 남죠. 작아서 휴대도 간편하답니다."(니나, 도쿄 유학생 출신 일본관광업 종사자) 220¥(24매)

4 | 리세 · 씨큐브쿨 リセコンタクト · Cキューブクール

"늘 이용하는 인공눈물이에요. 리세는 사용감이 부드러워서 부담 없이 사용하기 좋고, 씨큐브쿨은 넣는 순간 화~하면서 엄청 시원한 느낌이 들어요."(쩨로, 후쿠오카 유학생) 547¥(8ml), 605¥(13ml)

5 | 케어리브 ケアリーヴ

"손에 가벼운 상처가 났을 때 쓰는 상처 케어 밴드. 쫀쫀하게 늘어나고 접착력 좋은 밴드라 쉽게 떨어지지 않아서 손끝밴드라고도 불립니다. 상처가 잘 붙어 빨리 낫는 건 당연하죠. 한 번 쓰면 딴 건 못씁니당~." (이유진, 도쿄 유학생 출신 '단독전문' 기자) 298¥(30매)

6 | AHA 클렌징폼
クレンジングリサーチ ウォッシュクレンジング

"제가 여드름이 좀 자주 나는 타입이라, 클렌징도 신중하게 선택하는 편이에요. 이 제품은 퍼펙트 휩보다는 비싼 편이지만, 세정력이 훨씬 좋더라고요." (쩌로, 후쿠오카 유학생)
950¥(120g)

7 | 비후나이트 쵸코누리
びふナイト ちょこぬり

"여드름 치료제입니다. 립밤형으로 되어 있어서 슥슥 바르기만 하면 됩니다. 엄청 편리해요."(쩌로, 후쿠오카 유학생) 792¥(12ml)

8 | 비오페르민 유산균
新ビオフェルミンS

"몇 년째 가족들의 장 건강을 책임지고 있는 유산균이에요. 동일 용량의 다른 유산균 제제에 비해 가격이 저렴하고 복용이 쉬워서 좋아요." (정숙영, 여행작가) 3812¥(540정)

10 | 용각산 캔디
龍角散ののどすっきり飴

"소리가 나지 않는, 바로 그 용각산을 사탕으로 만들었어요. 맛이 똑같습니다. 목감기, 기침감기에 걸렸을 때 하나씩 녹여 먹으면 좋아요. 적어도 입에 물고 있을 때만큼은 기침이 안 나옵니다."(두경아, 여행작가)
198¥(100g)

9 | 오로나인 H연고
オロナインH軟膏

"주로 여드름 등 피부 트러블에 사용하는 연고예요. 국민연고로 불리죠. 가벼운 화상이나 동상 습진, 가벼운 무좀, 모기 물린 곳에 써도 좋아요." (오원호, 여행작가) 1034¥(100g)

11 | 로이히츠보코 동전파스
ロイヒつぼ膏

"근육이 뭉친 곳에 붙이면 효과가 빨라요. 강한 파스를 좋아하는 한국사람에게 인기 있는데, 끈적거리지 않아 깔끔해요. 부모님이 좋아하셔서 일본에 갈 때마다 박스 단위로 사와요."(전상현, 여행작가) 699¥(156매)

12 | 메구리즘 아이마스크
めぐりズム アイマスク

"잠 안 오는 밤, 비행기 안에서 휴식을 취하고 싶을 때 자주 이용하고 있어요. 온도가 40도까지 올라가서 온몸의 피로가 풀리는 느낌이 있어요. 군인 시절, 휴가 나올 때마다 몇 박스씩 사갖고 부대 복귀한 기억이 있네요."(전상현, 여행작가) 522¥(5매)

驚安の殿堂
ドン.キホーテ
免税 Tax Free

TULLY'S COFFEE

TSUTAYA

없는 게 없는 일본 대표 잡화점
돈키호테
ドン・キホーテ

돈키호테 텐진 본점
후쿠오카 ⑮ 2권 P.086 ⑯ MAP P.072J
ⓖ **찾아가기** 텐진미나미 역에서 도보 6분

돈키호테 나카스점
후쿠오카 ⑮ 2권 P.068 ⑯ MAP P.056E
ⓖ **찾아가기** 나카스가와바타 역에서
도보 2분

돈키호테 니시진점
후쿠오카 ⑮ 2권 P.123 ⑯ MAP P.123
ⓖ **찾아가기** 니시진역에서 도보 1분

드러그스토어에서 일반적으로 취급하는 품목뿐 아니라 쉽게 볼 수 없는 잡화까지 갖춘 종합 할인점이다. 식료품이나 잡화는 저렴한 편이나 약은 일반 드러그스토어가 더 싼 편! 그러나 품목별로 세일을 자주 하며 호텔 로비나 공공장소에 비치된 할인 쿠폰을 제시하면 할인 혜택도 받을 수 있어 대체적으로 저렴하다. 현장 면세도 가능하다. 그러나 시간을 충분히 들여 둘러보지 않으면 물건을 잘 찾을 수 없는 구조이고(도와주는 점원도 눈에 띄지 않는다), 사람들이 많은 시간에는 계산하거나 택스 리펀드 절차를 밟는 데 시간이 무척 오래 걸려서 불편하다. 24시간 영업을 하기 때문에 오후 10시 이후에 오히려 사람들이 늘어나므로 오전 시간에 가면 상대적으로 여유롭게 둘러볼 수 있다.

tip. 5¥ 미만 잔돈은 넣어둬~
돈키호테에서는 지불할 금액이 1234¥이라면 4¥을 내지 않아도 된다. 아니, 4¥은 계산대에 있는 1¥ 통에서 꺼내 쓰면 된다. 1¥통에 들어있는 동전은 계산할 때 4¥까지 사용할 수 있다.

✔ **드러그스토어 쇼핑 꿀팁**

01 쇼핑은 한꺼번에 몰아서 하자
택스 리펀드를 받기 위해서는 최소한 5000¥ 이상 쇼핑해야 한다. 드러그스토어가 보일 때마다 여기저기서 조금씩 사면 매번 8%의 소비세를 물어야 한다. 일정 금액 이상 사면 추가 할인이 가능한 곳도 있으니 쇼핑은 마지막 날 한꺼번에 몰아서 하는 것이 여러모로 이득이다.

02 가격 비교가 어렵다면 몽땅 돈키호테에서
후쿠오카에는 수많은 드러그스토어 체인점이 있지만, 한시적으로 특별 할인을 하는 품목이 아닌 이상 여러 품목을 구입할 경우 '대체로' 돈키호테가 싸다. 화장품, 약, 식품, 잡화 등 여러 가지 물건을 한 번에 구입하기에도 돈키호테가 유리하다. 택스 리펀드를 받으려는 사람들이 엄청나게 긴 줄을 이루고 있는데도 많은 사람이 몰리는 것은 그 때문이다. 홈페이지나 호텔 로비 등 돈키호테 5% 할인 쿠폰을 구할 수 있는 곳이 많으니, 꼼꼼하게 챙겨 알뜰 쇼핑하자.

03 드러그스토어라고 모두 택스프리 혜택을 누릴 수 있는 건 아니다
텐진이나 하카타 역 인근 등 관광지에 있는 드러그스토어는 대부분 택스프리 혜택을 제공한다. 하지만 관광지에서 떨어진 곳에 있는 지점은 같은 체인점이라도 세금을 따로 내야 하는 경우가 있다. 택스프리는 여행자를 위한 혜택이기 때문이다. 물품을 구입하기 전에 택스프리 혜택이 있는지 알아보자.

돈키호테의
한국인 인기 품목
BEST 10

2위

킷캣 미니 말차
キットカット ミニオトナの甘さ抹茶

딸기, 크림치즈, 심지어 사케 맛까지
다양한 킷캣을 살 수 있는데
우리나라에서 인기 있는 말차(녹차)
맛이 역시 대세다.
500¥(12개)

1위

훈와리메이진 키나코모찌
ふんわり名人きなこ餠

입에서 눈 녹듯 사라지는 달콤한 인절미.
우리나라에서 살 때의 3분의 1 가격에
살 수 있다. 235¥(75g)

3위

바몬드 카레
중간 매운맛
バーモントカレー

일본 여행 시 쇼핑
필수품. 이 중 사과가
들어 있어 부드러운
바몬드 카레가 인기.
276¥(230g)

갓파에비센
かっぱえびせん

포장부터 맛까지 우리
나라의 새우깡을
닮았다. 궁금해하는
사람이 많은지
인기 6위 품목.
116¥(77g)

6위

5위 **4위**

우마이봉
콘포타주 맛, 치즈 맛 うまい棒

일본 과자의 고전 우마이봉. 콘수프 맛
버전인 콘포타주는 짭짤하면서도 구수해
입맛이 당긴다. 치즈 맛은 남녀노소 누구나
좋아하는 제품. 311¥(30개)

7위

모리나가 밀크 캐러멜
森永ミルクキャラメル

일본에 가면 꼭 사게 되는 모리나가
캐러멜. 역시 오리지널인 밀크 맛이
인기. 128¥(작은 사이즈)

editor's pick

8위 **9위**

페코짱 팝캔디, 밀키
ペコちゃん ミルキー, ポップキャンディ

네 가지 맛의 막대 사탕인 팝캔디와
밀키는 묘하게 한국인의 향수를 자극한다.
세련되지 않은 맛이라 더 좋다. 밀키 캐러멜
158¥(120g), 포프캔디 200¥(21개)

다케노코노 사토
たけのこの里

일명 죽순 과자. 우리나라의
초코송이 과자처럼 딱딱하지 않고
부드러워 한번 먹으면 그 맛을
잊을 수 없다. 213¥(70g)

10위

파핑쿠킹
ポッピンクッキン

가루에 물을 부어 반죽하면
피자도 되고 당고도 된다?
아이들이 좋아하는 파핑쿠킹은
돈키호테에 종류별로 있다. 초밥
만들기(たのしいおすしやさん)와
도시락 만들기(つくろう!
おべんとう)가 인기. 아이들
선물로 최고다. 160~250¥

MANUAL 05

—

편의점 & 슈퍼마켓

필요한 모든 것이 있는 곳

후쿠오카에 도착한 순간부터 여행하는 내내 가장 쉽게 접하는
곳은 어딜까? 바로 편의점이다. 우리나라와 비슷한 듯 다른 일본의
편의점에는 생활에 필요한 것이 모두 있다고 해도 과언이 아니다.
여기에 더 다양한 품목을 취급하는 슈퍼마켓까지 돌아본다면
일본인의 생활을 반쯤은 이해했다고 해도 좋다.

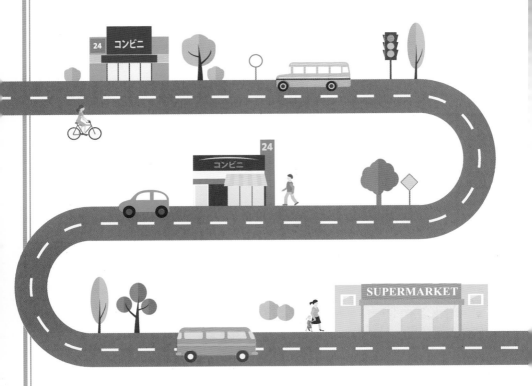

편의점 VS 슈퍼마켓

편의점	VS	슈퍼마켓
세븐일레븐, 로손, 훼미리마트, 미니스톱 등	주요 체인	맥스밸류, 서니, 레가넷, 큐트, 세이유, 이온몰 등
★ ★ ★ ★ ★ 일본에서 수적으로 편의점을 따라올 업종이 없다. 숙소를 나서면 100m 안에 있다고 해도 과언이 아니다. 더구나 24시간 언제든지 갈 수 있다.	접근성	★ ★ ★ 소형 슈퍼마켓은 사람이 많이 모이는 곳이나 지하철역 인근에 있지만, 대형 마트는 도심에서 멀리 떨어져 있는 편. 우리나라와 달리 24시간 영업하는 슈퍼마켓도 있다.
★ ★ ★ ★ 식품부터 잡지, 화장품까지 생활하는 데 필요한 웬만한 상품이 다 있다.	상품 종류	★ ★ ★ ★ 식품이 편의점보다 훨씬 다양하고 상품의 종류가 많다.
★ ★ ★ 가격이 그리 싸지 않지만, 편의점 PB 상품은 가격 대비 훌륭하다.	가격	★ ★ ★ ★ ★ 식품이 편의점보다 20~30% 싸고 마감 시간이 가까워지면 즉석식품을 50% 이상 할인하기도 한다.
★ ★ ★ ★ 택배와 티켓 예매 등 다양한 부가 서비스가 많다.	특별한 서비스	★ ★ ★ 국내 마트와 마찬가지로 타임 세일 등 비정기적 행사가 종종 열린다.

✔ 슈퍼마켓 & 편의점 이용 팁

01 와이파이를 이용하고 싶다면 편의점으로 가라

세븐일레븐, 훼미리마트, 로손 등 편의점에서는 무료 와이파이를 제공한다. 여행 중 급히 스마트폰으로 인터넷을 이용해야 한다면 인근 편의점을 찾아가자. 시간 제약이 있지만 넉넉한 편이다. 세븐일레븐 기준으로, 1일 3회, 1회당 1시간.

02 대형 마트 중에 카드 결제가 되지 않는 곳이 있다

대형 마트에서 설마 카드를 안 받을까 싶지만 마트를 다녀보면 이런 황당한 상황을 맞을 수 있다. 현금이 충분하지 않다면 카드로 결제할 수 있는 곳인지 미리 알아보고 쇼핑하는 것이 안전하다.

03 편의점에서도 택스프리가?

주로 그때그때 필요한 물품을 사러 들르는 편의점에서 5000¥ 이상 지불할 일은 드물지만, 시내에 있는 편의점 중에는 택스프리가 가능한 곳이 있다. 혹시 구입할 물품의 예상 가격이 5000¥이 넘는다면 택스프리가 가능한 매장인지 확인하자.

04 화장실 인심은 편의점에서 난다

우리나라는 화장실이 매장 밖에 있는 경우가 일반적이지만, 일본의 편의점은 대부분 매장 내에 화장실이 있다. 게다가 마음 편히 무료로 이용할 수 있다.

편의점 コンビニ

일본 도시 사람들의 생활을 엿보고 싶다면 편의점으로 가자. 일본에서 '콘비니(コンビニ)'라고 불리는 편의점은 일본 전역에 5만여 개가 있으며, 그 덕분에 어느 나라보다 편의점 문화가 생활 깊숙이 자리 잡고 있다. 일본인들은 아침에 눈뜨면 커피와 도넛을, 점심에는 도시락과 샌드위치를, 퇴근길에는 저녁거리와 맥주를 사기 위해 편의점으로 향한다. 따끈한 오뎅과 치킨, 다양한 종류의 맥주까지 팔아 야식도 해결된다. 심지어 잡지 구매나 콘서트 티켓 예매도 가능하며 간단한 문구류와 미용용품까지 구입할 수 있다. 편의점마다 자체 PB 상품을 선보여 각 편의점의 마니아들이 따로 존재한다는 점도 재밌다.

일본 3대 편의점 비교

세븐일레븐
セブン-イレブン

넉넉한 양의 자체 브랜드(PB) 상품과 다양한 도시락을 주목!
✓ 전 지점에 인터내셔널 카드로 엔화 인출이 가능한 ATM 기기가 있다.

로손
ローソン

제과점에 견주어도 뒤지지 않는 디저트류가 강세!
빵, 롤케이크, 푸딩, 파르페 등이 기대 이상으로 맛있다.

훼미리마트
ファミリーマート

치킨, 오뎅 등 즉석 조리 제품이 맛있다.
매시즌 새롭게 출시되는 럭셔리 '훼미리마트 스위츠'도 눈여겨 볼 것.

편의점 주목 아이템 BEST 10

유부 주머니 135¥

오뎅 **01**

일반적으로 생각하는 오뎅뿐 아니라 무, 곤약, 유부, 달걀말이, 두부 등까지 팔아 한 끼 식사로 충분하다. 간장과 머스터드 등 소스도 맛있다.

02 도시락 & 오니기리 (삼각김밥)

도시락 강국 일본답게 편의점에도 다양한 도시락이 있다. 특히 오니기리는 우리나라에서도 흔히 볼 수 있는 삼각김밥 모양부터 김밥 형태, 김 없이 밥만 있는 형태 등 다양하며, 속에 넣는 재료도 종류가 많다. 다만 맛은 호불호가 갈릴 수 있으니 주의할 것!

매운 타카나(채소 절임) 108¥

푸딩을 올린 케이크 280¥~

단팥죽 270¥~

야마자키 로이즈 초콜릿 케이크 298¥

로손 롱케이크 295¥

호로요이 05

최근 우리나라에도 정식으로 수입되는 호로요이는 맛도 다양하며 계절 한정으로 나오는 독특한 맛도 인기다.

호로요이 110¥~120¥

감자 스낵 06

감자튀김을 한 번 더 튀긴 듯한 식감이 독특한 자가비(じゃがビー)는 우리나라 편의점에서도 볼 수 있지만, 그보다 딱딱한 자가리코(じゃがリこ)는 일본에서만 있다. 채소 맛, 치즈 맛 이외에 간장 버터 맛이나 명란 버터 맛, 아보카도 맛 등 맛이 다양하고 신기할 뿐 아니라 계절별 한정판도 선보여 골라 먹는 재미가 있다.

명란 버터 맛 자가비 139¥

자가리코 치즈 149¥

자가리코 버터 감자 152¥

디저트 & 빵 03

푸딩과 케이크, 당고, 단팥죽 등은 늘 인기 있는 상품. 각 편의점에서 PB 상품으로 디저트나 빵을 만들어 편의점별로 종류도 다양하다.

녹차 과자 04

쌉쌀한 녹차 맛의 상품이 달콤한 초콜릿과 궁합이 제일 잘 맞는다. 오랫동안 사랑받아 온 킷캣 녹차 맛, 사르르 녹는 식감이 예술인 동절기 한정 멜티키스 녹차 맛이 맛있다.

멜티키스 녹차 맛 265¥

킷캣 녹차 맛 103¥

밀크티 07

밀크티는 여러 회사에서 다양한 용량의 제품을 출시하는 데다 우리나라와 비교해 훨씬 싸기 때문에 꼭 먹어봐야 하는 음료.

오후의 홍차 151¥

하겐다즈 작은 컵 287¥

한정판 아이스크림 08

유제품이 강한 일본은 아이스크림도 당연히 맛있다. 이 중 하겐다즈에서 계절 한정으로 나오는 제품은 꼭 맛보자.

닛신 컵누들 184¥

아키소바 216¥

컵라면 09

일본 하면 라면! 맛을 모른다면 복불복일 수 있으니 U.F.O 야키소바, 닛신 컵누들, 돈베이 우동 등 유명한 브랜드의 제품을 구입하는 편이 낫다. 돈베이 우동은 튀김우동, 카레우동, 우육면 모두 우리나라 사람들이 무난히 먹을 수 있는 맛이다.

원두커피 10

WMF사의 커피 메이커로 자동으로 원두를 갈아 내린 커피도 싸고 맛있다.

아메리카노 100¥

카페라떼 150¥

슈퍼마켓 Supermarket · Mart

우리나라와 마찬가지로 편의점은 가격이 비싼 편이다. 그러니 일본 식료품을 저렴하게 구입하고 싶다면,
슈퍼마켓이나 대형마트로 가자! 편의점보다 훨씬 다양하고, 훨씬 많은 양의 식품을 싼값에 살 수 있다.
식당에서 먹으면 비싼 회와 초밥을 저렴하게 먹을 수 있고, 도시락은 종류가 어마어마하게 많다.
오후 8시 30분부터는 30~50% 할인해 판매하니 이 기회도 놓치지 말자.

쇼핑 리스트 BEST 10

01 간장

일본은 간장의 나라! 간장 종류가 무척
세분화되어 있고, 일본 간장의 상징인
츠유뿐 아니라 달걀밥용, 교자용, 튀김용,
스시용까지 선택의 폭이 넓디넓다.

달걀 간장 310¥

02 카레

일본은 카레의 천국. 일본의 시판
카레는 고체 형태라 먹을 만큼 잘라서
쓰고 남은 것은 보관하기도 쉽다. 매운
강도가 표시되어 있어 원하는 맛으로
고르면 된다. 바몬드 카레와 골든
카레가 한국인들에게 인기.

골든 카레 332¥

약간 매운 라유 410¥

03 라유

고추기름인 라유도 인기다. 밥에 비벼
먹거나 국수에 양념처럼 넣어도 맛있고
쌈을 싸거나 김에 싸 먹어도 좋다. 고추를
기본으로 마늘, 아몬드, 양파 등 다양한
건더기가 들어 있어 매콤하고 느끼하지
않으며 다른 반찬과 잘 어울린다.

오카메 낫또 80¥

04 낫토

장 건강에 좋은 낫토는 일본인의
식탁에 반드시 오르는 식품.
마트에서는 3개 묶음 가격이 100¥을
넘지 않는다. 신선 식품이지만 공항
가기 직전에 들러서 사면 크게 걱정하지
않아도 된다.

05 드리퍼 · 포켓 커피

가성비 최고인 1회용 드리퍼 커피.
UCC, 도토루, Blendy 등 다양한
브랜드에서 저렴한 가격으로 출시하고
있다. 카페라떼나 아이스커피 등을
만들기 위한 에스프레소를 원한다면
캡슐 모양의 포켓 커피를 고르자.

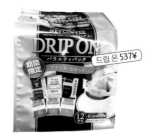

드립 온 537¥

06 후리카케 & 오차즈케

반찬이 없을 때 밥에 뿌려 먹으면 좋은
후리카케, 녹차와 밥만 있으면 만들어
먹을 수 있는 오차즈케 가루 등이 인기다.

오차즈케 108¥~

다양한 도시락 200¥~

09 사탕 & 젤리

일본은 스위츠의 신세계답게 사탕이나
젤리가 다양하다. 인기 있는 음료의 맛을
재현한 캔디부터 소금 맛 사탕, 흑사탕
등 별별 맛의 사탕이 유혹한다. 코로로
젤리는 실제 포도알 같은 식감으로
남녀노소 모두에게 인기다.

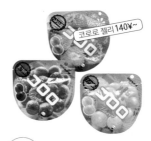

코로로 젤리 140¥~

07 도시락 & 식품

마트에서는 엄청나게 많은 종류의, 값싼 도시락을 만날 수 있다.
에키벤처럼 다양한 반찬이 들어 있는 도시락, 돈카츠, 스파게티,
야키소바, 햄버그스테이크, 김초밥, 롤, 스시, 사시미, 닭튀김, 교자
등 종류도 어마어마하다. 무엇보다 반가운 건 오후 8시 30분부터
30~50%까지 대폭 할인하는 행사를 진행한다는 사실.
이 시간을 노리면 온갖 음식을 사다가 파티를 벌일 수도 있다.

10 당고

짭짤하고 달콤하고 말랑말랑한 당고는
편의점에서도 쉽게 구입할 수 있지만,
마트에 가면 입이 떡 벌어질 만큼 많은
종류의 당고와 모찌를 볼 수 있다.
가격은 편의점의 50~70%.

08 마요네즈

빵에 발라서 전자레인지에
돌리기만 하면 요리가
되는 다양한 마요네즈가
인기다. 옥수수 알갱이가
든 콘마요, 참치 김밥이
연상되는 참치마요, 누구나
명란 바게트를 만들 수
있는 명란마요 등 입맛
따라 고를 수 있다.

토스트 스프레드 261¥

당고 80¥~

후쿠오카 시내 슈퍼마켓 리스트

이름	규모	영업시간	시내 주요 지점 위치
맥스밸류 マックスバリュ	중형	24시간	구시다진자마에 역에서 도보 1분 (◉ 2권 P.062 ⊙ MAP P.056F)
레가넷 큐트 レガネットキュー	소형	07:00~22:00	하카타 버스터미널 지하 1층 (◉ 2권 P.051 ⊙ MAP P.042B)
서니 サニー	중형	24시간	와타나베도리 역에서 도보 3분 (⊙ MAP P.095H)
이온쇼퍼스 イオンショッパーズ	중형	09:00~22:00	텐진 역에서 도보 3분 (◉ 2권 P.091 ⊙ MAP P.073C)
유메타운 ゆめタウン	대형	09:30~21:30	하카타 역에서 버스로 20분 (◉ 2권 P.122 ⊙ MAP P.115G)

추천 주류 쇼핑 리스트

어떤 술을 살까?

술 한잔의 감동을 가까운 지인에게도 느끼게 해주고 싶은 것이 사람 마음. 이왕 돈 들이고 힘들여 사가는 것, '그것 참 맛있더라'라는 칭찬 한번 들어보자.

칼피스 사와 (カルピス·サワー)
일명 '밀키스 맛' 사와. 술 잘 못 마시는 사람도 부담 없이 술술 마실 수 있어 여성들에게 특히 인기. 110¥~

우메슈 (梅酒)
초야(チョーやー)에서 나오는 '산뜻한 우메슈 (さらりとした梅酒)' 시리즈가 독보적인 인기를 누리고 있다. 이외에 산토리사의 '스미와타루 우메슈(澄みわたる梅酒)'도 괜찮다. 200¥~

카시스 원액 (CASSIS)
집에서 카시스를 만들어 먹고 싶다면 구입하자. 돈키호테(P.186)나 대형 마트에서 쉽게 찾을 수 있다. 추천 브랜드는 르제(LEJAY). 700ml 1200¥

산토리의 호로요이 (ほろよい)
한국인에게 가장 인기 있는 일본 술. 종류가 수십 가지에 달하며 계절마다 한정 제품을 내놓기도 한다. 마트나 편의점에서도 쉽게 구할 수 있지만 가게마다 파는 종류가 달라 원하는 제품을 찾으려면 되도록 규모가 큰 마트로 가는 것이 안전하다. 한국 대비 출시 종류가 압도적으로 많고 가격도 3분의 1 정도로 저렴하다. 시로이 사와(白いサワー), 모모(もも), 링고(りんご), 하치미츠레몬 (はちみつレモン)이 특히 인기 있다. 110~120¥

기린(Kirin)의 효케츠 (氷結)
'빙결'이라는 이름을 가진 주하이. 호로요이에 비해 단맛이 덜하고 알코올 함량이 높아(5도) 취기가 더 빨리 오르는 느낌이다. 청량감도 뛰어나다. 레몬 맛과 자몽 맛을 추천한다. 210¥대

아사히(Asahi)의 슬랫
(Slat すらっと)
호로요이나 효케츠에 비해 맛과 인지도가 떨어진다. 칼로리가 낮아서 여성들이 즐겨 찾는 술로 청포도 맛과 레몬 맛이 마실 만하다. 130~140¥

구로키리시마 (黒霧島)
큐슈 지역에서 가장 유명한 고구마
소주 중 하나. 미야자키산 고구마와
천연수로 만들어 첫맛이 쌉쌀하고
감칠맛이 좋다. 차게 마시면 더 맛있다.
가격이 저렴해 선물용으로 무난하다.
900¥~(공항 기준)

구보타센주 (久保田千壽)
애주가의 특별한 사랑을 받는 소주.
은은한 첫맛과 목을 타고 넘어가는
부드러운 느낌이 특징으로, 특유의
강한 맛이 덜해 일본 소주를 처음
접하는 사람에게 추천할 만하다.
시내보다 공항 면세점에서 구입하는
것이 훨씬 저렴하다.
2500¥~(공항 기준)

니카이도 (二階堂)
오이타현 명물 보리
소주로 사람에 따라
맛에 대한 평가가 갈리는
편이다. 하지만 한번
빠지면 헤어나기 힘든
소주라는 건 분명하다.
1000~1300¥

구마쇼추 (球磨焼酎)
구마모토 지역의
양조장에서 만든 특산주로
쌀로 빚는다. 소주지만
맛은 니혼슈에 더 가까워
일본 소주 입문자에게
알맞다. 50ml 25도 기준
1000~1500¥

핫카이산 (八海山)
15도의 청주. 입안에 퍼지는
향이 좋으며 등급 대비
품질이 높은 것으로 유명하다.
1000¥~

산토리 위스키
(Suntory whisky)
일본에서 가장 인기 있는 위스키.
국내에서는 위스키와 레몬즙,
소다 등을 섞어 하이볼로 많이
마신다. 라벨과 뚜껑의 색에
따라 네 가지 종류로 구분되는데
노란색(카쿠빈) 제품이
가장 인기 있다. 1200¥~

인테리어 & 리빙 숍

내 삶을 바꾸는
간단한 방법

일본은 생활 잡화의 천국이다. 기발한 아이디어 상품이
많아서 평소 '이런 기능이 있는 물건이 있으면 좋겠다'라고
상상하면 어디선가 그런 제품을 발견하는 일이 비일비재.
게다가 아기자기하면서도 예쁜 생활용품이 많아서
아이템 하나로 집 인테리어가 달라지는 경험이 가능하다.

굿 디자인, 굿 퀄리티

무인양품

MUJI 無印良品

'상표가 없는 좋은 상품'이라는 의미의 브랜드명이 인상적인 무인양품(무지)은
우수한 퀄리티와 미니멀한 디자인의 상품으로 우리나라에서도 인기 있는 일본
라이프스타일 브랜드. 확고한 디자인 철학을 바탕으로 유행에 휘둘리지 않는
라이프스타일을 제안한다. 한국에도 들어와 있으나 일본 현지에서는 의류, 가구,
패브릭 제품뿐 아니라 훨씬 많은 종류의 상품을 판매해 꼭 가봐야 하는 숍 중 하나.

캐널시티 하카타점 ⓞ MAP P.056J ⓒ 찾아가기 캐널시티 하카타 3층
아뮤플라자 하카타점 ⓒ 찾아가기 JR 하카타 역 아뮤플라자 6층
미나텐진점 ⓒ 찾아가기 텐진 지하상가 출입구 동1a
텐진 다이묘점 ⓞ 2권 P.086 ⓞ MAP P.072J ⓒ 찾아가기 텐진미나미 역에서 도보 8분

✔ 쇼핑 포인트

01 무인양품의 가전제품은 사용
전압이 우리와 다르지만 일명
'돼지코'라고 부르는 별도의 전압
변환 플러그만 있으면 한국에서
사용할 수 있는 제품도 있으므로
미리 확인하는 것이 좋다.

02 가구와 테이블웨어, 자전거
등은 아무리 예뻐도 무게와 배송
비용을 감안하면 우리나라에서
구매하는 편이 나을 수 있다.
비교적 가볍고 한국에 들어오지
않거나 한국에서 살 때보다 저렴한
제품 위주로 돌아보자.

①

②

벽걸이형 스피커, CDP
스피커도 인테리어가 된다.

초음파 아로마 디퓨저
향기와 가습을 동시에!

③

오가닉 면셔츠,
방수 오가닉 스니커즈
기본에 충실한 패션

④

캐리어
가볍고 심플해서 좋아.

문구류
심플해서 더 아름답다!

⑥

⑤

레토르트 식품
질 좋은 재료로 만든 한 끼 식사!

분위기를 살려주는
마법 같은 소품

프랑프랑
FrancFranc

여성들에게 사랑받는 리빙 인테리어 숍. 테이블웨어, 홈웨어, 패브릭, 가구
등을 파는데, 이 중 주방용품이 제일 인기다. 컬러풀한 색상과 모던한 디자인을
갖추어 주방의 분위기를 살려주는 데다가 값이 적당해서 선물용으로도 부담
없다. 디즈니 사와 컬래버레이션해 미키마우스를 활용한 제품은 꾸준히 인기를
끌고 있으며 종류도 식기를 비롯해 다양하다.

캐널시티 하카타점 ⑥ 2권 P.061 ⓦ MAP P.056J ⓖ 찾아가기 캐널시티 하카타 2~3층
파르코점 ⓖ 찾아가기 텐진 파르코 백화점 5층

❸

예쁜 주방
스펀지

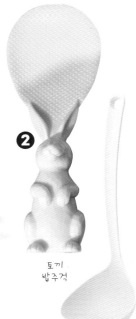

❷

❶

미키마우스 컵 & 뚜껑

토끼
밥주걱

스탠딩
국자

©FrancFranc

프랑프랑에서 꼭 사야 할 것

❶ 미키마우스 시리즈

디즈니 사와 컬래버레이션해
디자인한 미키마우스 멜라민
식판. 디자인이 예쁘고
활용도가 높아 누구나 하나쯤
구입하는 식기로 시즌마다
새로운 컬러가 나오니
눈여겨보길. 822¥

❷ 스탠딩 주걱과 국자

그동안 주걱을 놓을 자리가
없어 불편했다면 좋은 상품.
서 있는 주걱이다. 이미
선풍적인 인기를 누렸으며
지금도 스테디셀러로 1위
품목. 세울 수 있는 국자도
유용하다. 밥주걱 900¥,
국자 600¥

❸ 예쁜 주방 스펀지

이제 필수품이 되어 버린
텀블러. 길고 좁은 모양으로
인해 잘 닦이지 않았다면
이 막대가 달린 스펀지들이
답이다. 게다가 주방에
놓기만 해도 예쁘다. 250¥~

❹ 다기

프랑프랑에서 가장 인기 있는
아이템은 바로 다기. 저렴한
가격으로 우아한 다기를
소유할 수 있다.
매 시즌 새로운 다기를 선보여
구경하는 재미가 있다.
2인 다기 세트 6200¥

❺ 월 플라워

❹ 다기

❼ 공주 앞치마

❻ 오브제 시계

❽ 플라워 디퓨저

©FrancFranc

---

❺ 월 플라워

사진이나 그림이 식상하다면 허전한 벽면을 꽃으로 장식해보자. 목련, 장미, 케일 등 다채로운 꽃이 다양한 크기로 준비돼 있다. 집들이 선물로도 인기다. 1000¥~

❻ 오브제 시계

프랑프랑의 시계는 단순히 시간을 보는 용도가 아니다. 하나의 오브제로 벽을 아름답게 채운다. 6900¥~

❼ 공주 앞치마

입으면 주방이 아닌 파티에 가야 할 것 같은 예쁜 앞치마. 결혼 선물로도 좋다. 3980¥~

❽ 플라워 디퓨저

인테리어의 완성은 향! 그런데 디퓨저가 향의 역할만이 아닌, 그 자체만으로도 아름답다면? 디퓨저 용기는 꽃병이고, 리드는 꽃인 아름다운 플라워 디퓨저들. 4400¥~

충동구매 해도 괜찮은 곳

다이소
DAISO

국내에서도 유명한 대표적인 100엔 숍이다. 하카타점은 일본 내에서도 큰 규모로 손꼽히는 곳으로 물건도 다양하고 많다. 식품, 화장품, 주방용품, 문구, 장난감, 잡화 등 필요한 모든 것을 이곳에서 저렴하게 구입할 수 있다. 100엔 숍이지만 소비세 8%가 붙어 108¥이며 택스 리펀드는 안 된다. 종류에 따라서는 다른 곳보다 비싼 것도 있으니 모든 물건이 싸다고 맹신하지는 말자.

후쿠오카 📖 2권 P.051 ⊙ MAP P.042B ⓒ 찾아가기 하카타 버스터미널 5층

❶ 작지만 요긴한 식료품들

머그컵에 먹는
도쿄 누들

토스트 슈거

❷ 가격에 맞춘 미니 사이즈 간식들

다이소 카페

줄줄이 과자

콩가루 맛 초콜릿 안에
쫀득한 떡이 들어 있는
키나코모찌

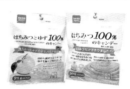
꿀이나 유자청 100%로
만든 고급 사탕

❸ 이제 계란은 내 뜻대로!

달걀이 알맞게 익었는지
알아볼 수 있는
에그 타이머

삶은 달걀의 껍데기를
벗기기 쉽도록 삶기 전
미리 살짝 구멍을
내는 제품

달걀말이용
실리콘 쿠킹 링

❹ 아기자기한 주방 용품

누르기만
하면
압착되는
뚜껑

도시락에 넣을
소시지를
예쁘게
만들어주는
모양 틀

일본 문구·캐릭터의
천국

로프트

Loft

비록 단일 건물에서 쇼핑몰 한층으로 규모를 축소했지만, 여전히 인기 있는 인테리어·리빙 백화점이다. 20, 30대 여성을 주요 타깃으로 다양한 리빙 제품을 만날 수 있는데, 특히 문구 마니아라면 혹할만한 다양한 제품을 구비해 놓았다.

후쿠오카 ◎ **2권** P.091 ◎ **MAP** P.073C
◎ **찾아가기** 텐진 역 동1번 출구에서 이어지는 미나텐진 건물 4층

❶ 커피 마니아들을 위한 모든 것

1회용 드립 커피 필터
300¥(30개), 380¥(30개)

드립 주전자
4000¥

귀여운 커피 코스터
300¥(1개)

융 드립 필터 1050¥

❷ 온갖 귀여운 문구류들은 다 모였다!

귀여운 메모지
380¥~

다양한 모양의 스탬프 120¥(1개)

호보니치 다이어리
2800¥

미니 조인트 스탬프
00¥

다이어리를
꾸밀 수 있는
툴&토이
300¥(1개)

애니메이션 덕후들의 쇼핑 무작정 따라하기

팔등신 미녀의 고혹적인 뒤태나 녹아내릴 것 같은 애교쯤은 되어야
심장이 요동치겠거니 생각했다면 남자를 몰라도 한참 모르는 것이다.
항상 평면으로 만나던 만화 〈원피스〉의 주인공을 입체감 있는 '물건'으로 마주한다는 사실에
주체할 수 없이 설레는 존재가 남자이니 말이다.
그들이 열광할 곳을 모아봤다. 원피스 덕후들이여, 성지순례를 떠나자.

한 발짝 옮길 때마다 '사? 말아?' 고민했다. 아무렴 이곳이라면 그럴 만도 하지. '나 좀 데려가줘' 하는 아우성을 모른 척
지날 수는 없는 일. 그렇다고 모든 아이들을 모셔 갈 수도 없는 노릇. 욕심과 현실 사이, 힘겨운 고뇌와 선택의 순간이다.

207

MANUAL 07 | 애니메이션

120￥

피카츄 모양
건더기 수프가
들어 있는 라면

2000￥

피카츄 X 포켓몬
컬래버레이션 인형

200~
300￥

매장 입구의 가챠(뽑기)

3200￥~

팬텀 가방

피카츄 라이츄 파이리 꼬부기

포켓몬 센터 ポケモンセンター

포켓몬에 관한 모든
것을 만날 수 있는
공간으로 웬만한 포켓몬
인형은 다 있다. 캐릭터
관련 상품은 물론 식기,
생활용품, 잡화 등 다양한 상품을 판매하며 포켓몬
게임을 할 수 있는 공간이 마련돼 있어 아이들에게 인기
있다. 생일 달에 방문해 신분증이나 여권을 보여주고
확인받으면 스티커와 할인 쿠폰 등을 받을 수 있다.

매월 코스튬이 바뀌는 기간
한정 피카츄 인형

1000￥~

후쿠오카 🔖 2권 P.051 📍 MAP P.042B
🧭 **찾아가기** 아뮤플라자 8층

EXPERIEN

MANUAL 01

료칸 & 온천 호텔

내 방 침대보다 편안한 잠자리가 있었네

남이 차려주는 맛깔스러운 밥상을 뚝딱 해치우고 뜨끈한 온천욕까지 하고 오니
두툼한 이부자리가 반긴다. 그런데 막상 잠자리에 들려고 하니 흘러가는 지금 이 순간이,
여행지의 밤이 아쉽기만 하다. 밀려드는 이 감정을 억누를 수는 없는 일.
그저 내게 주어진 특별한 시간을 만끽하는 수밖에.

료칸 & 온천 호텔 예약 팁

01. 결제는 가능하면 현금으로
인터넷 예약 과정에서 신용카드로 전액 결제하지 않는 이상 현장에서 숙박비를 결제할 때에는 현금이 기본입니다. 예전에 비해 신용카드를 받는 업소가 많아지기는 했지만 5% 내외의 수수료를 별도로 청구하는 만큼 될 수 있으면 현금을 지참하는 것이 좋습니다.

02. 온천세가 따로 붙어요
벳푸와 유후인 등 온천 지역은 결제할 때 별도의 온천세가 붙습니다. 1박 당 성인 1명 150¥ 수준.

03. 유후인선 송영 서비스 유무를 꼭 체크!
사실상 택시 이외의 대중교통 수단이 없는 유후인의 료칸과 온천 호텔 등에서는 숙박객을 대상으로 송영 버스를 운행합니다. 말 그대로 JR 유후인 역에서 료칸까지 픽업 & 드롭 서비스라고 보면 되는데요. 일반적으로 체크인 시작 시간인 오후 3시부터 5~6시 사이에만 운영하는 경우가 많기 때문에 시간을 반드시 체크해야 합니다. 숙소 예약 시 송영 버스 이용 여부를 함께 알려주는 것이 보통이에요.

04. 수많은 플랜이 존재해요
조·석식 제공 유무는 물론 어떤 요리를 먹는지에 따라, 숙박 기간과 요일 등에 따라 다양한 플랜이 존재합니다. 제공 내용에 따라 숙박비 역시 천차만별이라서 꼼꼼히 따져보고 선택해야 합니다. 싸다고 덜컥 예약하고 보니 식사를 제공하지 않는다는 사실을 현지에서 알게 되면 난감하니까요.

05. 온천 이용 시간을 숙지하세요
남녀가 같은 온천을 함께 이용하는 경우 시간대를 둘로 나눠 운영하는데요. 시간대별 온천 이용 시간은 체크인할 때 알려주니 참고해서 이용하세요. 일부 호텔은 요일별로 남녀 온천을 바꿔서 운영하기도 해요. 음양의 조화를 맞추기 위해서이기도 하지만 각각 다른 탕을 두루 이용해보라는 배려의 의도가 크답니다. 그 덕분에 숙박객 입장에선 다른 두 곳의 온천을 모두 이용해볼 수 있죠.

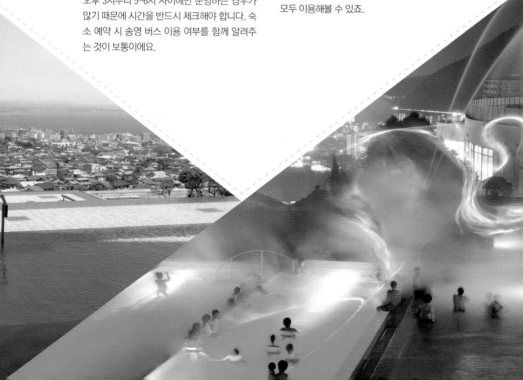

가족 여행에 알맞은
호텔&료칸
4

'우리 가족의 입맛에 맞는 음식을 파는 맛집이 있으려나?'
'어머님이 계속 걸어 다니기 힘드실 텐데.' 이것저것 따지자니
가족 여행을 떠나기도 전에 지친다. 가족 여행을 책임지고 준비한 사람이
짊어진 무거운 짐, 이곳에서 모두 내려놓자.

탁트인 전망이 압권인 다나유 온천

1 가족 여행객의 파라다이스
스기노이 호텔
杉乃井ホテル

인기도 ★★★★★
전 망 ★★★★★
가성비 ★★★★

가족 여행, 특히 아이들을 대동한 가족에게 이곳만
한 숙소가 없다. 호텔 내 볼거리와 즐길 거리를 누리
기만 해도 하루가 짧을 정도. 온천 시설도 이 지역 호
텔 가운데 가장 큰 규모를 자랑하는데 1200평 규모
의 '다나유 온천'과 야외 온천 수영장 '아쿠아 가든'에
서는 벳푸 최고의 전망이 발아래에 펼쳐진다. 어린
아이가 있다면 부대시설을 이용하기 편리한 하나관
객실을 선택하는 것이 좋다. 시티뷰와 오션뷰 객실
이 숙박료가 더 비싼 만큼 제값을 톡톡히 한다. 식사
는 조식과 석식 모두 뷔페식으로 제공되는데 고급스
럽고 맛있다고 소문이 자자하다.

벳푸 ⑧ 2권 P.171 ◎ MAP P.150
◎ 찾아가기 JR 벳푸 역 서쪽 출구에서 무료 셔틀버스로
10~15분 ⓐ 주소 大分県別府市観海寺1 ☐ 전화 097-778-
8888 ⓨ 가격 입욕료 숙박객 무료, 비숙박객 성인 1500~2500
¥, 3세~초등학생 900~1500¥(요일별, 시기별로 입장료가 다
름), 숙박 요금 본관 오션뷰 조식·석식 포함 1인당 1만3000
¥~ ◎ 홈페이지 www.suginoi-hotel.com

인피니티 풀장을 연상케 하는 다나유 온천의 전경

다나유 온천
제대로 즐기기

1. 온천욕을 즐기며
일출 감상하기

투숙객이라면 일출 광경을 놓치지 마
세요. 일출 시간은 입구에 세워둔 입간
판에 적어알려줍니다. 야경이 아름다운
것은 두말하면 잔소리.

2. 타월은 챙길 필요 없어요

입구에서 페이스 타월과 몸 닦는 타월
을 나눠주기 때문에 편한 복장으로 가
면 됩니다. 개인 물품보관함도 무료! 탕
안에 샤워용품이 있어요.

이런 볼거리도
있어요

1. 레이저 쇼

하루 2~4회 수영장을 무대로
레이저 쇼가 펼쳐집니다. 이왕
이면 시간을 맞춰서 관람하세
요. 다나유 온천 입구 옆 테라
스가 관람 명당.

ⓔ **장소** 아쿠아 가든
🕐 **시간** 19:00, 20:00, 21:00, 22:00(겨
울철 18:00 추가)

2. 일루미네이션

늦가을에서 초봄까지 호텔 주
변이 온통 화려한 불빛으로 뒤
덮입니다. 온천의 열기로 만든
전기를 이용한다는군요.

ⓔ **장소** 호텔 야외

3. 매핑 쇼

벽면 전체가 살아 움직이는 듯
한 조명 쇼인데, 아쿠아 가든
레이저 쇼를 보고 곧바로 이어
서 관람하면 시간이 딱 맞아요.

ⓔ **장소** 스기노이 팰리스 야외
🕐 **시간** 19:30, 20:30, 21:30

2 비밀스러운 여행을 원한다면
호테이야
ほてい屋

인기도 ★★★
전 망 ★★★
가성비 ★★★

관광객이 바글바글한 유후인 한가운데에 이런 료칸이 있다는 사실도 놀라운데 시설은 더더욱 놀랍다. 별채 11실, 본관 2실로 이뤄진 료칸 안에 노천탕 7개와 실내탕 4개가 마련돼 있다. 여기에 남녀 노천 대욕장 '벤텐노유'와 '다이코쿠노유'가 들어서 있으며 전세 노천탕도 있다. 일본식 화로에서 구운 온천 달걀과 옥수수, 매일 아침 온천욕 후 마실 수 있게 유리병에 담긴 우유를 주는 것만 봐도 세심한 서비스가 수준급. 역시 비싼 데는 그럴 만한 이유가 있다.

유후인 ⓜ MAP P.133
ⓖ **찾아가기** JR 유후인 역에서 도보 15분. 무료 송영 서비스 제공 ⓐ **주소** 大分県由布市湯布院町川上1414 ⓣ **전화** 097-784-2900 ⓨ **가격** 입욕료 숙박객 무료, 비숙박객 대욕탕 570¥, 가족탕 4인 50분 2100¥, 숙박 요금 조식·석식 포함 1인당 3만8490¥~ ⓗ **홈페이지** www.hoteiya-yado.jp/ko/index.html

누구나 이용할 수 있는 공용 공간

개방감이 있는 대욕탕

유리병 우유

객실에 딸려 있는 노천탕

---

3 가격 거품을 확 줄였다
유후인 산스이칸
ゆふいん 山水館

인기도 ★★★★
전 망 ★★★★
가성비 ★★★★★

유후인에서 흔치 않은 중규모 이상의 료칸. 도보 여행자들이 찾아가기 좋은 위치에 있다. 1층의 '유후노유'와 2층의 '아사기리노유'의 노천탕 2개를 운영하는데, 알칼리성 온천수로 피부가 매끈매끈해지는 효과가 있다. 객실은 서양식과 일식, 혼합형으로 나뉘며 이 중 일식인 화실은 최대 5명까지 묵을 수 있어 가족 여행객이 많이 찾는다. JR 유후인 역과 버스센터에서 료칸까지 송영 버스를 운영한다.

유후인 ⓜ MAP P.132
ⓖ **찾아가기** JR 유후인 역에서 도보 7~8분 ⓐ **주소** 大分県由布市湯布院町川南108-1 ⓣ **전화** 097-784-2101 ⓨ **가격** 숙박 요금 조식·석식 포함 1인당 2만¥~, 조식·석식 포함 1인실 1만5000¥~ ⓗ **홈페이지** www.sansuikan.co.jp

유후인 산스이칸의 자랑거리 중 하나는 온천.
루이보스티, 감귤탕 등 다양하고 특색 있는 탕으로 유명하다.

온천욕 후 쉴 수 있는
공용 공간

4 유후노고 사이가쿠칸

유후다케 전망, 이게 진짜거든!

柚富の郷 彩岳館

인기도 ★★★★
전 망 ★★★★★
가성비 ★★★★

부담스럽지 않은 가격에 유후인다운 료칸을 원한다면 이곳이 제격. 유후다케의 전경을 가까이에서 볼 수 있는 점이나 성분이 다른 두 가지 온천을 즐길 수 있다는 것이 이곳에서 묵은 사람들이 인정하는 장점. 전망에 약간 차이가 있을 뿐 어느 객실이든 최대 4명까지 묵을 수 있어 가족 여행객에게 반응이 좋다. 자동 승강기가 설치돼 있어 부모님을 모시고 가기에도 좋다. JR 유후인 역에서 료칸까지 무료 송영 버스 서비스를 제공한다.

유후인 ◉ **MAP** P.139A ◉ **찾아가기** JR 유후인 역에서 택시로 5분 ◉ **주소** 大分県由布市湯布院町川上2378-1 ◯ **전화** 097-744-5000
◯ **가격** 입욕료 숙박객 무료, 비숙박객 대욕탕 성인 620¥, 어린이 210¥, 가족탕 50분 2100¥, 80분 3100¥, 숙박 요금 3만3400¥~
◉ **홈페이지** www.saigakukan.co.jp/ko/lunch/index.html

완벽 코스

15:00

체크인. 웰컴 드링크로 내어주는 따뜻한
말차와 과자를 맛보며 잠깐의 티타임

19:00

유후다케를
바라보며 온천욕

20:40

식후에는 카보수 푸딩이나
아이스크림으로 입가심

20:00

오이타 현에서 난 농수산물로 차린
음식을 맘껏 먹자. 창밖으로 펼쳐지는
유후인의 야경 덕에 분위기도 굿

여성 취향의
료칸
2

여자 마음을 어쩌면 이렇게 잘 아는지, 눈에 보이고 접하는 것마다 감탄사를 연발하게 된다. 기껏 여행 와서 작은 일 때문에 기분을 망칠 수는 없는 법. 체크인하는 순간부터 체크 아웃할 때까지 내 마음을 제대로 알아주는 곳에 머물자.

숙박비에 비해 매우 넓은 룸

유후다케와 유후인 마을 풍경을 감상할 수 있다.

완벽 코스

15:00
체크인. 예쁜 유카타와 기념품은 여성만의 특권!
↓

18:30
족욕을 하며 저녁 식사 (예약 필수)
↓

20:00
밤하늘을 바라보며 전세탕에서 온천욕
↓

06:00
유후다케 뒤편으로 뜨는 해를 보며 온천욕으로 시작하는 하루
↓

08:20
소박한 마을 풍경을 바라보며 아침 식사. 숙박객이 많지 않아 더욱 정성을 기울인 걸까. 음식이 아주 정갈하고 맛있다.

1 여성 맞춤 서비스
야와라기노사토 야도야
やわらぎの郷 やどや

인기도 ★★★★★
전 망 ★★★
가성비 ★★★★

유노츠보 거리 주변의 소규모 호텔. 규모에 비해 객실 수가 적은 편이라 어디서 뭘 하든 붐비지 않는다. 객실은 양실과 화실 두 유형으로 나뉘어 있으며 이 지역의 농수산물로 조리한 식사도 수준급이다. 특히 유후다케가 보이는 세 종류의 노천 전세탕은 누구라도 사랑할 수밖에 없는 공간. 체크인할 때 저녁과 아침 각각 한 타임씩(50분) 전세탕을 예약할 수 있으며 탕 종류와 시간을 선착순으로 고를 수 있다. 온천욕 후에 족욕을 하며 맛있는 저녁을 먹다 보면 지나가는 하루가 아쉬울 뿐이다. 여자라면 체크인 시 유카타를 직접 골라 입는 재미를 놓치지 말자. 일반 료칸에 비해 디자인이 예쁜 유카타가 더 많다.

유후인 ⊙ MAP P.133 ⊙ 찾아가기 JR 유후인 역에서 도보 15분 ⊙ 주소 大分県由布市湯布院町2717-5 ⊙ 전화 097-728-2828 ⊙ 가격 숙박 요금 트윈룸 2만 8000¥~ ⊙ 홈페이지 www.yawaraginosato.com

2 여자들 마음에 쏙
하나 벳푸
花べっぷ

인기도 ★★★★
전 망 ★★
가성비 ★★★★

하나부터 열까지 여자 마음에 쏙 들기가 참 어려운데, 그 어려운 걸 해내는 곳이다. 발바닥에 무리가 가지 않도록 쿠션처럼 폭신한 질감을 살려 설계한 다다미 바닥에 발을 딛는 순간부터 여자들은 '어머, 어머'를 연발한다. 소금물이 섞인 나트륨 탄산수 온천은 이곳의 자랑거리. 특히 '마이크로 버블 배스'라는 거품 목욕 시설과 '미스트 사우나'가 피부를 매끄럽게 만들고 체내의 노폐물 배출을 도와 '미인온천'이라는 별칭까지 얻었다.

벳푸 ⊙ MAP P.162J ⊙ 찾아가기 JR 벳푸 역 서쪽 출구에서 도보 6분 ⊙ 주소 大分県別府市上田の湯町16−50 ⊙ 전화 097−722−0049 ⊙ 가격 숙박 요금 조식·석식 포함 1인 1만4360¥~ ⊙ 홈페이지 www.hanabeppu.jp

공용 공간의 파티션과 가구들도 오이타산 대나무로 만들었다.

쿠션이 들어 있는 대나무 바닥

완벽 코스

15:00
체크인. 16종류의 베개 중 하나를 골라보자. 여성스러운 유카타는 500¥에 대여 가능

↓

16:00
내 몸을 위한 투자! 트리트먼트 룸

↓

17:20
셀렉트 숍에서 쇼핑 타임. 이곳에서만 파는 제품에 주목!

↓

19:00
오이타 현의 향토 음식으로 채운 가이세키 요리로 식사

↓

21:00
'일본 최고의 온천 250선'에 꼽힌 온천에서 휴식

↓

22:00
1층 휴게 공간 옆에서 무료 밤참으로 나오는 만주도 꼭 챙겨 먹자.

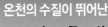

온천의 수질이 뛰어난

료칸&호텔
3

온천을 선택할 때 다른 건 몰라도 온천수의 수질만큼은 꼼꼼히 따진다면 주목하자. 물 좋기로 소문난 곳만 골랐다.

이곳의 최대 자랑거리 구스노키 노천탕은 일본에서 물 좋기로 알아준다.

벳푸 시가지를 발 아래 둔 레스토랑

대형 호텔이지만 일본식 객실도 갖추고 있다.

1 일본 3대 미인 온천

호텔 시라기쿠
ホテル白菊

인기도 ★★★
전 망 ★★★★
가성비 ★★★★★

'일본 온천 호텔·료칸 250선'에 수차례 선정된 온천 호텔. 넓은 실내탕과 노천탕을 갖추고 있으며 일본식 정원을 본떠 만들었다는 구스노키 노천탕(楠湯殿)의 오래된 녹나무 그늘에서 온천욕을 즐길 수 있다. 탄산수소와 알칼리 성분을 함유해 피부를 아주 촉촉하고 매끌매끌하게 만드는 온천수 때문에 '미인탕'으로 잘 알려져 있다. 특히 만성 피부 질환, 화상, 류머티즘에 효험이 있어 치료 목적으로 이곳을 찾는 사람도 많다. 격일로 남녀 탕이 바뀌며 개인 수건을 챙겨 가지 않아도 된다.

벳푸 ◉ MAP P.162J
◉ 찾아가기 JR 벳푸 역 서쪽 출구에서 도보 10분 ◉ 주소 大分県別府市上田の湯町16-36 ◉ 전화 097-721-2111 ◉ 가격 입욕료 숙박객 무료, 비숙박객 성인 1000¥, 어린이 500¥, 숙박 요금 1만9000¥~ ◉ 홈페이지 www.shiragiku.co.jp

✔ 비숙박객도 온천을 즐길 수 있다?

입욕료를 내거나 히카에리(당일치기 플랜)를 이용하면 숙박하지 않아도 입욕이 가능하다. 식사, 에스테틱, 뷔페 등 제공 내용에 따라 플랜 가격도 천차만별. 호텔 홈페이지에서 예약하면 할인받을 수 있다.

2 유후인 야스하

피부 보습에 탁월한 효과

ゆふいん泰葉

인기도 ★★★★
전　망 ★
가성비 ★★★

피부 보습에 탁월한 온천수

"일본 어디에 가도 이런 온천수를 만나기 쉽지 않을걸요!" 지배인의 자랑이 끊이지 않는다. 분출할 때에는 무색이었다가 시간이 지나며 점차 푸른빛을 띠는 온천수로 일본에서도 매우 희귀하다는 것이 그의 설명. 메타규산 성분이 풍부해 보습 효과가 탁월하고 피부가 매끌매끌해져 여성들이 무척 좋아한다고 한다. 객실은 2인용 부터 최대 6인실까지 다양한데 나무숲에 둘러싸여 있어 전망을 기대하기는 어렵다.

온천수 미스트 300¥

유후인 ◉ MAP P.139B
◎ **찾아가기** JR 유후인 역에서 송영 버스 운행(15:00~17:00, 예약 필수) ◉ **주소** 大分県由布市湯布院町川上1270-48 ☎ **전화** 097-785-2226 ¥ **가격** 입욕료 숙박객 무료, 비숙박객 700¥, 전세탕 2000~2500¥, 숙박요금 조식·석식 포함 1인당 1만6000¥~ ◈ **홈페이지** www.yasuha.co.jp

유후인 주요 관광지에서 멀리
떨어져 있어 한적한 분위기다.

일본 전통가옥 구조를 유지하고
있어 별장에 온 듯한 기분이 든다.

인기도 ★★★★
전　망 ★★★★★
가성비 ★★★★

매일 매일 온천욕하고
싶어지는 노천탕.

3 오카모토야

이렇게 멋진 료칸이 있었다니

岡本屋

노천탕 자체가 아름다운 풍경이 되는 곳이다. 피부보습에 효과가 있는 유노하나 온천을 멋진 전망과 함께 즐길 수 있어 일본인들도 많이 찾는다. 예전 모습을 그대로 유지하는 객실과 전망까지 까다로운 여행객들의 취향에 딱. 두루두루 칭찬받는 걸 보면 괜히 7대째 대를 이어온 게 아니라는 걸 알 수 있다.

벳푸 ◉ MAP P.183
◎ **찾아가기** JR 벳푸 역에서 24번 버스로 30분 ◉ **주소** 大分県別府市明礬4組 ☎ **전화** 097-766-3228 ¥ **가격** 숙박 요금 조식·석식 포함 1인 1만7820¥~3만¥(현지 지불 시 현금 결제만 가능) ◈ **홈페이지** www.okamotoya.net

전망 좋은
료칸&호텔
4

잠시 머물더라도 남보다 더 높은 곳, 푸른 바다와 멋진 야경이 발아래에 펼쳐지는 곳에서 지내보고 싶은 이들에게 추천한다.

바다를 보면서 온천욕을 즐길 수 있다.

인기도 ★★★
전 망 ★★★★★
가성비 ★★★★★

1 하루 종일 바다만 봐도 질리지 않아
시오사이노야도 세이카이
潮騒の宿 晴海

바다를 바라보며 온천욕을 즐기는 것이 무엇보다 중요하다면 이곳이 최고다. 모든 시설이 오션뷰이며 바다 위로 해가 떠오르는 일출 풍경이 멋있기로 유명하다. 모든 객실에 개인 온천이 딸려 있어 프라이빗한 온천욕이 가능한데, 벳푸 만이 한눈에 들어오는 숙박객 전용의 '8층 대욕탕'과 해수면과 같은 높이에서 바다를 볼 수 있는 '1층 대욕탕'을 갖추고 있다. 비숙박객은 호텔 레스토랑에서 식사를 하면 1층 온천을 무료로 이용할 수 있으며, 식사와 커피, 온천을 즐길 수 있는 '히카에리 플랜'도 있다.

벳푸 ⓜ MAP P.150
ⓐ 찾아가기 JR 벳푸 역 동쪽 출구에서 16, 16A, 26, 26A 버스로 15분
ⓐ 주소 大分県別府市上人ヶ浜町6-24 ☎ 전화 097-766-3680 ⓨ 가격 숙박 요금 리조트 트윈 2만3400¥~ ⓗ 홈페이지 www.seikai.co.jp

2 일출이 멋지기로 소문난 곳
호텔 앤 리조트 벳푸완
Hotel & Resort Beppu Wan

중심가에서 멀어질수록 숙소의 문턱은 낮아진다. 숙박비에 비해 객실이 넓고 할인 이벤트를 많이 하는 것이 교외 호텔의 최대 강점. 벳푸완 로열 호텔도 그런 곳 중 하나다. 위치가 멀다는 단점을 상쇄하기 위해 부대시설을 다양하게 갖추고 있으며 구내 레스토랑도 다양하고 숙박비도 적당한 편이다. 특히 객실에서 바라보는 벳푸 만 풍경은 이곳의 최대 자랑거리로 수평선 위로 해가 뜨는 풍경을 1년 내내 볼 수 있다.

벳푸 ⓜ MAP P.150
ⓐ 찾아가기 JR 벳푸 역에서 무료 송영 버스를 운행 ⓐ 주소 大分県速見郡日出町平道入江1825 ☎ 전화 097-772-9800 ⓨ 가격 숙박 요금 조식·석식 포함 1인당 1만2000¥~ ⓗ 홈페이지 www.daiwaresort.jp/beppu/index.html

벳푸만의 아름다운 일출을 1년 내내 볼 수 있다.

인기도 ★★★
전 망 ★★★★
가성비 ★★★★

숙박비 대비 객실이 넓다.

3 유후인을 발아래에 두다
레이메이 호텔
黎明ホテル

산 중턱에 자리한 덕분에 건물이 높지 않은데도 객실의 전망이 좋다. 하지만 멋진 전망을 얻은 대신 접근성이 크게 떨어지는 점이 흠. 친절한 한국인 스태프가 상주해 든든하다는 점과 주변이 조용하다는 점은 높이 살 부분. 최소 2명부터 많게는 6명 이상까지 묵을 수 있어 렌터카를 이용해 다니는 가족 여행객이 많이 찾는다.

유후인 ⊙ **MAP** P.138B
☺ **찾아가기** JR 유후인 역에서 자동차 7분 ⊛ **주소** 大分県湯布市湯布院町川上2212-35 ☎ **전화** 097-785-5026 ⊗ **가격** 숙박 요금 여명실 1인당 1만4500¥~ ⊗ **홈페이지** www.hotel-reimei.com/Front/Main.aspx

공용 온천. 호텔 규모가 작아 전세탕 만큼 여유롭다.

인기도 ★★★
전 망 ★★★★
가성비 ★★★★

창문이 넓고 탁 트여 있어 같은 풍경도 달리 보인다.

간나와 지역을 보며 온천을 즐길 수 있는 공용탕

4 벳푸 전망을 한 눈에
산소 간나와엔
山莊 神和苑

인기도 ★★★★
전 망 ★★★★★
가성비 ★★★

간나와 한가운데 들어선 현대식 대형 료칸. 벳푸가 발아래 펼쳐지는 2개의 공용탕은 물론이고 객실마다 전용 노천탕이 있어 프라이빗한 휴가를 보내기도 좋다. 온천수를 흘려보내는 방식으로 운영돼 수질 유지가 잘 되는 것도 만족스러운 부분. 이러니 인기가 있을 수 밖에 없겠다 싶다.

벳푸 ⊙ **MAP** P.174B
☺ **찾아가기** 간나와 버스터미널에서 도보 3분. 요청시 벳푸 역에서 송영 버스 픽업을 해준다. ⊛ **주소** 大分県別府市鉄輪345番地 ☎ **전화** 097-766-2111 ⊗ **가격** 숙박요금 4500¥~ ⊗ **홈페이지** www.kannawaen.jp

1인 10만원대 저렴한
료칸&호텔

3

1 다양한 전세탕을 만나다
료소 마키바노이에
旅荘 牧場の家

인기도 ★★★★
전 망 ★★★★
가성비 ★★★★

전세탕으로 유명한 료칸이다. 두 개의 공동탕에, 여러 형태의 전세탕이 무려 일곱 개나 있다. 숙박하지 않고 온천만도 할 수 있으니 유후인을 당일치기로 다녀갈 계획이라면 눈여겨보자. 전세탕도 좋지만 넓은 공동 노천탕은 자연과 더불어 온천을 할 수 있도록 잘 조성되어 오래 목욕을 해도 답답하지 않다. 15개 객실은 모두 단독 건물로 되어 있어서 누구에게도 방해받지 않고 편안하게 쉴 수 있다. 객실이 그리 넓지 않으나 필요한 모든 것을 다 갖춰놓아 불편함은 없다. 한국어 가능 직원이 있어서 편리하다.

유후인 ⊙ **MAP** P.132
◉ **찾아가기** 유후인 역에서 택시를 타자 ◉ **주소** 大分県由布市湯布院町川上2870-1 ☎ **전화** 0977-84-2138 ⏰ **가격** 조식 포함 1인 1만5000¥~ ● **홈페이지** www.ryosoumakibanoie.wix.com

✔ 비숙박객도 온천을 즐길 수 있다?
입욕료를 내거나 히카에리(당일치기 플랜)를 이용하면 숙박하지 않아도 입욕이 가능하다. 식사, 에스테틱, 뷔페 등 제공 내용에 따라 플랜 가격도 천차만별. 호텔 홈페이지에서 예약하면 할인 받을 수 있다.

헤빈유에는
기포가 보글보글
올라오는 자쿠지

유황 농도가 진해
피부가 매끄러워지는
묘반 온천수

객실과 전세탕을
잇는 야외 복도

분위기가 좋아 사진을
남기기 딱인 복도

2 지사이유야도 스이호오구라
慈菜湯宿 粋房おぐら

〽온천수 온도 고열탕   🧖온천 방식 독탕   🕐시간 제한 있음

현지인이 주로 이용하는 온천으로 여유 있고 조용한 분위기에서 온천욕을 즐길 수 있다. 10가지 특색 있는 전세탕을 갖추고 있는데, 그중 귤을 띄워 피부에 활력을 불어넣는 '신유(新湯, 실내탕)', 자쿠지가 설치돼 있어 거품 목욕을 할 수 있는 '헤빈유(へびん湯, 노천탕)', 낙수 마사지가 가능한 '오칸유(丘ん湯, 실내탕)'가 인기다. 다른 곳보다 이용할 수 있는 시간이 짧은 대신 입욕료가 저렴한 것이 장점. 숙박하지 않고 식사나 온천욕만 할 수 있는 히가에리 프로그램도 다양하게 마련돼 있다. 영어를 잘하는 직원이 상주한다. 홈페이지에서 예약 가능.

벳푸 ⓞ 2권 P.171 ⓞ MAP P.150 ⓞ 찾아가기 렌터카를 이용하지 않으면 찾아가기 힘들다. 벳푸IC에서 간나와 방향으로 11번 도로를 타고 가다 로손 편의점이 보이면 언덕길로 좌회전. 간판이 잘 보이지 않으므로 눈을 크게 뜨고 찾아보자. 1.3km 지점. 자동차로 2~3분 거리 ⓨ 가격 3명 45분 이용 1500~2000¥(1인 추가 또는 15분 초과 이용 시 500¥ 추가)

3 유야에비스
湯屋えびす

〽온천수 온도 고열탕   🧖온천 방식 독탕   🕐시간 제한 있음

온천의 땅 벳푸에서도 드문 유황 온천을 원 없이 경험하려면 이곳만 한곳이 없다. 뽀얀 온천수는 유화 탄소 가스를 함유해 혈관을 넓히고 혈압을 낮추는 데 효과가 있으며 피로를 푸는 데도 좋다. 유황 농도가 짙어 고릿한 특유의 냄새가 1박 2일은 족히 가는 점도 꽤 색다른 경험이다. 온천수의 온도가 높고 전망을 딱히 기대하기 어려운 점은 다소 아쉽다. 언덕 위의 다른 건물에서는 공용 일반 온천도 운영한다.

벳푸 ⓞ 2권 P.201 ⓞ MAP P.201 ⓞ 찾아가기 벳푸 간나와 버스터미널에서 24번 버스를 타고 가다 묘반에서 하차. 10분 소요 ⓨ 가격 전세 온천 대여료 1시간 2000¥(자쿠지 있는 탕은 2300¥) 토 · 일요일, 공휴일 2500¥

계절의 변화에 따라 분위기가 달라지는 '게츠노유'

이곳에서 유일하게 원천이 두개인 '호타루노유'. 두가지 온천을 한 번에 즐길 수 있다.

온천욕하며 폭포를 볼 수 있는 타키노유가 인기있다.

4 무겐노사토·슌카슈토
夢幻の里·春夏秋冬

§§§ 온천수 온도 고열탕 🛁 온천 방식 독탕 🕐 시간 제한 있음

이름 한번 기가 막히게 잘 지었다. '몽환의 마을 춘하추동'이라니. 폭이 좁은 비포장도로를 기어가듯 도착한 인적 드문 곳에 몽환의 온천이 자리하고 있다. 계절에 따라 온천 분위기와 입욕감이 확연히 달라지는 것이 이곳만의 특징. 유황 성분이 강한 온천으로 최근에는 방송을 타며 유명세를 얻어 몇 달치 예약이 다 차기도 한다고. 다만 예약은 오후 3시부터 마감까지만 가능하고 오전 10시부터 낮 12시까지는 선착순으로 입욕이 가능해 문을 열기도 전부터 기다리는 사람들도 있다. 남녀 공용탕과 다섯 가지 전세탕을 보유하고 있는데 이곳에서 유일하게 원천이 두 개인 호타루노유와 폭포 바로 앞에서 온천을 즐길 수 있는 타키노유가 인기있다. 탕 안에 샤워할 수 있는 공간이 따로 마련되지 않은 점은 조금 아쉽지만 큐슈를 통틀어 이곳만 한 온천도 드물지 않을까.

벳푸 📖 2권 P.171 ⊙ MAP P.150 ⊙ 찾아가기 렌터카 없이는 찾아가기 힘들다. ¥ 가격 타키노유 3000¥, 게츠노유 2800¥, 호타루노유 2500¥(모든 전세탕은 4명 정원, 60분 사용), 공용탕 성인 700¥

이색 온천 BEST 2

벳푸까지 왔는데 남들 다 하는 온천욕만 하다 가기에는 뭔가 아쉽다. 따뜻한 물에 들어갔다 나오는
'뻔하디뻔한' 온천 말고 좀 더 이색적이고 독특한 경험을 원한다면 이곳으로 가보자.
수건과 샤워용품, 물품보관함 이용을 위한 잔돈을 꼭 챙겨 가야 한다.

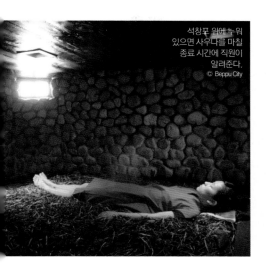

석창포 위에 누워
있으면 사우나를 마칠
종료 시간에 직원이
알려준다.
© Beppu City

80년 된 건물에서
모래찜질을 즐길 수 있다.
© Beppu City

1 간나와무시유
鉄輪むし湯

(₷₷₷ 온천수 온도 열탕   🧖 온천 방식 찜질   🕐 시간 제한 있음)

가마쿠라 막부(1185~1333) 시대의 전통 방식을 고수하는 온천
증기 사우나. 이용 방식이 꽤 흥미롭다. 간단히 샤워를 하고 유
카타로 갈아입은 후 사우나실로 들어가는데, 잘 말린 석창포
위에 8~10분 동안 꼼짝 않고 누워 있으면 된다. 혈액순환을 촉
진하는 약초인 석창포와 온천 증기가 만나 효과가 극대화되어
신경통, 관절염 완화에 특히 좋다고 한다. 사우나 후에는 온천
욕을 할 수 있는데, 가격 대비 만족스러워 해볼 만하다. 남자
탈의실에 불쑥 나타나는 직원 아주머니의 시선을 견딜 수 있
다면 말이다.

벳푸 ⓑ **2권** P.181 ⓞ **MAP** P.175D
ⓞ **찾아가기** 벳푸 간나와 버스터미널에서 도보 4분
ⓥ **가격** 입욕료 700¥, 유카타 대여 220¥, 수건 대여 310¥

2 다케가와라 온천
竹瓦温泉

(₷₷₷ 온천수 온도 열탕   🧖 온천 방식 찜질   🕐 시간 제한 있음)

1878년부터 무려 140년 가까이 영업해온 터줏대감 온천. 건물
은 1938년에 새로 지은 것으로 근대문화유산으로 지정된 문
화재라는 사실이 놀랍다. 일본 분위기가 물씬 풍기는 욕탕에
서 온천욕을 하는 기분이라니! 벳푸의 많고 많은 온천 가운데
이곳을 최고로 칠 수밖에 없는 이유다. 단돈 300¥에 온천욕을
할 수 있지만 정작 여행자들에게 유명한 것은 모래찜질이다.
피크 타임에는 한참 기다려야 할 정도로 인기이니 기다리지 않
고 이용하고 싶다면 개장 직후를 노리길. 와이파이 무료 이용
가능.

벳푸 ⓑ **2권** P.169 ⓞ **MAP** P.163C
ⓞ **찾아가기** JR 벳푸 역 동쪽 출구에서 도보 10분
ⓥ **가격** 모래찜질 1500¥(유카타 대여비 포함), 물품보관함 100¥

유료 온천 BEST 3

누구나 부담 없이 들를 수 있으면서 여행의 로망을 실현하기에도 모자람이 없는 곳.
거기에 수질까지 좋으면 금상첨화다. 많고 많은 온천 관련 시설 가운데 오로지 온천으로 승부를 거는 곳을 모았다.

가장 인기 있는 낙수탕

tip 식사에 대한 평은 좋지 않지만 간식거리는 괜찮은 편이다.
🕐 **시간** 11:00~20:00
💰 **가격** 온센타마고(온천 증기로 찐 달걀) 70¥

조롱박 모양의 탕

7 효탄 온천
ひょうたん温泉

(♨️온천수 온도 **온탕**　👥온천 방식 **공용탕**　🕐시간 제한 **없음**)

'일본 유일의 미슐랭 3스타 온천'이라는 간판 덕이 크기야 하겠지만 모든 유형의 온천을 갖추었으니 누구나 만족할 수밖에 없을 터. 입욕료만 내면 실내탕과 노천탕은 물론이고 온천 증기 사우나, 시원한 낙수 마사지를 할 수 있는 폭포 수탕, 보행탕 등 8개 탕을 모두 즐길 수 있고, 추가 요금을 내면 온도별 모래찜질을 체험할 수 있다. 다만 목욕 손님이 많다 보니 시간대에 따라 수질의 차이가 크고, 실내탕은 완전히 실내가 아니라 나뭇잎 같은 부유물을 심심찮게 발견할 수 있는 점이 아쉬울 뿐. 개장 직후에 가면 수질이 훨씬 좋다. 대부분이 온탕이고 즐길 거리가 많아 아이들과 가기에 좋으며 가족탕도 다양하다. 식사를 할 수 있지만 가격 대비 만족스럽지 못하다. 간식거리는 괜찮은 편이다.

벳푸 ▶ **2권** P.181　◉ **MAP** P.175H　◎ **찾아가기** 벳푸 간나와 버스터미널에서 도보 5분
💰 **가격** 입욕료 성인 860¥, 초등학생 380¥, 스나유(모래찜질) 330¥, 가족탕 3명 1시간 2400¥(1인 추가 성인 700¥, 어린이 300¥)

실내탕

지붕이 있어
비 오는 날에도
이용할 수 있는 노천탕

나가사키
야경을 보며
즐기는 온천
© Fukunoyu

후쿠노유
무료 셔틀버스

2 오니이시노유
鬼石の湯

⟨⟨⟨ 온천수 온도 열탕   🧖 온천 방식 공용탕   ⏱ 시간 제한 없음

벳푸에 오면 누구나 돌아보는 지옥 온천에 위치한 온천. 하지만 그 명성에 가려 더더욱 비밀스러운 곳이 되고 말았다. 시간만 잘 맞추면 온천 전체를 독차지하는 호사를 누릴 수도 있으니 여행자에게는 이보다 반가울 수 없다. 수질이나 시설이 떨어지느냐고? 천만의 말씀! 실내탕 1곳과 널찍한 노천탕 2곳이 있고 시설도 깔끔하다. 이쯤 되면 '고작 탕 하나 빌려 쓰는 전세탕' 따위 전혀 부럽지 않다. 물품보관함이 커서 짐이 많아도 걱정 없다.

벳푸 ⓑ 2권 P.181 ◉ MAP P.174E ⊙ 찾아가기 벳푸 간나와 버스터미널에서 도보 10분 ⓨ 가격 입욕료 성인 620￥, 초등학생 300￥, 유아 200￥, 가족탕 4명 1시간 2000￥(인원·시간 추가 불가)

3 후쿠노유
ふくの湯

⟨⟨⟨ 온천수 온도 온탕   🧖 온천 방식 공용탕   ⏱ 시간 제한 없음

나가사키에서 가장 인기 있는 온천. 규모는 작지만 사우나, 거품탕 등 다양한 온천 시설을 갖추고 있다. 특히 우리 돈 1만 원이 채 되지 않는 요금을 내고 일본 최고의 야경을 바라보며 온천욕을 할 수 있으니 없는 시간을 쪼개서라도 꼭 들러볼 것. 사우나, 실내탕도 갖추고 있으며 건물 내부에서는 돈 대신 센서가 달린 밴드를 이용해 결제한다.

나가사키 ⓑ 2권 P.199 ◉ MAP P.196 ⊙ 찾아가기 나가사키 역 서쪽 출구로 나와 보이는 일반 차량 정류장에서 무료 셔틀버스를 기다리면 된다. 09:05~22:15 30분에서 한 시간에 한 대꼴로 운행. 20분 소요 ⓨ 가격 입욕료 성인 850￥, 3세~초등학생 450￥, 가족탕 1시간 4명 기준 2800￥(인원추가, 시간추가 불가)

후쿠오카 시내·외 온천

일정이 빠듯해 유명 온천 마을을 찾을 여력이 안 된다면, 후쿠오카 시내·외 온천을 찾아보는 건 어떨까.
유명 온천 마을에 비할 수는 없지만 물이 좋고 시설도 좋아 온천에 관한 아쉬움을 달래기에 충분하다.

하카타 역에서
버스 15분

만요노유
万葉の湯

후쿠오카 공항 인근에 있는 온천이다. 이용 요금이 다소 비싼 반면 유카타, 목욕 타월과 페이스 타월, 칫솔과
치약, 미니 백 등의 이용료가 포함돼 있어 빈손으로 가도 될 정도. 우리나라의 찜질방처럼 24시간 운영해 숙박
까지 해결할 수 있지만, 새벽 3시를 기준으로 심야요금을 추가로 지불해야 한다. 이곳의 가장 큰 장점은 온천
수와 부대시설이다. 유명 온천 마을인 유후인과 다케오의 온천수를 매일 공급해 시내 온천 중 수질이 월등히
좋다. 노천탕, 실내탕 등을 오가며 온천을 즐길 수 있으며, 전세탕도 이용 가능하다.
유카타를 입고 다니면서 쉴 수 있는 식당과 휴게실 등 부대시설이 꽤 널찍해 료칸에 온 기분을 낼 수 있다. 호텔
을 겸한 온천으로 객실은 양실과 화실로 나뉘며 료칸 못지않은 특별실도 있다. 하카타역에서 무료 셔틀버스를
운영한다. 하카타역 치쿠시 출구 로손 편의점 앞에서 출발하며, 약 5분 소요된다. 셔틀버스는 오전 7시 35분~
오후 11시 15분, 1시간당 1편 운행.

후쿠오카 ⑥ 2권 P.053 ⓞ MAP P.043H ⓧ 찾아가기 하카타 역에서 셔틀버스 15분 ⓥ 가격 입욕료(10:00~다음날 03:00) 성인
2180¥(13세 이상), 어린이(7~12세) 1100¥, 미취학 아동(3~6세) 900¥ 심야요금(03:00~11:00) 성인 2220¥ 어린이·미취학 아동
1300¥, 전세탕 2500¥(2시간)

온천을 마치고
난 뒤 쉴 수 있는
널찍한 휴게 공간

온천 마을의 정취를 느끼고 싶다면

텐진 역에서
대중교통+
셔틀버스 40분

나카가와 세이류
那珂川 清滝

후쿠오카 시내에서 대중교통과 셔틀버스로 40분 가량 떨어진 나카가와 강 상류에 위치한 한적한 온천이다. 후쿠오카 시내에서는 다소 멀긴 하지만 비교적 가까운 거리에서 제법 온천 마을 특유의 분위기를 느낄 수 있어 인기다. 100% 천연 온천수로 알칼리 온천과 라듐 온천이 있으며, 7개의 탕으로 이루어진 노천탕이 훌륭하다. 히노키탕(여탕만 있음), 물소리를 들으며 즐길 수 있는 폭포탕, 바위를 이용한 동굴증기탕 등 종류도 다양하다. 실내탕에는 한증막, 원적외선 사우나, 소금 사우나 등도 갖추었다. 추가 요금을 내면 암반욕도 즐길 수 있다. 부대시설도 훌륭하다. 두 곳의 식당에서 이 지역에서 나는 제철 식재료로 만든 음식을 제공한다. 간단한 식사 메뉴와 맥주뿐 아니라 가이세키 요리도 선보이는데, 이 음식을 맛보기 위해 일부러 온천을 찾아오는 손님이 있을 정도. 온천을 마치고 난 뒤 쉴 수 있는 널찍한 휴게실도 있는데 다다미방과 툇마루, 정원, 족욕탕 등을 갖추어 료칸의 정취를 느낄 수 있다. 하카타 역과 텐진에서 출발하는 셔틀버스 노선은 폐지됐고, 오하시 역에서 출발·정차하는 노선을 이용할 수 있다.

후쿠오카 ⊙ **MAP** P.025 ⊙ **찾아가기** 텐진 역이나 야쿠인 역에서 니시테츠 텐진오무타선을 타고 오하시 역 동쪽 출구로 나가서 셔틀버스 탑승 ⊙ **주소** 福岡県筑紫郡那珂川町南面里 326 ⊝ **전화** 092-952-8848 ⊙ **가격** 입욕료 1200¥(주말·공휴일 1400¥), 3세부터 초등학생 600¥, 가족탕 3,300¥(주말·공휴일 3,900¥), 입욕세 70¥ 별도, 3세 이하는 가족탕만 이용 가능, 페이스 타올 250¥, 목욕 타월 250¥(렌탈) ⊙ **홈페이지** www.nakagawaseiryu.jp

하카타 항 인근에서 즐기는 온천

하카타 역에서
버스 25분

나미하노유
波葉の湯

하카타 항 인근에 있어 밤새워 배를 타고 도착해 씻고 휴식을 취하기 좋다. 더구나 후쿠오카 시내 온천 중에서 노천탕의 규모가 가장 크며 이용 요금도 저렴한 편이다. 이곳의 온천수는 칼슘, 나트륨, 염화물 등을 함유해 만성 피부 질

환, 만성 부인병, 어깨 결림 등을 완화하는 효과가 있다고 한다. 실내탕도 꽤 넓다. 큰 대욕탕 2개와 냉탕, 사우나 등이 있으며, 중앙에는 제법 큰 평상이 자리 잡고 있어서 온천욕을 하다가 누워서 쉬기 좋다. 노천에는 수온이 각각 다른 4개의 탕이 자리 잡고 있다. 비록 밖이 훤히 보이지 않지만 천장이 뻥 뚫려 있어 바다 냄새를 맡으며 온천욕을 즐길 수 있다. 추가 요금을 지불하면 부대시설도 이용할 수 있다. 7개의 찜질방과 휴게실을 갖춘 사우나가 있으며, 가족이나 연인끼리 이용할 수 있는 다다미방이 딸린 가족탕도 있다. 라인 친구를 맺으면 수시로 100¥ 할인 쿠폰을 보내준다.

후쿠오카 ⊙ **2권** P.122 ⊙ **MAP** P.115G ⊙ **찾아가기** 하카타 역에서 버스로 25분 ⊙ **가격** 입욕료 중학생 이상 성인 950¥(주말·공휴일 1050¥), 3세 이상 어린이 500¥, 가족탕 3700¥(평일 90분, 주말·공휴일 60분, 4인까지)

'그들'이 사는 세상

뜨끈한 온천욕, 맛깔스러운 음식, 현란한 볼거리에
과하게 치중했나 보다. 동물들과 교감하며 얻는
치유의 힘이 먹고 노는 즐거움보다 크다는 사실을 잊을 뻔했다.
오늘만큼은 순진한 아이처럼 눈을 동그랗게 떠보자.
세상이 조금은 다르게 보이는 행복을 경험할지도.

우미노나카미치 해변공원

동·식물을 두루 만나는 드넓은 공원

海の中道海浜公園

동서로 약 6km에 이르고 면적이 약 300헥타르에 달하는 넓은 부지에 조성된 광활한 공원이다. 하카타 만과 대한해협의 바다로 둘러싸여 있고, 1년 내내 꽃들이 피어 사시사철 아름답다. 놀이 기구가 가득한 어린이광장, 온갖 꽃이 가득한 플라워 뮤지엄, 당일치기 캠핑이 가능한 빛과 바람의 광장, 개방형 동물원인 동물의 숲까지 즐길 거리가 다양하다. 봄가을에는 꽃의 축제, 여름에는 워터파크, 겨울에는 크리스마스 촛불 나이트 등 연중 즐거운 이벤트도 펼쳐진다.

후쿠오카 ➋ 2권 P.121 ◎ MAP P.114B ➤ 찾아가기 JR 하카타 역에서 전철로 33분 ¥ 가격 15세 이상 450¥, 65세 이상 210¥, 14세 이하 무료

tip 이렇게 둘러보자

1 자전거를 빌려 돌아보자
유유자적 걸어서는 광활한 해변공원의 아름다움을 속속들이 느낄 수 없다. 어른용, 어린이용 자전거 부터, 전동 자전거, 2인용 자전거 등 원하는 자전거를 고를 수 있다. 성인 500¥, 어린이 300¥(3시간 기준)

2 공원 순환버스를 이용하자
우미노나카미치 역 입구에서 물가 놀이터, 선샤인 풀장, 동물의 숲 등 아홉 개의 정류장에 정차한다. 단 3~6월과 9~11월에만 운행하며, 차비는 1회 승차 시 200¥, 1일 무제한은 300¥이다.

3 전망대에 올라 대한해협을 바라보자
우미노나카미치 역에서 10분만 걸어가면 대한해협을 한눈에 볼 수 있는 전망대가 있다.

✔ 우미노나카미치 해변공원 이렇게 즐기자

1. 어린이광장

상상력을 자극하는 기발한 놀이 기구가 가득하다. 엄청나게 큰 고래 위에서 리듬감 있게 두 발로 튕기며 놀 수 있는 고래 구름 트램펄린, 문어처럼 재미있게 생긴 문어 미끄럼틀 등이 있으며 나무 그늘에 의자를 마련해두어 쉬기도 좋다.

2. 플라워 뮤지엄

지붕 없는 꽃 미술관을 테마로 열 개의 주제별로 구성한 공간이다. 사시사철 다양한 꽃이 피어 계절마다 변하는 정원의 모습이 압권이다. 특히 장미 정원은 드넓은 부지에 장미 1600그루가 심어져 있어 봄에는 장미 향이 가득하다.

3. 동물의 숲

동물과 소통할 수 있는 개방형 동물원이다. 카피바라, 검은머리다람쥐숭이, 플라밍고 등 50여 종의 동물 500마리를 만날 수 있다. 소통의 동물 농장에서는 기니피그를 무릎 위에 올려놓거나 양에게 먹이를 줄 수도 있다.

4. 애견 공원

반려견과 함께 여행한다면 주목! 이곳에는 애견 공원이 있어서 강아지가 자유롭게 뛰놀 수 있다. 대신 허가증, 광견병 예방접종 확인표 등이 필요하다.

5. 당일치기 캠핑장

어디서든 캠핑을 즐기고 싶은 캠핑족이라면 당일치기 캠핑장(바비큐장)을 이용해보자. 아무런 준비 없이 즉석에서 바비큐 파티가 가능하다. 다목적 화장실과 취사동도 있으며, 바비큐 용품도 대여할 수 있어 편리하다.

6. 선샤인 풀장

튜브 안을 미끄러져 내려가는 드래곤 슬라이더를 비롯해 유수풀장과 유니버셜 디자인의 워터 정글 등 특색 있는 여섯 개의 풀장이 마련돼 있다. 가격 15세 이상 1900¥, 초등·중학생 1000¥, 3~5세 300¥

마린 월드 우미노나카미치

マリンワールド 海の中道

우미노나카미치 지역은 하카타 만을 사이에 두고 하카타 항 맞은편
에 위치한 지역으로, 육지와 이어져 있지만 섬 분위기를 풍기는 독특
한 곳이다. 이곳은 지역 전체가 우미노나카미치 해변공원으로 조성
돼 있는데, 그 안에 독립적으로 들어선 수족관이 바로 마린월드 우미
노나카미치다. 이곳은 지난 2017년 4월 12일 대대적인 리뉴얼을 거쳐
완전히 새로운 공간으로 재오픈했다. '큐슈의 바다'를 테마로 큐슈 각
현을 대표하는 약 350종, 3만 마리의 생물을 전시하고 있다. 바다 생
물을 나열해놓은 기존 방식에서 벗어나 다양한 모양의 수조와 빛, 음
향, 프로젝터 등을 활용해 실제 생물이 사는 환경을 재현한 것이 특
징. 전시는 3층에서부터 아래층으로 내려오며 감상할 수 있게 했다.
큐슈 바다 연안에서 서식하는 물고기들을 만날 수 있는 '큐슈의 근해'
를 시작으로 '아소 물의 숲'을 지나 '큐슈의 외양', '큐슈의 해파리', '아
마미의 산호초', '해달 풀', '해수 아일랜드' 등으로 이어진다. 둘러보기
전 '외양 대형 수조 쇼'와 '돌고래 & 물개 쇼' 등 쇼 시간을 먼저 확인하
고 전체 감상 스케줄을 짜야 효율적이다.

후쿠오카 📖 2권 P.121 🗺 MAP P.114B ⦿ 찾아가기 JR 하카타 역에서 전철로
33분 🕙 가격 고등학생 이상 2500¥, 초등 · 중학생 1200¥, 4세 이상 미취학 아동
700¥, 65세 이상 2200¥

---

tip 이렇게 둘러보자

1 할인된 가격으로 즐긴다
왕복승선권(성인 기준 편도 1100¥)과 입장료(2500¥)가
포함된 '우미나카라인 세트권'을 이용하면 4150¥(성인
기준)으로 이용할 수 있다. 단 세트권은 하카타 버스터
미널 3층 매표소와 텐진 솔라리아 스테이지 1층 니시테
츠 버스매표소 등에서 판매한다.

2 고속선 타고 우미노나카미치로!
지하철을 이용해 갈 수 있지만, 배(우미나카라인)를 타
면 색다른 기분을 느낄 수 있다. 하카타 부두(베이사이드
플레이스)와 시사이드 모모치 해변공원(마리존), 두
곳에서 출발하며 20분가량 소요된다.

3 내 스마트폰이 오디오 가이드?
대여하고 반납하는 과정이
귀찮고 이용하기 번거롭던
기존의 오디오 가이드는 잊
어라. 내 스마트폰으로 와이
파이에 접속해 전시에 관한
설명을 들을 수 있는 '스마트
폰 오디오 가이드 서비스'가 있다. 게다가 무료다!

✔ 마린월드 우미노나카미치 이렇게 즐기자

> 정확한 쇼 시간은 홈페이지를 참조하자. 성수기는 7월 중순~8월, 9월 주말·공휴일이다.

1. 돌고래 & 물개 쇼
イルカ・アシカショー

남녀노소를 막론하고 가장 인기 있는 코너. 물개와 돌고래가 전문 트레이너와 함께 즐거운 쇼를 펼친다. 물개가 등장해 관객과 호흡하며 재주를 부리고, 이어 여섯 마리의 돌고래와 고래를 만날 수 있다. 돌고래들이 객석 위에 달린 공을 향해 점프하거나 트레이너를 태우고 수영하는 모습도 볼 수 있다.

◎ **장소** 1층 쇼 풀
🕐 **시간** 10~6월 11:00~15:30 3회,
주말·공휴일 11:00~15:30 4회,
성수기 11:00~19:30 5~6회

2. 외양 대형 수조 쇼
外洋大水槽ショー

관람객을 압도하는 대형 수족관에서 몸길이 3m에 이르는 커다란 모래뱀상어와 우아한 가오리 등 다양한 바다 동물이 유유히 헤엄치는 모습을 볼 수 있다. 이곳에서 펼쳐지는 아쿠아 라이브 쇼는 특히 인기 있는 프로그램 중 하나. 멸치 떼와 15종 500여 마리의 상어들, 멸치 떼 사이를 지휘하듯 누비는 다이버의 모습이 인상적이다.

◎ **장소** 2층 외양 대수조
🕐 **시간** 평일 11:15~15:00 3회,
주말·공휴일 11:15~15:30 3회,
성수기 11:15~19:30 5회

3. 해달의 식사 시간
ラッコの食事タイム

마린월드 우미노나카미치의 자랑인 해달. 멸종 위기 동물인 해달이 이곳에는 두 마리가 있다. 귀여운 행동으로 어린이들의 사랑을 독차지하는 재간둥이. 매일 일정한 시간에 밥을 주는데, 이 모습도 볼만하다.

◎ **장소** 2층 해달 풀
🕐 **시간** 평일 12:30, 주말·공휴일 13:10,
성수기 12:30

4. 상괭이 토크
スナメリトーク

국제 멸종 위기종인 상괭이는 언뜻 보면 돌고래로 착각하기 쉬우나 등지느러미가 없고 입이 튀어나오지 않아 돌고래와 생김새가 다르다. 하루 한 번, 귀여운 상괭이에 대한 설명을 들을 수 있다.

◎ **장소** 1층 상괭이 풀
🕐 **시간** 14:30

5. 아일랜드 토크
アイランドトーク

수족관의 최고 인기 동물은 뭐니 뭐니 해도 돌고래! 아일랜드 토크는 사육사가 돌고래를 훈련하면서 재미있는 이야기를 들려준다.

◎ **장소** 2층 가이주 아일랜드
🕐 **시간** 평일 13:00

6. 레스토랑 라일리
アイランドトーク

돌고래 & 물개 쇼를 감상할 수 있는 파노라마 수족관 레스토랑. 쇼가 진행될 때 물 밑에서 벌어지는 일을 생생히 지켜볼 수 있다. 레스토랑의 메뉴 또한 제법 다양해 햄버그스테이크나 파스타, 카레, 우동, 버거 등의 식사 메뉴부터 팬케이크, 파르페, 커피, 맥주 등 디저트나 음료 메뉴까지 갖추어 선택의 폭이 넓다.

돌고래 파르페
800¥

후쿠오카 시 동물원

福岡市動物園

동물원이라면 시내 멀리 떨어진 곳에 위치한 경우가 대부분이나, 후쿠오카시 동물원은 시내 중심에 위치해 있어서 접근성이 좋으면서도, 어마어마한 규모를 자랑한다. 무려 반세기인 60년의 역사를 가진곳인데도, 20년을 동안 천천히 리뉴얼 되는 중이라 시설도 좋은 편이다. 호랑이, 코끼리, 기린, 사자, 표범 등 인기 동물부터 기니피그나 토끼까지 작은 동물들까지 무려 140종의 동물을 만나볼 수 있다. 바로옆에는 동물원만큼이나 규모가 큰 식물원도 있어서 시간적인 여유가있다면 함께 돌아보자.

후쿠오카 ▣ 2권 P.096 ⊚ MAP P.094 I
⊚ **찾아가기** JR 하카타 역 버스정류장 B에서 58번 버스를 탄다.
⊙ **가격** 어른 600￥, 고등학생 300￥, 중학생 이하 무료

---

tip 이렇게 둘러보자

1 동물들 컨디션 확인
코끼리나 표범, 사자, 호랑이 등은 컨디션에 따라서 공개되지 않는 날도 많다. 동물들을 볼 수 있는 시간은 홈페이지(http://zoo.city.fukuoka.lg.jp)에 공개되고 있으니떠나기 전에 참조하면 좋다.

2 슬로프타고 식물원으로
동물원 남원에서 식물원 넘어가는 쪽에 슬로프가 설치돼 있다. 무료로 탑승할 수 있고, 동물원 내부를 전망할 수있으니 한번쯤 타보자.

3 할인된 가격으로 즐긴다

지하철 1일 승차권이나 지하철 야쿠인오도리역과아카사카역에서 발행하는 입장료 할인권을 제출하면 단체요금(20% 할인)으로 입장할 수 있다.

✔ 후쿠오카 시 동물원 이렇게 즐기자

1. 일본원숭이

이 동물원에서 가장 큰 볼거리. 47 마리의 원숭이들을 360도 모든 방향에서 볼 수 있도록 우리를 조성해 다양한 모습을 관찰할 수 있다. 겨울에는 우리 안에 노천탕을 조성해 원숭이들이 온천하는 모습을 지켜볼 수 있다.

2. 수달

가장 귀염둥이 동물은 단연 수달이다. 나무에 오르거나 헤엄쳐 투명관을 이동하는 등 쉴 새 없이 재롱을 부려 관람객의 혼을 쏙 빼놓는다. 특히 두 구역을 이어 놓은 투명한 공중터널을 설치해 오고가는 모습을 입체적으로 관찰할 수 있다.

3. 침팬치

총 세 마리의 침팬지가 있는데, 이중한 마리는 바구니에 앉아 뭔가를 씹으며 쉬는 걸 좋아한다. 성격이 온순하고 사람을 좋아해서 가까이 가도 (비록 유리창에 있지만) 빤히 바라볼 정도다.

4. 말레이맥

말레이시아 반도에서 서식하고 있는 맥으로, 무분별한 남획으로 현재 멸종 위기의 동물이다. 멧돼지 같이 생겼으나 다양한 식물을 먹고 사는 온순한 초식성 동물이다. 하얀 줄무늬는 아직 어린 맥이라는 증거!

5. 어린이 동물원

토끼나 오리, 기니피그처럼 작은 동물들을 만날 수 있는 체험형 공간이다. 토끼와 기니피그는 직접 만질 수 있어서 남녀노소 모두에게 인기다. 그렇다고 동물을 너무 괴롭히지는 말자.

6. 어린이 놀이시설

동물원에서 가장 높은 곳에 올라가면, 회전목마나 대관람차 등 어린아이들을 위한 놀이시설이 마련돼 있다. 가족 단위 관람객들에게 사랑 받는 스폿.

레스토랑

간단히 식사를 할 수 있는 공간치고는 너무도 세련된 인테리어를 만날 수 있는 곳. 간단한 패스트푸드 위주로, 피자나 샌드위치, 파스타, 튀김류, 음료, 아이스크림 등을 판매한다. 한쪽에는 기념품 판매 매장이 있어서 천천히 돌아보기도 좋다.

가오리에게 먹이를 주는 물고기 해설 프로그램도 진행하고 있어요.

벳푸 만에 들어선
수족관

우미타마고 うみたまご

작은 도시에 있는 수족관이라고 얕잡아 보지 마시라. 규모가 그리 크지는 않아도 볼거리가 다양해 가족 단위 여행객이 많이 찾는 관광 명소다. 다섯 가지 쇼만 챙겨 보아도 입장료가 아깝지 않을 정도이니 출입구나 매표소에서 쇼 시간을 확인하자.

벳푸 📖 **2권** P.170 📍 **MAP** P.150 🚃 **찾아가기** JR 벳푸 역에서 버스로 15분 💴 **가격** 고등학생 이상 2600￥, 초등·중학생 1300￥, 어린이 850￥, 만 4세 미만 무료, 70세 이상 2000￥, *렌터카 이용 시 주차 요금 410￥, 유모차 대여 200￥, 휠체어 대여 무료

✔ 우미타마고 이렇게 즐기자

1. 돌고래 만지기

조련사와 함께 돌고래를 만져볼 수 있는 체험이다. 체험장 앞에 뛰어놀기 좋은 놀이터가 마련돼 있고 펠리컨을 가까이에서 볼 수도 있어 아이들이 특히 좋아한다.

📍 **장소** 아소비치 내의 돌고래 풀
(イルカプール)

2. 우미타마 퍼포먼스
うみたまパフォーマンス

이곳의 간판스타인 바다코끼리와 조련사가 펼치는 공연. 익살스러운 조련사의 장난과 바다코끼리의 애교를 함께 볼 수 있어 시간 가는 줄 모른다. 쇼는 일본어로 진행되지만 눈치로 상황을 파악할 수 있다. 쇼가 끝나고 바다코끼리를 만질 수 있다.

📍 **장소** M2층 E구역 옥외 퍼포먼스 구역
🕐 **시간** 10:00, 13:00, 15:00

3. 돌고래 퍼포먼스
イルカのパフォーマンス

돌고래의 묘기를 코앞에서 볼 수 있는 쇼. 다른 수족관에 비해 무대와 객석의 거리가 짧아 훨씬 흥미롭고 역동적이다. 물이 꽤 많이 튀는 것을 감안해 쇼를 시작하기 전에 수건을 나눠준다.

📍 **장소** 옥외 돌고래 수영장
🕐 **시간** 11:00, 14:00

기분 좋은 날엔 사람들 앞에서 재롱도 떨어요.

다카사키야마 자연동물원

高崎山自然動物園

1500마리가 넘는 원숭이가 지배하는 땅, 이곳에서만큼은 인간은 한낱 방문자일 뿐이다. 1952년 주변 농가에 피해를 입히는 원숭이 때문에 골머리를 앓던 오이타 시가 고구마와 감자를 미끼로 220여 마리의 원숭이를 한군데로 모아 개장한 자연 공원이니 60년 넘게 원숭이들의 땅이었던 셈. 개체 수가 점점 늘어 1964년에는 A, B, C 세 무리였다가 A무리가 자연사하고 현재는 B와 C 두 무리만 서식한다. 산속의 광장 격인 사루요세바(サル寄せ場)도 두 무리가 교대로 이용하는데, 교대 시간을 전후해 '감자 먹이 주기 행사'가 열린다. 이때가 되면 원숭이가 울음소리가 온 산에 울려 퍼지는 진풍경이 펼쳐진다. 이곳의 원숭이들은 산 전체가 삶의 터전이기에 야생 원숭이나 다름없지만 오랜 시간 인간과 가까이 지낸 까닭인지 성격은 매우 온순하다.

벳푸 📖 **2권** P.170 ◎ **MAP** P.150 ⊙ **찾아가기** JR 벳푸 역에서 버스로 15분 ▼ **가격** 고등학생 이상 520￥, 초등·중학생 260￥

✔ 이 이벤트를 주목하자

1. 원숭이의 챌린지 코너
おさるのチャレンジコーナー

원숭이의 학습 능력, 신체 능력을 다양한 실험을 통해 보여주는 행사.

🕐 **시간** 매일 14:40

2. 원숭이 먹이 주기
サルの餌付けタイム

다카사키야마의 하이라이트! 30분에 한 번씩 밀을 주는 행사와 1일 2회 감자를 주는 행사가 열리는데, 그중 감자 먹이 주기는 전쟁이라고 불릴 정도로 생동감이 넘친다. (감자 먹이 주는 시간은 매일 조금씩 다르므로 입구에서 문의하는 것이 좋다.)

3. 아기 원숭이를 찾아보세요

이곳의 특징 중 하나는 모든 것이 자연 상태이기 때문에 임신한 원숭이나 갓 태어난 새끼 원숭이를 쉽게 볼 수 있다는 점. 새끼 원숭이들의 재롱을 보는 것도 흐뭇한 일이다.

진짜 후쿠오카를 만나는 시간

여행에서 현지의 문화를 체험하는 일은 단순히 보고 듣는 것 이상의 감동을 준다.
기모노를 입고 인근 신사를 산책하거나 전통 인형을 만들고
그 지역 전통 음식을 만들어 먹어보면 어떨까? 인생 사진을 남길 기회뿐 아니라
단순한 관광만으로는 느끼지 못할 즐거움과 추억을 얻을 것이다.

1

후쿠오카 체험의 끝판!
후쿠오카 체험 티켓

'후쿠오카에서 무슨 체험을 할 수 있지?' 정할 수 없다면, 니시테츠 버스에서 판매하고 있는 후쿠오카 체험버스 티켓에 주목하자. 버스 1일 승차권과 체험권을 세트로 저렴하게 판매하는 티켓이다. 체험 티켓은 2~4장(1장당 550￥) 중 고를 수 있고, 버스 승차권은 후쿠오카 시내 혹은 다자이후까지 갈 수 있는 승차권 중 선택하면 된다. 체험 티켓은 본인이 원하는 곳에서 사용하면 되는데, 음식, 여행, 만들기 체험, 온천 등의 다양한 분야에서 사용 가능하다. 티켓이 남으면 같은 가격의 기념품(주로 디저트)으로 교환해준다.

> ◎ **구입처** 하카타버스터미널, 니시테츠 텐진고속버스터미널, 후쿠오카 공항 버스터미널 등(체험장소는 선택에 따라 각기 다름) ▼ **가격** 체험 티켓 2장 + 니시테츠 버스 1일 자유 승차권(도시권) 2170￥ ● **홈페이지** www.taiken-bus.com/ko

체험 티켓 이용 방법

STEP 1   홈페이지를 통해 가고 싶은 프로그램을 선택한다.

STEP 2   현지에서 체험 티켓을 구입한다.

STEP 3   전화로 원하는 프로그램을 예약한다.
(전화번호는 티켓과 함께 주어지는 브로셔에 있음)

STEP 4   체험에 참가한다.

> ▶ **tip** 인기 체험 3선

01 야타이 이용(티켓 2장)

후쿠오카의 명물인 야타이(포장마차)에서 이용할 수 있는 티켓이다. 제휴된 야타이에 티켓을 두 장 가져가면, 정해진 메뉴를 내어준다. 우선 줄 서서 먹는 인기 야타이인 푼키치에서는 만두와 음료(레몬, 카보스, 매실 중)가 제공되고, 야타이 키류에서는 만두 1/2과 추천 메뉴 1/2, 알코올 메뉴 하나를 먹을 수 있다.

02 식품 샘플 만들기(티켓 4장)

가게 앞에 진열된 음식에 침을 꼴깍했던 경험이 있을 것이다. 일본에서는 실물 요리와 똑같이 만든 식품 샘플의 기술이 뛰어나다. 산프루 리키(サンプルRiki)에서 과자 샘플을 만들어 보고 다양한 샘플을 만드는 현장을 견학할 수 있다.

03 온천체험 체험(티켓 3장)

온천을 하기 위해 다른 도시로 갈 수 없는 관광객을 위해 후쿠오카 현 내 가까운 두 곳의 온천으로 안내한다. 우선 후쿠오카 공항 인근에 위치한 만요노유 온천에서는 티켓 3장으로 입욕권을 대신할 있다. 또 다른 선택지인 나카가와 세이류 온천을 이용할 경우에는 입욕권과 수건을 받을 수 있다.

산큐패스,
투어리스트 시티패스
티켓 소지 시
입장료 50¥ 할인

전시동 2층에 전통 가옥
내부를 재현해놓았다.

2

후쿠오카 민속촌 체험

하카타 마치야 후루사토칸

博多町家ふるさと館

후쿠오카의 옛 이름은 하카타. 메이지·다이쇼 시대(1826~
1926) 후쿠오카의 모습을 재현해놓은 곳이 바로 이곳 향토관
이다. 전통 방식으로 지은 2층 규모의 건물은 크게 세 부분으
로 나뉜다. 박물관 역할을 하는 전시동, 상업지구를 재현한 마
치야 홀, 전통 공예품과 기념품을 파는 기념품동이다.
전시동에서는 후쿠오카의 어제와 오늘을 한눈에 볼 수 있다.
하카타의 역사를 설명하는 내용이 한쪽 벽면을 차지하고 있
고, 중앙에는 당시 도시의 원형을 작은 모형으로 제작해놓았
다. 하카타 마츠리를 소개하는 데도 공을 들였는데, 축제 현장
을 담은 영상을 극장식 좌석에 앉아 볼 수 있다. 또 옛 전화기
를 통해 발음이 약간 거친 하카타 사투리를 들어볼 수도 있다.
2층에는 작은 민속촌처럼 전통 가옥의 내부를 재현했다. 마치
야 홀은 하카타의 상점을 재현한 곳이다. 메이지 중기 하카타
에서 성업했던 직물 제조 공장 겸 주거 공간으로, 레이센마치
에 있던 건물을 복원해놓았다.

후쿠오카 📖 **2권** P.064 ◎ **MAP** P.056F ◎ **위치** 기온 역 도보 4분

> **tip** ▶ 더 볼거리

01 하카타 전통 공예 체험

전시관 2층에서는 하카타의 전통 공예품에 채색하는 수업이
진행된다. 매일 주제가 다른데, 하카타 인형 만들기 수업을 중
심으로 하카타 팽이 만들기, 하카타 종이 공예, 하카타 나무 공
예 수업 등이 열린다. 나무 공예 시간에는 기다란 나뭇조각에
직접 그림을 그려 책갈피를 만드는 과정을 배운다. 또 마치야
홀에서는 하카타 직물(博多織)을 제조하는 모습을 볼 수 있다
(무료).

02 하카타 · 텐진 프리 워킹 투어

관광 안내를 맡은 자원봉사자와 함께 한 시간 동안 후쿠오카
를 돌아보는 투어 프로그램이다. 하카타 역사 코스와 텐진 주
요 관공서 코스, 두 가지가 있다. 하카타 역사 코스는 이곳에서
시작한다. 구시다 신사(櫛田神社), 가시마혼칸(鹿島本館), 류
구지(龍宮寺), 도초지(東長寺) 등 주요 명소를 자세한 설명을
들으며 둘러볼 수 있다. 텐진 관공서 코스는 시청 로비에서 시
작해 시청터비(市役所跡碑), 후쿠오카 시 아카렌가 문화관(福
岡市赤煉瓦文化館), 스이쿄텐만구(水鏡天満宮), 후쿠오카 시
도로 원표(福岡市道路元標) 등을 돌아본다. 매일 오후 2시에
시작하며 사전 예약 없이 선착순 10명까지 참가할 수 있다. 무
료 투어이고 일본어로 진행된다.

3

일본 맥주 체험

기린맥주 후쿠오카 공장 투어
キリンビール 福岡工場

일본을 대표하는 맥주, 기린 맥주 후쿠오카 공장이다. 후쿠오카 시내에서 대중교통으로 1시간 30분 정도 소요되는 먼 곳이고 유료로 진행되지만, 아사히 맥주 하카타 공장 투어가 중단되면서 맥주 체험을 원하는 사람들에게 대체 코스가 됐다. 기린 역시 다른 맥주 회사들과 마찬가지로 자사의 제품을 홍보하기 위해 공장 견학을 진행하고 있는데, 주말이나 성수기에는 일치감치 마감될 정도로 인기다. 공장 견학은 네 코스로 진행된다. 우선 맥주 제조 과정을 담은 영상을 시청한 뒤 마스터 브루어가 맥주의 이상적인 맛에 대한 소개로 진행된다. 두 번째 코스에서는 맥주에 사용되는 맥아나 홉을 직접 만져보면서 맥아 시식과 홉 향기를 체험해 볼 수 있다. 세 번째 코스에서는 공장을 돌면서 맥주를 만드는 과정을 돌아보고, '이치방시보리' 콘셉트에 맞춰서 첫 번째 즙과 두 번째 즙을 마시고 비교해 볼 수 있다. 마지막 과정은 투어의 하이라이트

시음이다. 이치방, 이치방 프리미엄, 이치방 쿠로나마, 세 종류의 이치방시보리 맥주를 맛 볼 수 있으며, 시식하는 동안 직원이 맥주를 맛있게 따르는 법을 시연하며 알려준다. 시음 코너 한쪽에서는 맥주와 맥주 관련 기념품 등을 구입할 수 있다. 견학하는 동안 사진과 동영상 촬영은 금하며 시음을 포함한 소요 시간은 약 65분이다.

후쿠오카 ● **찾아가기** 니시테츠 텐진 역에서 니시테츠 텐진오무타선을 타고 니시테츠 오고리 역에서 하차한 뒤, 아마 철도로 환승해 다치아라이 역에서 하차. 다치아라이 역에서부터 도보로 10분 ● **가격** 체험료 500￥

---

tip **견학 신청 방법**

STEP 1
홈페이지(www.kirin.co.jp/experience/factory/is)에서 기린맥주 후쿠오카 공장을 선택 후, 견학이 가능한 날짜를 확인하고 예약한다. 한 타임당 정원은 12명이다. 주말·공휴일은 한 달 전에 예약해도 자리가 없을 수 있다.

STEP 2
예약되면 접수할 때 기입한 이메일 주소로 확인 메일이 도착한다. 만일 불참하게 되면 반드시 예약한 사이트에서 취소를 해야 한다.

● **주소** 福岡県朝倉市馬田3601 ● **전화** 0946-23-2132 ● **시간** 10:00~16:05 (하루 3~4회 진행)
● **휴무** 월요일

4

멘타이코 만들기 체험
후쿠야 하쿠하쿠 멘타이코 체험관
ふくやハクハク明太子体験館

일본에서 가장 먼저 멘타이코를 만든 회사인 후쿠야(ふくや)의 홍보관에서 진행하는 멘타이코 만들기 체험이다. 아이들이나 커플, 식품업체 관계자들이 주로 참가한다. 30분가량 멘타이코 만드는 법을 배운 후에 자신이 만든 멘타이코를 가져갈 수 있다. 체험 3일 전까지 예약해야 하며, 초등학생부터 가능하다.

멘타이코 만들기 체험 미리 보기

명란젓을 비닐에 넣는다.

고춧가루와 조미료 등을 뿌린다.

이틀 정도 냉장고에서
숙성시키면 완성!

조미액을 붓는다.

후쿠오카 🅑 **2권** P.053 📍 **MAP** P.042B
😊 **찾아가기** 요시스카 역에서 택시로 8분 ¥ **가격** 체험료 2000¥(멘타이코 3개)

tip 더 볼거리

후쿠야 하쿠하쿠 명란 체험관에서는 멘타이코 제조 과정과 공장 시스템을 견학할 수 있을 뿐 아니라 하타카의 역사와 축제, 먹을거리 등을 전시한 박물관도 돌아볼 수 있다.

01 하카타 역사 문화 박물관

후쿠오카의 역사와 음식을 포함한 문화 등을 전시물과 영상으로 소개해놓았다.

02 멘타이코 공장견학

멘타이코 관련 전시물을 둘러보며 기초 지식을 익힌 뒤, 공장에서 멘타이코가 만들어지는 모습을 견학할 수 있다.

5

환상적인 전시를 후쿠오카에서 만나다!

팀랩 후쿠오카
TeamLab Forest Fukuok

후쿠오카 야후돔에서 이름을 바꾼 후쿠오카 페이페이 돔의 보스 이조 후쿠오카에서 열리는 팀랩 포레스트 전시회다. 디지털 기술로 구현한 환상적인 숲을 탐험하며 예술 작품의 일부가 되는 경험을 할 수 있다. 전시관 구역은 크게 '채집의 숲'과 '움직임의 숲'으로 나뉘어 있다. '채집의 숲'에서는 증강현실을 통해 동물을 채집하고 연구한 후 놓아주는 체험형 학습을 경험할 수 있다. 전용 앱을 사용해 잡은 동물에 대해 자세히 배울 수 있어 더 좋다. '움직임의 숲'은 몸으로 세상을 인식하고 3차원적인 시각으로 세상을 바라보는 공간이다. 예술 작품과 적극적으로 상호작용하며 상상력을 키우는 시간이 될 수 있다.

팀랩은 예술가와 프로그래머, 컴퓨터그래픽 애니메이터, 수학자, 건축가 등 각 분야의 전문가 650여 명으로 이뤄진 인터내셔널 아트 컬렉티브 팀이다. 2001년 활동을 시작해 뉴욕, 런던, 파리, 싱가포르, 베이징, 멜버른 등 세계 각지에서 상설전시 및 아트 기획전을 개최했고, 국내 DDP 동대문에서 공개 된 바 있다. 인기의 비결은 '직접 만지고 느끼는 체험 전시의 새로운 경험'이다. 또한, 사진과 영상이 엄청나게 잘 나온다. 색감도 아름답고 조명이 환상적이라 몽환적인 작품 사진을 얼마든 얻어갈 수 있다. 플래시를 사용하거나 사진을 상업적 용도로 쓰지 않는다면 촬영이나 SNS 업로드도 자유롭다. 단, 높은 굽의 신발이나 하이힐은 체험형 전시에 방해가 되니 꼭 편한 운동화를 신고 가보자. 텐진과 하카타 시내에서 거리가 좀 있으니, 후쿠오카 타워와 모모치 해변과 일정을 함께 짜서 관람하는 편이 좋다.

후쿠오카 ⓖ 2권 P.120 ⓢ MAP P.115D ⓢ 찾아가기 공항선 도진마치 역에서 도보 14분 ⓨ 가격 체험료 16세 이상 2200¥, 4~15세 800¥

지극히 '일본'스러운 시간을 보내고 싶다면

일본식 정원이 내다보이는 다다미방에 앉아,
곱게 거품을 낸 말차를 마시는 시간.
후쿠오카에서 이보다 더 평화로운 시간은 없을 것 같다.

라쿠스이엔
楽水園

하카타 역에서 도보로 10여 분, 스미요시 신사 바로
뒤에 붙어 있어 세 곳의 정원 중 접근성이 가장 좋
은 곳이다. 규모는 상대적으로 작지만 아기자기하
게 일본 정원의 요소를 모두 갖춰놓았다. 1906년 하
카타 상인 지카마사 씨가 별장으로 지었으며 이후
다실로 사용하다가 숙박 시설인 료칸으로도 사용
했고 1995년 지금의 일본 정원으로 개원했다. 정원
에는 작은 폭포와 연못, 다리 등으로 조성된 정원,
차를 마실 수 있는 다다미방 등으로 꾸며져 있다.
말차 세트에는 계절마다 달라지는 디저트가 함께
딸려 나온다.

후쿠오카 Ⓑ 2권 P.069 Ⓞ MAP P.057K
Ⓖ 찾아가기 하카타 역에서 도보 12분 Ⓨ 가격 입장료 고등
학생 이상 100¥, 중학생 이하 50¥, 말차 세트 500¥

돌담 '하카타 베이'
전쟁 중 타다 남은 돌이나 기와를
점토로 굳혀서 만든 돌담이다.

고급 주택을 구경하는 것
만으로도 즐겁다. 장실로
꾸며 가려진 창문이나 작은
돌다리 등 아기자기한
디테일이 눈에 띈다.

말차 세트
부드러운 말차와 함께 입에
넣으면 사르르 녹는 과자를
내온다. 말차 세트 이용권은
입구에서 입장권과 함께
구매하자.

다실
이곳 주인은 큐슈에 다도
문화를 전파하기 위해 많은
노력을 했다고 알려진다.
현재도 다도 강좌가 열린다.

쇼후엔
松風園

한적한 고급 주택가에 자리 잡은 다실 겸 일본식 정원
이다. 945년 타마야 백화점 창업자인 다나카마루 젠
파치 씨의 자택으로 지어진 만큼, 고급 주택의 호화스
러움을 만나볼 수 있다. 다실은 당시 모습 그대로 보
존돼 있다. 문을 통과하면 돌계단이 펼쳐지고, 안쪽에
는 100년이 넘는 나무와 정자 등으로 꾸며져 일본식
아름다움을 제대로 느낄 수 있다. 다다미방에 앉아 말
차 세트를 마시며 정원을 바라보면 산란했던 마음이
평온해진다.

후쿠오카 📖 **2권** P.096 ◉ **MAP** P.094 I
◎ **찾아가기** 야쿠인오도리 역 2번 출구에서 조스이 거리
방면으로 도보 10분 ⓨ **가격** 입장료 고등학생 이상 100¥,
중학생 이하 50¥, 말차 세트 500¥

돌계단
입구에 들어서면 나오는
돌계단. 마치 숲속에
들어서는 듯한 기분이
들게 한다.

말차 세트
라쿠스이엔보다 말차 양이
넉넉하다. 여유롭게 차를
만끽해보자.

유센테이 공원
友泉亭公園

이곳은 넉넉히 반나절을 잡고 가야 여유롭게 즐길 수 있다. 버스를 타고도 내려서 10분 정도 걸어야 닿을 수 있지만, 험난한 길을 거쳐 찾아가면 그 이상의 보상을 받는다. 세 정원 중 가장 넓은데, '공원'이라 이름 붙을 정도다. 이곳은 1754년 6대 후쿠오카 영주 구로다 츠구타카가 세운 별장으로, 후쿠오카 시에서 처음으로 지천회유식 일본 정원으로 정비했다. 메인 다실인 오히로마에 들어서면 감탄이 절로 나온다. 두 면이 창으로 되어 있으며, 그 창은 연못을 향해 나 있는데 연못 중앙에는 정자가 그림처럼 들어서 있다. 이곳은 정원의 크기도 꽤 크고 곳곳에 여러 구조물이 있어서 보물찾기하듯 돌아보아도 좋다.

후쿠오카 ⓑ **2권** P.110 ⓞ **MAP** P.105J
ⓒ **찾아가기** 하카타 버스터미널 1층에서 12번 버스를 타고 유센테이 정류장에서 내린다.
ⓨ **가격** 입장료 고등학생 이상 200¥, 중학생 이하 100¥, 말차 세트 500¥

오히로마
연못에 접해 있는 다실로, 무사 문화를 배경으로 하는 건축 양식을 반영해 지어졌다.

말차 세트
기본적인 말차 세트에 도리야키나 계절에 따라 단팥죽, 냉녹차 등도 선택할 수 있다.

폭포
깊은 숲속에서 발견할 법한 작은 폭포. 정원을 대표하는 장소로, 바로 앞에 평상을 두어 앉아서 바라볼 수 있게 했다.

조스이안
본관에서 뚝 떨어진 정원 안에 지어진 작은 다실이다. 버섯 모양의 지붕이 인상적이다.

북큐슈를 여행하는 '철덕'을 위한 안내서

일본에서 기차는 교통수단 이상의 의미를 갖는다.
독특한 디자인이나 테마로 운영하는 기차가 워낙 많아 해마다
최고의 기차를 뽑는 시상식이 있을 정도. 여기에 역마다 지역색이 묻어나는
기차 도시락 '에키벤'이 있어 기차 여행의 재미를 더한다.
전 세계 '철덕(철도 마니아)'들이 일본을 찾는 이유다.

내게 딱 맞는 기차는?

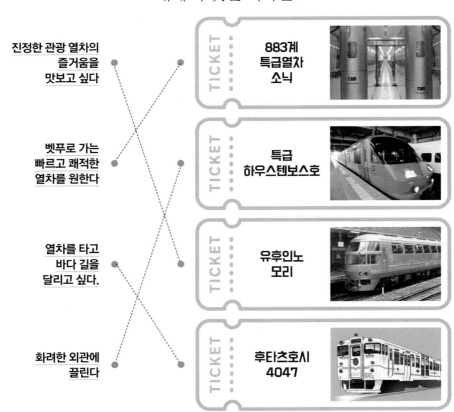

진정한 관광 열차의
즐거움을
맛보고 싶다

벳푸로 가는
빠르고 쾌적한
열차를 원한다

열차를 타고
바다 길을
달리고 싶다.

화려한 외관에
끌린다

TICKET
**883계
특급열차
소닉**

TICKET
**특급
하우스텐보스호**

TICKET
**유후인노
모리**

TICKET
**후타츠호시
4047**

No. 1

이것이 진정한 일본 관광 열차
유후인노모리 ゆふいんの森

▶ 하카타 ⟷ 유후인(벳푸)

큐슈에서 가장 인기 있는 온천 여행지인 유후인, 그곳으로 안내하는 '유후인노모리(ゆふいんの森)'는 관광객에게 관광 명소만큼이나 인기 있는 체험 열차다. 하카타에서 유후인으로 이동하는 2시간 30분 동안 객차에서는 이벤트와 관광 안내 방송 등이 이어져 지루할 틈이 없다. 그러나 디젤 기차를 개조해 만든 열차다 보니 승차감이나 속도는 기대하지 않는 편이 좋다. 하카타-유후인 하루 2회, 하카타-벳푸 하루 1회 왕복, 매일 운행.

1 별장 같은 인테리어

'유후인의 숲'이라는 이름 그대로 열차 내부와 외관을 숲처럼 꾸몄다. 일단, 은은하게 반짝이는 밝은 초록빛 외관이 눈길을 사로잡는다. 내부는 원목으로 되어 있어서 산속 별장에 들어선 듯한 기분이다. 첫발을 딛는 계단부터 바닥, 벽 등을 이루고 있는 나무가 짙은 초록색 좌석과 어우러져 따뜻한 느낌을 준다. 객차 사이 이음새에 원목 재질의 다리를 놓아 운치가 있고 이동하기에도 편하다.

2 스낵바에서 만나는 캐릭터 기념품

통유리로 둘러싸인 라운지 스낵바에서는 도시락, 커피, 아이스크림 등 간단한 음식을 판매한다. 유후인의 명물인 유후인 사이다와 비스피크 롤케이크 등을 이곳에서 먼저 맛볼 수 있으며, 이 열차에서만 파는 도시락인 유후인 왓파 에키벤도 있다. 캐릭터 강국인 일본의 기차답게 유후인노모리 캐릭터 기념품도 판매한다. 또 스낵바 한쪽에서는 무료로 제공하는 엽서에 스탬프를 찍을 수 있다.

3 유후인노모리 패널 들고 기념 촬영

기차 사진과 여행 날짜가 새겨진 패널을 들고 사진을 찍을 수 있다. 승무원이 사진을 찍어주며 원하면 승무원의 유니폼(아동용)과 모자도 빌릴 수 있어 인생 사진을 남길 수 있는 기회다.

4 차창 밖으로 감상하는 관광 명소

아마가세(天ヶ瀬)를 지난 후 오른편에서 볼 수 있는 (유후인행) 지온 폭포(慈恩の滝). 규모는 그리 크지 않지만 기관사의 설명을 들으며 기차 탑승객들과 함께 감상하는 재미가 있다. 쿠루메(久留米)와 히타(日田) 사이에 있는 미노렌잔(耳納連山)도 놓치지 말자.

✓ 예약 팁

하루에 6회 운영하는데 워낙 인기가 많고 100% 지정석으로 운영돼 성수기나 주말 오전 시간대 열차는 표를 구하기가 쉽지 않다. 특히 JR 큐슈 레일패스 이용자는 현지에서 패스를 수령하고 좌석을 예약해야 하기 때문에 정규 요금으로 인터넷에 예매하는 사람들에 비해 불리하다. 그나마 유후인 당일치기 관광객이 몰리는, 하카타 역에서 출발하는 첫차와 유후인에서 출발하는 막차를 피하면 어렵지 않게 좌석을 구할 수 있다.

바다 길을 달리는 특급 관광열차
후타츠호시4047
ふたつ星4047

사가 ←→ 나가사키

©JR九州

하카타-나가사키를 오가는 '니시큐슈 신칸센'이 운행을 시작하면서, 나가사키 여행이 주목을 받고 있는 가운데, 후타츠호시4047 은 이 일부 구간인 나가사키-사가를 운행하면서 빠름의 반대인 느림으로 승부를 보는 관광열차다. 두 별, 즉 두 현을 연결하는 열차라고 해서 '후타츠 호시(두별)'이라 이름 지었다.

1 아름다운 풍경만 골라 달린다

이 열차는 니시큐슈 신칸센 노선을 주위를 둘러싸듯, 나가사키 본선과 오무라선을 달리는 관광열차다. 다케오온천 역에서 출발하는 오전 열차는 나가사키 본선을 경유해 남쪽 해안선을 달려 나가사키에 도착한다. 오후에 출발하는 반대편은 오무라선을 경유해 북쪽 해안선을 달려 다케오온천 역에 도착한다. 특급이라고 해도 D&S(디자인&스토리) 열차이므로, 빨리 가는 것이 목적이 아니라 천천히 목적지까지 가면서 주변 풍경을 즐기게 된다. 또한 중간에서 승하차도 가능하다.

2 눈부신 외관

푸른 바다에 빛나는 하얀 해변을 연상 시키는 펄 화이트와 티타늄제 골드라인이 눈길을 끈다. 차량은 3량 편성으로 모두 지정석 특급 열차다. 열차 내부는 일반적인 좌석 외에도, 3명 이상이 사용할 수 있는 박스석, 창을 바라보며 앉도록 돼 있는 2인 소파석, 역시 창 쪽을 바라보는 1인 카운터석 등 다양한 좌석이 있어서 골라 탈 수 있다.

3 지역 특산물과 니혼슈가 있는 라운지40

2호차에는 안락한 라운지가 마련돼 있다. 느긋하게 쉴 수 있는 소파석과 창쪽을 향한 카운터석 등이 마련돼 있는데, 바로 이곳에서 지역 특산품을 맛볼 수 있다. 나가사키 수플레, 특제 후타츠호시 에키벤, 4047 도시락, 사가·나가사키의 술 등이다. 도시락과 수플레는 미리 예약해야 한다.

4 수시로 마련되는 이벤트

관광열차의 백미는 차내에서 즐기는 이벤트! 우선 오전 다케오 온천에서 나가사키 코스인 경우, 이라아케해에서 생산되는 사가 김을 시식할 수 있는 이벤트가 열린다. 사가 김의 특징과 매력을 소개하고, 구이 김을 시식하는 시간. 1000¥. 반대 편의 경우, 하사미야키 전사 체험이 준비돼 있다. 400년 전통의 유명 도자기 마을 하사미야키를 경험해 보는 시간으로, 접시에 스티커를 사용해 오리지널 장식 접시를 제작한다. 2500¥.

No. 3

원더랜드로의 초대

883계 특급열차 소닉
ソニック883系

하카타 ⟷ 벳푸 ⟷ 오이타

하카타에서 고쿠라, 벳푸를 거쳐 오이타까지 운행하는 883계 열차다. 기차 형태가 각이 져 있어 885계와 구분된다.
파란색과 하얀색이 있는데, 하얀색은 시로이소닉(白いソニック)이라 불린다.

1 미키마우스가 연상되는 동화 같은 좌석
1994년 발표됐을 때에는 우주선 느낌이 나는 사이버틱한 외관과 미키마우스의 귀를 연
상케 하는 목 받침대, 알록달록한 내부로 이목을 끌었다. 별칭이 '원더랜드(Wonderland)'일 정
도. 그러나 인테리어가 다소 산만하다는 의견이 있어 2005년 10주년을 맞아 새롭게 단장했다.
내부는 원목과 화이트 컬러를 중심으로 꾸몄고, 좌석도 차분한 색으로 바뀌었지만, 소닉을 상
징하는 미키마우스 귀 모양 등 열차 곳곳의 장난스러운 분위기는 그대로 살렸다.

2 틸팅 기술을 적용해
안정적이고 빠른 속력
다른 열차에 비해 오래된 편이지만 개발
당시 틸팅 기술(열차 자체를 기울이는
기술) 등 신기술을 집약해서 만들었다.
이 덕분에 속도는 꽤 빠르다(120km/h).

✓ 예약 팁
하카타 역에서 오이타 역 구간을 시간당
두대꼴로 꽤 자주 운행한다. 게다가 인기 열차도
아니기 때문에 예약하는 데 어려움은 없다.
출퇴근 시간, 주말·공휴일 등 러시아워만
아니라면 원하는 시간에 탑승할 수 있다.

✔ 이런 열차도 있어요!

특급 하우스텐보스호 特急 ハウステンボス

하카타 ⟷ 하우스텐보스

강렬한 원색의 외관에 기대감을 가졌다가는
실망할 확률이 높다. 유럽풍 외관과 달리 기
차 내부는 지극히 평범하고 다른 특급열차에
비해 승차감도 그리 좋지 않다. 왜건 서비스
가 없는 것은 물론 자판기도 설치되어 있지
않은 경우가 허다하므로 차내에서 먹을 간식
을 준비하자.

N700/N700A계 신칸센 新幹線

하카타 ⟷ 구마모토 ⟷ 가고시마추오

현재 신칸센의 주력 열차. 최고 시속이 300
km/h로 이전 모델인 700계에 비해 전력 소모
를 줄이고 시속은 15km/h 끌어올렸다. 여기
서 한 단계 더 진화한 것이 N700A 모델. 좌석
의 좌우와 앞뒤 간격이 넓은 편이고 안락하
다. 좀 더 타고 싶은 마음과 달리 목적지에 너
무 빨리 도착해 아쉬울 따름.

787계 특급열차

기라메키, 니치린, 카모메 등 큐슈의 웬만한
특급 노선을 운행하는 열차다. 그만큼 여행
자들이 이용할 확률이 높은 열차인데, 그 숨
겨진 이야기가 재미있다. 큐슈 신칸센이 개통
하기 전에 신칸센이 없는 지역을 잇는 고급형
열차(츠바메, 츠바메)로 투입됐는데, 큐슈 신
칸센이 완공되는 바람에 갈 곳을 잃고 큐슈
전역의 주요 노선으로 흩어져 787계 특급열
차라는 이름으로 명맥을 잇는 실정이라고.

에키벤이 뭐예요?

하카타 역에서 파는 북큐슈의 명물 에키벤

일본 기차 여행에서 빼놓을 수 없는 즐거움은 에키벤(駅弁, 기차역이나 열차에서 파는 도시락)이다. 큐슈에만 총 14개 노선, 34개 역에서 110종이 넘는 에키벤을 파는데, 역마다 지역 특산물로 만든 도시락이므로 그 자체가 또 하나의 미식 여행인 셈이다. 일본에서는 매년 에키벤 경연 대회가 열릴 정도로 인기가 뜨겁다. 하카타 역 에키벤 매장에서는 70여 종의 도시락을 취급한다. 후쿠오카뿐 아니라 큐슈 각 현의 인기 도시락을 모아놓은 것이 특징. 구마모토의 말고기와 오이타의 토리텐, 가고시마의 흑돼지, 사가의 소고기 등 큐슈의 명물을 도시락으로 모두 만날 수 있다. 인기 도시락뿐만 아니라 계절에 맞춰 나오는 기간 한정 도시락도 눈여겨보자.

1 '店内で温めできます!' 스티커에 주목!

매장에서 데워주는 도시락이다. 쌀쌀한 날씨에 따뜻한 국물도 없는 차디찬 에키벤이 야속하다면 따뜻하게 데워주는 도시락을 선택하자.

2 튀김이나 생선이 많이 든 도시락은 피할 것

조리한 지 얼마 안 된 도시락이 아니라면 튀김은 시간이 지날수록 눅눅해진다. 게다가 생선은 오래 놔두면 비린내가 날 수 있다.

3 두 번째 도시락은 백화점 식품 코너에서

에키벤 매장에서 파는 도시락은 구성이 좋고 포장도 예쁘지만, 제품의 특성상 조리한 지 한참 지나 가격 대비 맛이 떨어질 수밖에 없다. 에키벤과 기차 여행의 낭만을 경험했다면 하카타 역 내 일반 식품 매장과 한큐 백화점 지하 식품 코너에서 판매하는 도시락에 시선을 돌려보자. 가격도 싸고 조리한 지 얼마 안 돼 맛도 훨씬 좋다.

4 하카타 명물은 역시 닭고기와 고등어초밥

하카타의 명물 도시락을 맛보고 싶다면 닭고기와 고등어에 주목해야 한다. 닭 육수로 지은 밥에 간장에 조린 닭고기를 올린 '가시와메시(かしわめし)'와 고등어초밥이 그 주인공이다. 고등어초밥은 처음 대하는 사람에게는 큰 용기가 필요하니 다른 음식과 적당히 섞인 도시락으로 시도하는 것이 안전하다.

하카타 역 에키벤 BEST 3
(2023 기준)

"도시락 초심자들에게 추천해요"

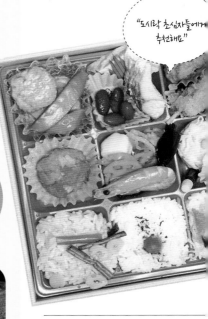

이런 도시락도 있어요!

누가 먹어도 부담 없는 맛
나가사키 샤오마이 벤토
長崎焼麦弁当

닭 육수로 지은 밥에 간장에 조린 닭고기, 달걀지단, 김을 나란히 올린 가시와메시를 기본으로 도스 지역 명물 만두인 닭고기 슈마이, 생선, 연근조림 등을 담았다. ¥ **가격** 980¥

맛 ★★★★
구성 ★★★★★
양 ★★★★

"구성 다양하지만, 부담 없는 도시락이에요."

1위

하카타 아야시기 도시락
博多彩時記弁当

2011년에 발매된 이후 꾸준한 스테디셀러로 자리매김하다가 2023년 인기 도시락 1위에 올랐다. 다양한 음식을 맛보고 싶은 사람을 위한 뷔페 같은 도시락이다. 밥만 해도 세 가지며, 튀김, 꼬치, 조림, 계란말이, 조림 등 다양하다. ⓨ **가격 1200¥**

2위

카쿠사 이야기
香草物語

맛 ★★★★
구성 ★★★★★
양 ★★★

꽃무늬 패키지에서 묻어나는 귀여움은 이 도시락이 여성을 공략했다는 걸 느끼게 한다. 여성뿐 아니라 다양한 구성이 좋지만, 튀김류가 적어 위에 부담 없는 가벼운 도시락을 원하는 사람이라면 좋다. 세 가지 맛의 밥을 중심으로, 닭고기 구이, 오리 고기, 채소 절임, 곤약조림 등이 담겼다. ⓨ **가격 980¥**

"육식파에게 추천해요"

3위

사마가와 특선 야키니쿠벤또
島川特選 焼肉弁当

육식파를 위한 도시락! 두 가지 맛의 소고기 덮밥! 후쿠오카 산 소등심과 소갈비에 각각 된장과 간장 양념을 해 다채로운 맛을 즐길 수 있는 도시락이다. 따뜻하게 데워먹을 수 있어서 더 맛있다. ⓨ **가격 000¥**

맛 ★★★★★
구성 ★★★
양 ★★★★

해산물을 좋아하는 사람에게
겐카이노카제
玄海のかぜ

사가 현 동부에 있는 해변가 마을 '겐카이'를 이름 붙인 만큼 해산물이 가득하다. 고등어초밥과 붕장어초밥, 명란을 얹은 초밥 등을 중심으로 삶은 새우와 오징어 등 메인 메뉴와 다양한 반찬이 풍성하게 들어 있다. ⓨ **가격 1380¥**

하카타 역 점장 추천 도시락
마쿠노우치 벤토
幕の内弁当

식초로 맛을 낸 밥에 우메보시를 올리고 크로켓, 어묵, 명란젓, 연근조림, 모찌, 해초무침을 반찬으로 담은 도시락이다. 대개 이런 구성은 시간이 지나도 비리거나 눅눅해지지 않아 실패할 확률이 적다. ⓨ **가격 900¥**

하카타 역 점장 추천 도시락
하카타 아지지만 벤토
博多味自慢弁当

하카타를 대표하는 음식이 모두 모였다! 일명 '하카타 맛자랑 도시락'. 가시와메시, 닭튀김, 명란젓, 생선구이, 삶은 새우, 달걀말이, 한입에 먹기 좋은 초밥 등이 담겼다. ⓨ **가격 1080¥**

야구 보러 후쿠오카 간다!

길거리나 지하철 안에서 떠드는 법이 없는 일본인이지만 한껏 목소리를 높이는 때가
있다. 야구 경기를 관람할 때다. 말수가 적어 보이는, 말쑥한 정장 차림의 사내도 열렬한
스포츠광이 되는 곳. 당신이 여태 몰랐던 일본을 이곳에서 만나게 될지도 모른다.

BASEBALL

**소프트뱅크 호크스가 이긴 경우 승리의 흰 풍선
날리기, 불꽃놀이, 돔천장 개방 행사**

소프트뱅크 호크스가 경기에서 이긴 경우, 경기장 내
불꽃놀이(勝利の花火)와 돔 천장 개방 행사가 열리니
경기의 여운을 마음껏 즐겨보자.

| | 7회 초 종료 | | ● | | 경기 종료 | | |

응원가 부르기, 소프트뱅크 호크스 풍선 날리기

응원의 하이라이트, 소프트뱅크 호크스의 우승을 기원하며
노란색 제트 풍선을 불어 날리는데 그 광경이 장관이다.

Hostel

요즘은 호텔보다 호스텔

후쿠오카에 관광객이 급속도로 늘면서 새로운 숙소가 속속 등장하고 있다. 그동안 후쿠오카에는 낡고 개인 공간도 충분치 않은 호스텔들이 대부분이었으나, 새로 오픈하는 곳들은 호텔 못지않은 세련된 분위기에, 키친과 라운지, 온천 등 각종 부대시설, 프라이버시가 보장되는 침대 등까지 갖춰 눈길을 끌고 있다. 일본 특유의 비좁고 답답한 비즈니스호텔에 지쳤다면, 이제 호스텔로 발길을 돌려보자.

텐진, 하카타
어디든 걸어 다닌다
하프H 후쿠오카 더 라이프
HafH Fukuoka THE LIFE

가장 큰 장점은 위치다. 캐널시티 하카타 바로 옆에 있어서 늦은 시간까지 쇼핑과 식사를 할 수 있으며, 하카타 역과 텐진미나미 역 모두 도보로 10분 정도 걸려 어디든 걸어서 다니기 좋다. 1층은 호스텔이라는 생각이 들지 않을 정도로 분위기 있는 카페와 바가 자리해 이곳에서 간단한 식사나 맥주, 차 등을 마시며 시간을 보낼 수 있다. 2층에는 전기주전자, 전자레인지, 인덕션 등이 있는 카페형 키친이 마련돼 간단한 조리도 가능하다. 객실은 호텔급의 개인실부터 4인실(가족실), 18인실까지 다양하게 운영된다. 호스텔의 꽃인 도미토리 경우 칸막이와 커튼으로 개별 공간이 조성돼 있어 조용히 개인 시간을 보내기 좋다. 샤워 시설은 공들인 부분이다. 1인용 샤워 시설도 크고 깔끔하며, 시세이도 어메니티까지 갖추어 여행 후 피로를 달래기에 좋다. 조식은 1층 바에서 630¥에 판매한다.

후쿠오카 ⊙ MAP P.056F
ⓒ 찾아가기 구시다진지마에 역에서 하차
ⓐ 주소 福岡県福岡市博多区祇園町8-13 ☎ 전화 092-292-1070
🕐 시간 체크인 16:00~22:00, 체크아웃 10:00
Ⓨ 가격 도미토리 1인 3300¥~
ⓢ 홈페이지 https://thelife-hostel.com

후쿠오카 ⊙ MAP P.056E
ⓒ 찾아가기 나카스가와바타 역 5번 출구로 나와 세븐일레븐 골목으로 들어가면 바로
위치 ⓐ 주소 福岡県福岡市博多区店屋町5-9 ☎ 전화 092-292-2322
🕐 시간 체크인 16:00~22:00, 체크아웃 10:00
Ⓨ 가격 도미토리 1인 3648¥~
ⓢ 홈페이지 https://we-base.jp

크루즈 선실을
닮은 호스텔
위베이스 하카타
Webase Hakata

하카타 역에서 지하철로 두 정거장 거리에 위치한 호스텔이다. 건물 외관이 워낙 독특해 지나는 사람들의 눈길을 사로잡는다. 바로 건물 밖으로 튀어 나온 3m 크기의 고양이는 유명한 일본 현대 작가인 켄지 야노베의 '십스 캣'이다. 작품명에서 느껴지듯, 이 호스텔은 거대한 배를 모티프로 했으며 각 객실은 크루즈 선실(캐빈)과 같이 꾸며졌다. 객실은 더블 침대를 갖춘 프리미엄 캐빈, 2·4인실인 레귤러 캐빈, 3·4명이 함께 쓰는 도미토리로 구성돼 있다. 이곳의 하이라이트는 9층 키친이다. 북카페 분위기로, 이곳에서 자유롭게 음식을 먹을 수 있을 뿐 아니라 여행 계획도 세우고 친구들도 만날 수 있는 라운지다. 특히 지도가 그려진 벽은 인스타그램에도 자주 올라오는 포토존!

하카타 역 인근에 위치한 캡슐호텔로, 버스터미널을 겸하고 있는 독특한 구조다. 1층 호텔 로비겸 버스터미널에는 공항 리무진버스(하츠공항버스, 500￥)부터 도쿄, 오사카, 나사카 시 행 버스 등 중·장거리 노선이 정차한다. 2층 캡슐호텔은 '호텔'이라는 단어에 걸맞게 머무르는데 필요한 모든 편의를 제공한다. 체크인 시 실내복, 수건, 슬리퍼, 칫솔 등 어메니티를 제공하며, 프라이버시가 보장되는 캡슐 침대에는 밝기 조정이 가능한 조명과 알람시계, 여행 중에도 휴대할 수 있는 스마트 디바이스 등이 갖춰져 있다. 이 호텔의 가장 큰 장점은 대욕탕. 크지는 않으나 여행의 피로를 풀기는 충분하다. 남성용은 사우나까지 갖췄으며, 숙박객이 아니더라도 추가 요금을 내면 이용 가능하다.

후쿠오카 ◉ MAP P.042F
◉ **찾아가기** JR 하카타 역에서 도보로 5분
◉ **주소** 福岡県福岡市博多区博多駅前 4-14-13 ◉ **전화** 570-064-820
◉ **시간** 체크인 15:00, 체크아웃 10:00, 온천 이용 07:00~12:00, 13:00~24:00 ◉ **가격** 1인당 4860~5940￥, 온천만 이용 800￥
◉ **홈페이지** http://hearts81.com/cs

나가사키 ◉ MAP P.196
◉ **찾아가기** 나가사키 노면전차 모리마치 역에서 내린 뒤 도보 3분
◉ **주소** 長崎県長崎市目覚町11-2
◉ **전화** 095-801-2215 ◉ **시간** 체크인 15:00(22:00까지 가능) 체크아웃 10:00
◉ **가격** 남녀공용 1인 3500￥, 여성용 3800￥, 일본식 개인실 5000~1만2000￥
◉ **홈페이지** www.mzm-awa.jp

요즘 나가사키에도 최신 시설의 호스텔들이 속속 들어서고 있다. 코코워크가 오픈한 이래 핫 플레이스 지구로 떠오른 JR 우라카미 역 앞에 위치한 호스텔로, 1층은 카페, 2·3층은 호스텔로 운영되고 있다. 이 호스텔의 가장 큰 장점은 침대 하나의 공간이 작은 방이나 다름이 없다는 것이다. 커튼 안쪽 개인 공간에는 침대뿐 아니라 캐리어를 둘 수 있는 공간과 작은 책상까지 갖췄다. 조명이나 옷걸이 등은 물론이다. 또 여기 저기 주인의 섬세함이 묻어나는데, 여성용 도미토리에는 옷을 갈아입을 수 있는 드레스룸이나 편히 앉아 쉴 수 있는 소파 등도 있으며, 귀중품을 보관할 수 있는 작은 금고도 있다. 조리할 수 있는 부엌을 갖춘 1층 라운지도 멋지다. 가족이나 친구들끼리 머물 수 있는 개인실도 있다.

고양이를 사랑하는
사람이라면

네코쿠라
호스텔

Nekokura Hostel

고양이 등 동물을 사랑하는 여행자라면 이곳에 주목해보자. 비록 관광지에서 벗어난 곳에 위치해 있지만 특별한 콘셉트로 일본 언론에 유명해진 호스텔이다. 이름에서처럼 고양이가 함께 머무는 호스텔로, 유기묘들을 돌보던 곳이었다가 영리 사업을 목적으로 호스텔을 만들었다. 호스텔 영업으로 얻어진 이익은 모두 유기묘들을 돌보는 데에 들어간다. 1층에는 유기묘 보호소와 카페 겸 바가 있으며, 2층부터는 숙박 시설이 들어서 있다. 그렇다고 고양이와 함께 시간을 보낼 수 있을 거라는 기대는 말자. 이곳은 '고양이 먼저'라는 모토를 가지고 있는 만큼, 고양이가 스트레스를 받지 않기 위해 멀찍이 창으로 지켜보는 것 정도만 가능하다. 대신 내가 쓴 숙박료가 유기묘를 돌보는 사업에 쓰인다는 데 만족해야 한다. 한적한 동네에 위치한 만큼 숙박 시설 역시 조용한 편이다. 추가 비용이 있는 아침 식사는 미리 예약하면 1층에서 먹을 수 있다.

후쿠오카 ⊙ MAP P.115G
◉ **찾아가기** 지요켄초구치 역에서 도보 3분
◉ **주소** 福岡県福岡市博多区千代 4-7-86 ◉ **전화** 070-5028-0014
⏱ **시간** 체크인 15:00~22:00, 체크아웃 10:00
ⓨ **가격** 도미토리 1인 5200¥~
⊙ **홈페이지** www.nekokura.co.jp

후쿠오카
◉ **찾아가기** 하카타 역 지쿠시 출구에서 도보 10분 ◉ **주소** 福岡県福岡市博多区博多区博多駅東3-6-11
☎ **전화** 092-292-8376 ⏱ **시간** 체크인 16:00~22:00, 체크아웃 10:00
ⓨ **가격** 도미토리 1인 3300¥~
⊙ **홈페이지** www.montan.jp

후쿠오카의 진짜 삶이
있는 곳에서의 하루

몬탄 하카타

Montan Hakata

하카타 역 지쿠시 출구로 나와 넉넉히 10분쯤 걸어가면 몬탄 하카타가 있다. 무려 9층으로 이루어진, 호텔과 호스텔의 중간 형태의 숙박 시설이다. 객실은 4인 가족실, 2인실 등 호텔급 객실부터 8인실 도미토리까지 다양하다. 특히 4인 가족이 함께 묵을 수 있는 공간을 찾는다면 이곳이 제격이다. 도미토리는 캡슐 호텔 형태로, 침대의 반이 벽으로 막혀 있으며 나머지는 커튼을 칠 수 있게 되어 방해받지 않고 개인 시간을 보낼 수 있다. 넓은 1층 로비는 키친과 라운지, 비어 바 등으로 구성돼 있으며 탁구를 치거나 자전거를 빌려 탈 수도 있다. 라운지에서는 하루 종일 드립 커피를 무료로 제공한다.

DAY-40
무작정 따라하기 디데이별 여행 준비

D-40

여권 등 필요한 서류 체크하기

[준비할 서류 미리 보기]

- □ 여권 □ 항공권 □ 각종 패스권(2권 P.029)
- □ 국제 운전면허증(렌터카를 빌릴 경우) □ 여행자 보험

1. 여권 만들기

해외여행을 준비할 때 가장 중요한 것이 여권이다. 출입국 시 필요할 뿐 아니라, 해외에서는 신분증 역할을 하기 때문. 여권을 발급받는 데 짧게는 3일, 길게는 일주일이 걸리는 만큼 시간적 여유를 두고 만드는 편이 좋다.

여권 종류

일정 기간 횟수에 상관없이 사용할 수 있는 복수여권과 한 번만 이용할 수 있는 단수여권으로 나뉜다. 이번 해외여행이 마지막이라면 모를까, 이왕이면 10년짜리 복수여권을 발급받자. 성인은 직접 방문해서 신청해야 하며, 미성년자는 부모나 법정대리인이 대리 신청할 수 있다. 24세 이하의 병역 미필자는 최장 5년 복수여권 또는 단수여권만 발급된다.

여권 발급 시 필요 서류

1) 여권 발급 신청서
2) 여권용 사진 1매(최근 6개월 안에 촬영한 사진)
3) 25~37세 병역 미필 남성의 경우 국외여행 허가서 필요, 병역필자의 경우, 병역확인 제출 서류 필요
4) 신분증
5) 수수료: 10년 복수여권 5만3000원, 5년 복수여권(8~18세) 4만5000원, 5년 복수여권(8세 미만) 3만3000원, 1년 단수여권 2만 원

발급 장소

전국의 240개 도, 시, 군, 구청 민원과에서 발급 가능

유효기간

일반적으로 여권의 유효기간이 6개월 이상 남아 있어야 출입국이 가능하다. 여권이 있다고 해도 유효기간이 얼마 남지 않았을 경우에는 재발급받거나 유효기간을 연장해야 한다. 단 유효기간 연장은 전자여권만 가능하며, 구 여권은 불가능하다.

＊더 자세한 사항은 외교부 여권 안내 홈페이지(www.passport.go.kr) 참고

> **tip 비자는 필요 없나요?**
>
> 한일 비자 협정에 따라 비자는 필요 없다. 한국인이 일본에 비자 없이 체류할 수 있는 기간은 최장 90일. 우리나라 또는 제3국에 입국했다가 일본으로 재입국하는 경우 체류 기간이 다시 90일로 초기화된다.

2. 해외 여행자 보험 가입하기

해외 여행지에서 혹시 일어날지 모르는 사고 처리를 위해 가입하는 것으로, 장기 여행에는 필수다. 여행을 떠나는 누구나 가입 가능하며 보험사 홈페이지, 공항 보험사 부스, 스마트폰 등으로 손쉽게 가입할 수 있다. 여행 중 상해 사고, 질병으로 인한 사망, 치료를 위한 의료비 보상, 남에게 손해를 입힌 경우 배상금, 휴대품 도난 및 파손 등 보험마다 약관 내용과 보상 범위가 다르니 꼼꼼히 확인하자.

D-35

여행 경비 얼마나 잡을까요?

[예상 경비 계산하기]
여행 경비는 체류 기간이나 여행 스타일, 여행 지역, 소비 습관에 따라 천차만별이다. 초저가 배낭여행을 한다면 1일 6000￥ 선에서 충분히 해결되겠지만 남들만큼 먹고 즐기려면 넉넉잡아 1일 8000￥ 정도, 쇼핑까지 하려면 최소 1만 ￥은 잡는 게 현명하다.

1. 항공권(14만~ 45만 원)
성수기(방학, 휴가철, 연휴 등)와 비수기 요금 차이가 큰 편인데, 비수기에 저가 항공편을 이용하면 항공권에 드는 비용을 줄일 수 있다.

2. 입장료(1일 1000￥)
후쿠오카(福岡)만 여행하는 경우 입장료는 거의 들지 않는다고 보면 된다. 야구 관람이나 각종 체험은 소정의 요금이 들지만 크게 부담되는 수준은 아니다. 나가사키(長崎)나 하우스텐보스(Huis Ten Bosch)는 입장료를 내야 하는 곳이 꽤 많은데, 인기 있는 곳만 둘러보면 하루 1000￥ 정도다.

3. 식비(1일 3500￥)
고급 레스토랑을 가지 않는 이상 큰 차이는 없다. 한 끼당 1100~1600￥으로 잡으면 되고, 저녁 식사 때 맥주 한잔 마시는 경우 2200~2700￥이면 충분하다.

4. 간식비(1일 2500￥)
군것질거리, 커피, 음료 등 자잘한 비용이 꽤 든다. 특히 어린아이들이 있을수록, 여행 일정이 빡빡할수록 여기에 드는 돈이 만만찮다. 하루 최소 2500￥은 비상금 겸 별도로 갖고 다니자.

5. 현지 교통비(1일 2500￥~)
여행자에게 가장 부담되는 항목이면서 사람마다 차이가 큰 부분이다. 후쿠오카 시내에서만 효율적으로 움직이면 하루 600~800￥ 정도지만 조금이라도 멀리 나가는 순간 곱절 이상 들 수 있다. 그러므로 일정이 길거나, 짧은 기간 동안 많이 이동하는 경우 패스권을 발급받는 것이 현명하다.

6. 기타 비용/ 여행 준비 비용
유심칩(SIM 카드), 포켓 와이파이 대여료 또는 데이터 로밍 요금, 쇼핑 등 기타 비용과 여행자 보험 가입, 공항과 집 간 왕복 교통비, 여행 물품 구입비 등 여행 준비 비용도 잘 따져봐야 한다.

[1일 체류비]
항공편과 숙박비를 제외한 1일 체류비는 9500~1만1000￥ 선. 이는 최대한 아꼈을 때의 비용이고, 좀 더 넉넉히 쓰신다면 1만5000~2만￥은 잡는 것이 좋다. 물론 교통비를 많이 쓰거나 고급 레스토랑에서 식사하려면 이보다 많은 비용이 필요하다.

[4박 5일 총비용]
저렴한 항공편을 이용하고, 호스텔 도미토리 룸을 쓴다고 가정했을 때의 평균적인 여행 비용이다. 쇼핑을 하고 호텔에 묵는 경우 비용은 그만큼 더 든다.

- □ 항공 요금 16만 원
- □ 4박 숙박비(호스텔 도미토리 룸 숙박) 1만6000￥
- □ 체류비(교통비+입장료+식비+기타 비용)= 9500￥X4= 3만8000￥
- □ 합계 16만 원+5만4000￥=약 70만 원(100￥=998원)
- □ 총비용 70만 원의 10~20%(7만~14만 원)는 비상금으로 가져가자.

> **tip 여행 경비 절약 노하우**
>
> **1. 패스권 사용이 답이다 (2권 P.029)**
> 가장 많은 돈을 쓰는 부분이자 그만큼 쓰기에 따라 비용을 아낄 수 있는 게 교통비. 내 여행 일정과 패턴에 맞는 패스권을 이용하면 경비가 절약된다.
>
> **2. 나에게 꼭 맞는 무선 인터넷은? (2권 P.028)**
> 나 홀로 여행+단기 여행=통신사 데이터 로밍
> 나 홀로 여행+장기 여행 =현지 유심칩 구입
> 일행이 여러 명인 여행=포켓 와이파이

D-30
항공권 or 배편 구입하기

숙소 예약하기

자유여행의 첫 단계이자 무시할 수 없는 비용이 드는 항공권 구입. 어떻게 하면 경비를 조금이라도 줄일 수 있을까?

[한국 ↔ 후쿠오카 · 기타큐슈 항공편의 종류]

기타큐슈(北九州) 등에도 직항편이 있지만 대부분은 후쿠오카로 입국한다. 소요 시간은 55분~1시간 15분으로 짧은 편.

1. 후쿠오카

인천 ➡ 후쿠오카
아시아나항공, 대한항공, 제주항공, 진에어, 이스타항공, 티웨이항공, 에어서울, 에어부산

김해 ➡ 후쿠오카
아시아나항공, 에어부산, 제주항공

대구 ➡ 후쿠오카
티웨이항공

2. 기타큐슈

인천, 김해 ➡ 기타큐슈
대한항공 진에어에서 매일 1~2회 운항한다.

---

tip 항공편 선택, 이렇게 하면 된다!

1. 저가 항공편을 이용하자
한 시간 정도면 도착하기 때문에 저가 항공편의 경쟁력이 높다. 특히 후쿠오카 노선은 운항편이 많고 운항사도 다양해서 여행 일정과 예산에 따라 얼마든지 골라 탈 수 있다.

2. 수하물 규정을 반드시 체크하자
저가 항공편을 이용할 경우 수하물 규정을 반드시 체크하자. 항공사에서 정해놓은 무료 수하물 크기나 무게를 초과하면 추가 요금을 내야 한다. 특히 쇼핑을 많이 할 예정이라면 규정 체크는 필수!

3. 일찍 예약하자
일찍 예약하면 항공권이 저렴한 경우가 많다. 특히 주말, 연휴, 명절 등 성수기 항공편은 순식간에 팔리므로 일찍 예약 하는 것이 안전하다. 하지만 비수기에는 가격 동향을 살피는 것이 더 유리한 경우가 많다. 항공사마다 팔리지 않는 항공권은 출발 4~8주 전쯤 가격을 내리므로 이때 구입하면 저렴하다.

4. 프로모션이나 이벤트를 노리자
저가 항공사에서 실시하는 프로모션이나 이벤트를 이용하면 훨씬 싼값에 티켓을 구할 수도 있다. 하지만 그만큼 경쟁률이 높아서 운이 따라야 한다.

⊕ PLUS INFO

에어서울 일본 특가 항공권 잡는 방법

얼리버드 탑승일 기준 2~3개월 전에 특가 항공권을 미리 선점할 수 있는 얼리버드 이벤트를 실시한다.

제휴 특가 항공권은 물론 탑승객 대상 폭넓은 제휴 혜택을 제공한다.

SNS 에어서울은 인스타그램(@airseoul_official) 팔로워 대상 정기 '땡처리 특가' 이벤트를 진행한다. 출발이 얼마 남지 않은 초특가 항공권 정보를 에어서울 공식 인스타그램 채널을 통해 불시에 공지하고 선착순으로 판매한다. 정보를 빠르게 받을 수 있는 방법은 '인스타그램 팔로우&알림설정'이다. 항공권 특가 이외에도 회원가입, 수하물 추가, 반려견 대상 이벤트 등 다양한 프로모션을 진행한다. 자세한 사항은 에어서울 홈페이지에서 확인 가능하다.

[배타고 후쿠오카 가기]

후쿠오카는 우리나라에서 가장 가까운 일본 본토인 만큼 배편으로 가기에도 좋다. 비록 항공편보다 시간은 두세 배 더 걸리지만 그만큼 가격이 저렴한 게 장점. 주기적으로 열리는 특가 할인행사를 놓치지 말자.

어떤 배편이 있나?

부산항 국제여객터미널에서 후쿠오카 하카타(博多) 항까지 운항하는 배편은 크게 두 종류다. 3시간 40분 만에 도착하는 고속 여객선인 퀸 비틀(QUEEN BEETLE), 그리고 7시간 30분에서 13시간 걸리는 일반 여객선 뉴카멜리아호(New Camellia) 중 자신의 상황에 맞게 골라보자. 정식 운임 외에 유류 할증료와 각 터미널 이용료가 부과되기 때문에 온라인 결제를 마쳤더라도 현금을 지참해야 한다. 선박 승선 및 입국 절차가 항공편과는 조금 차이가 있다. 홈페이지에서 자세히 공지하고 있으니 반드시 참고하자.

1. 퀸 비틀(QUEEN BEETLE)호

항공편보다 저렴한 가격에 수하물을 많이 실을 수 있는 것이 최대 장점. 파도가 높지 않으면 대부분 운항하며, 비나 눈이 조금 오는 정도는 운항에 지장이 없다. 부산에서 후쿠오카까지 소요 시간은 3시간 40분으로 항공편에 비해 경쟁력이 확실히 떨어진다. 요금은 왕복 성인 기준 정상가 16만 원, 특가 14만 원부터. 선내 반입 가능 수하물은 20kg 이하 (1인 2개까지)로 넉넉하다.

> 홈페이지 www.kobee.co.kr

2. 뉴카멜리아(New Camellia)호

저녁에 배를 타 하룻밤을 선내에서 지내면 다음 날 아침 하카타항에 도착한다. 운항편에 따라 소요 시간이 다른데, 승선 수속 시간을 포함해 출발편은 12시간이 조금 넘게 걸리고, 리턴편은 6시간 30분 정도 소요된다. 시간이 오래 걸리는 만큼 운항 요금은 놀랍도록 저렴한 편. 정상 운임은 2등실 성인 기준 왕복 17만 원부터지만 할인 운임으로 발권하면 10만 원 내외. 서울 가는 비용보다 저렴한 티켓을 구할 수도 있어 단체 여행이나 배낭여행자에게 알맞다. 선내 반입 가능 수하물은 1인 20kg(1인 2개까지) 이하로 넉넉하다.

> 홈페이지 www.koreaferry.kr

[숙소 예약하기]

많고 많은 호텔 예약사이트 중 어느 곳을 이용할까? 고민된다면 참고하자.

1. 재패니칸 www.japanican.com/kr

일본의 대형 여행사인 JTB에서 운영하는 호텔 및 료칸 예약 전문 사이트. 홈페이지의 한국어 번역이 완벽하고 연중무휴로 한국어 대응이 가능한 고객센터를 운영하는 등 언어적인 불편함은 거의 없다. 가장 많은 객실을 확보하고 있어서 인기 숙박업소의 경우 국내 호텔 예약사이트보다 예약하기 쉽다는 것이 가장 큰 장점. 타임세일, 슈퍼세일 등의 이벤트를 주목해보자.

2. 익스피디아 www.expedia.com

비즈니스 호텔부터 특급호텔까지 다양한 숙소를 예약할 수 있다. 할인폭은 다른 예약업체와 비슷하지만 매월 발급되는 할인코드를 이용하면 좀 더 저렴하다.

3. 호스텔 월드 www.korean.hostelworld.com

전 세계 최대의 호스텔 예약 전문 사이트. 예약 수수료 없이 호스텔 예약이 가능하며 어플리케이션으로도 편리하게 숙소를 예약할 수 있다. 매년 숙박객들의 투표를 통해 호스텔계의 오스카 시상식이라 불리는 '호스카(Hoscar)'를 개최해 우수 숙소를 선정하기도 한다.

D-25
여행 정보 모아보기

여행을 앞두고 하나하나 준비하자니 막막하다면? 책과 온·오프라인에서 후쿠오카를 만나는 방법을 소개한다.

1. 여행 블로그

네이버, 티스토리, 다음 등 포털 사이트를 기반으로 하는 블로그를 참고하는 것도 좋은 방법.

> 홈페이지 justgo1988.com

2. SNS

유튜브나 인스타그램 등 SNS를 적극 활용하면 요즘 뜨는 여행 정보와 숍 정보, 사진 찍기 좋은 곳 등을 찾을 수 있다.

3. 네일동

국내에서 가장 많은 회원 수를 보유한 일본 여행 커뮤니티. 따끈따끈한 여행 정보는 물론, 경험담을 나누거나 질의응답으로 궁금증을 해소할 수 있다.
⊙ **홈페이지** http://cafe.naver.com/jpnstory

4. 일본 관광청

일본정부관광국에서 운영하는 홈페이지(www.welcome ojapan.or.kr)에서 여행 정보를 찾거나 사무소에 직접 방문해서 무료 팸플릿을 얻을 수 있다.(주소: 서울시 중구 을지로1가 188-3 백남빌딩 202호, 2호선 을지로입구역 8번 출구)

5. 도움 될 만한 애플리케이션

1) 구글 맵
현지에서 지도 대용으로 쓸 수 있어 인기 있는 앱. GPS를 이용해 현재 위치와 방향을 가늠할 수 있으며, 목적지까지 실시간 교통편도 쉽게 검색할 수 있다.

2) 환율 계산기
물건을 사고 싶은데 환율 계산이 안 된다면? 환율 계산기를 켜자. 전 세계 주요 화폐를 한국 원화로 환산해줘 편리하다. 오프라인 상태에서도 이용 가능.

3) 네이버
구동 초기 화면의 검색 바 옆 마이크를 터치한 후 '일본어'를 선택하고, 번역이 필요한 곳의 사진을 찍으면 자동으로 번

역해준다. 온라인 상태에서만 이용 가능.

4) 구글 번역
음성인식 또는 카메라 촬영을 하면 번역해준다. 온라인 상태에서만 이용 가능.

5) 파파고
네이버에서 운영하는 번역 어플. 구글 번역에 비해 한국어로 더 매끄럽게 번역돼 만족도가 높다.

D-18
여행 계획 세우기

나 홀로

알뜰 여행자들은 호스텔에, 금전적 여유가 조금 있거나 혼자만의 공간이 필요하다면 비즈니스 호텔에 묵는다. 대중교통을 주로 대중교통을 이용하게 되므로 여행 일정과 범위에 맞는 패스권을 구입하는 것이 핵심 포인트. 여행 일정은 기점에서 먼 곳, 중요도가 높은 곳부터 소화하고 쇼핑은 마지막 날에 몰아서 하는 것이 좋다.

친구와 둘이

경비에 여유가 없으면 호스텔 2인실을, 여유가 좀 있으면 비즈니스 호텔이나 중급 호텔을 잡는 편이 유리하다. 두 사람의 취향을 고려해 일정을 정해야 하는데, 의견 충돌이 생기는 일정은 따로 보내다가 관심사가 겹치는 곳만 같이 다니는 것이 좋다.

커플 · 부부끼리

한 사람이 주도하기 보다는 두 사람의 의견을 모두 반영해 여행 계획을 세우도록 한다. 온천욕을 할 때는 공용 온천보다 유료 전세탕을 이용하고, 료칸은 숙박객에 한해 무료로 전세탕을 이용할 수 있는 곳이나 객실에 온천이 딸린 곳으로 정하면 좀 더 로맨틱하게 보낼 수 있다.

가족 동반

아무래도 일정을 아이들 위주로 정하기 쉽다. 그 때문에 야외 활동이 많을 수 있다는 것은 감안해야 하는 부분. 일행 중 운전면허 소지자가 있는 경우, 대중교통보다는 차량을 렌트하는 것이 비용 절약이나 편의성 면에서 두루두루 좋다. 하지만 후쿠오카와 근교만 둘러볼 예정이라면 대중교

통을 이용하는 것이 더 편하다. 숙소를 예약할 때는 한 방에 몇 명까지 묵을 수 있는지 반드시 확인해야 하며, 가이세키(会席, 일본 정식) 요리가 나오는 곳보다 뷔페(바이킹, バイキング)식으로 먹을 수 있는 곳이 아이들의 만족도가 높다. 식당은 오래 기다려 하는 곳은 포기하자. 자칫 온 가족이 피곤해지는 불상사가 생긴다.

D-15
면세점 쇼핑 미리 하기

면세점은 크게 공항 면세점, 기내 면세점, 시내 면세점, 인터넷 면세점으로 나뉜다. 각각 장단점이 다르므로 자신에게 맞는 면세점을 선택해서 이용하자.

1. 인터넷 면세점

중간 유통비와 인건비 등의 비용이 절감되어 공항 면세점보다 10~15% 저렴하게 판매해 알뜰 여행객에게 인기 있다. 모바일을 통한 적립금 이벤트나 각종 쿠폰 등을 이용하면 정가보다 훨씬 싸게 구입할 수 있다. 또 인터넷 면세점에서 구입한 뒤, 출국 시 공항 인도장에서 직접 받기 때문에 시간 여유가 없는 사람들이 이용하기에도 좋다. 대부분 출발 이틀 전에 구매를 완료해야 하지만 신라 면세점과 롯데 면세점은 출국 당일 숍이 따로 있어 출국 3시간 전까지도 구입이 가능하다.

- 신라 www.shilladfs.com
- 롯데 www.lottedfs.com
- 신세계 www.ssgdfs.com
- 동화 www.dutyfree24.com
- 워커힐 www.skdutyfree.com

2. 시내 면세점

출국 60일 전부터 출국 전날 오후 5시까지 이용 가능해 시간에 쫓기지 않고 쇼핑을 할 수 있어 인기 있다. 대신 주요 도시외의 지역 거주자라면 이용하기가 쉽지 않다는 단점이 있다. 출국 사실을 증명할 수 있는 서류(여권, 출국 항공편 e티켓)를 지참해야 하며 간단하게 출국일과 시간, 비행 편명만 메모해 가도 된다. 구입한 면세품은 출국하는 공항 면세점 인도장에 상품 인도증을 내고 수령하면 된다.

3. 공항 면세점

공항 출국장에 위치해 탑승 대기 시간 동안 이용 가능하며 면세품을 바로 받을 수 있다. 방학이나 휴가철, 연휴 등의 성수기에는 여유롭게 쇼핑할 수 없다는 단점이 있다.

4. 기내 면세점

말 그대로 항공기 안에서 면세품을 구입할 수 있다. 품목이 가장 제한적이지만 인기 있는 상품만 추려 판매하는 경우가 많다.

tip 면세점 알뜰 이용 꿀팁

1. 인터넷 면세점의 적립금을 공략하라
온라인과 오프라인의 가격 차이는 사실 거의 없다. 다만 인터넷 면세점에는 타임 세일이 있어 특정 품목을 저렴하게 구입할 수 있다. 게다가 적립금을 후하게 주어 추가 할인 혜택을 기대할 수 있다.

2. 면세점을 분산 이용하라
대부분 적립금 혜택이 비슷하므로 여러 면세점을 이용하면 한 면세점을 이용할 때보다 훨씬 저렴하게 쇼핑할 수 있다. 단 여러 인도장으로 찾으러 가는 수고를 감수해야 한다.

3. 모바일 적립금을 노려라
인터넷 면세점 전용 앱을 설치하면 모바일 적립금을 제공하는데, 대략 5000~1만 원 선이며 PC와 중복 사용이 가능하다.

D-12
해외 결제 카드 발급받기

여행자들에게 인기 있는 카드는 세가지. 트래블 월렛 카드와 트래블로그 카드, 토스 체크카드다. 각각 장단점이 명확한 편이지만 일본을 여행하기 가장 편리한 카드는 트래블로그. 인출 서비스를 자주 이용하지 않는다면 트래블월렛 카드도 좋은 선택이다.

▶ SPECIAL PAGE 나에게 맞는 해외 결제 카드는?

	트래블 월렛 카드	트래블로그 카드	토스 체크카드
구분	충전식 체크카드 (간단하게 외화를 미리 충전하고 충전된 외화로 수수료없이 해외 결제 및 현금 인출을 할 수 있는 서비스)		일반 체크카드
발급 연령	만 17세 이상	만 14세 이상	만 17세 이상
카드사 브랜드	Visa	Master Card / Union Pay	Master Card
요금 충전 방식	국내 계좌 연동	국내 계좌 (하나은행/ 하나머니) 연동	충전식X 일반 체크카드O
국내 사용	X	O(원화 충전 후 사용)	O
교통카드로 이용	후쿠오카 지하철만 사용 가능	불가능	불가능
환전 가능한 통화	달러, 엔화, 유로 등 전 세계 38개	달러, 엔화, 유로 등 전 세계 18개	환전 서비스 불가
원화 환전 수수료	X	1~5%	
수수료 없이 엔화 인출 할 수 있는 장소	X 이온몰 ATM기기 미니스톱 편의점	1~5% 세븐일레븐 편의점 ATM기기	어느 ATM기기든 수수료 3USD만 면제
추천 대상	해외 여행을 자주 하는 성인	일본 여행을 자주 하는 성인	국내에서 토스카드를 주로 쓰는 사람
장점	수수료 없이 결제 및 현금 인출이 가능하고 실시간으로 환율이 적용돼 환율이 좋을수록 이득. 원화 환전시에도 수수료가 붙지 않아 쓰다 남은 금액은 손해없이 환불 가능	카드 디자인이 예쁘고 일본 여행에 조금 더 특화되어 있으며 최소 환전 단위도 원화 1000원으로 낮음. 골목마다 있는 세븐일레븐 ATM기기로 수수료 없이 현금 인출 가능	모든 해외 결제에 2% 캐시백
단점	이온몰에 있는 ATM기기와 미니스톱 편의점 ATM기기로만 수수료 없이 엔화 현금 인출 가능	하나은행 및 하나머니 연동만 가능	캐시백 비율이 낮아서 엔화 가치가 낮을수록 이득이 크지 않음. 실시간 환율이 아닌 고정 환율로 결제되기 때문에 손해를 볼 수 있음.

TIP 카드마다 장단점이 뚜렷하고 혹시 모를 상황을 대비해 종류별로 발급받아 가는 것도 좋은 방법이다.

D-9
교통 패스 구입하기, 무선 인터넷 예약하기

일본 현지에서 패스권을 구입하는 것 보다 한국에서 구입하는 것이 좋다. 할인 혜택이 있고, 덤으로 챙겨주는 사은품이 있기 때문이다. 온·오프라인 여행사에서 구입할 수 있는데 온라인 구입시 최소 여행 출발 일주일 전에 구입해야 패스권을 안전하게 배송받을 수 있으니 유의하자.
(패스권에 대한 자세한 정보는 2권 P. 029~032 참고)

[고속버스 예매하기]

일본 고속버스는 기본적으로 예약제다. 항상 여행객이 많이 몰리는 유후인이나, 벳푸의 경우 버스 예약을 하지 않으면 탑승 할 수 없는 경우가 종종 생기기 때문에 한국에서 미리 버스편을 예매해두는 것이 안전하다.

1. 교통패스 선택하기

1) 짧은 시간, 후쿠오카 도심만 둘러볼 예정이라면?
후쿠오카 투어리스트 시티패스 Fukuoka Tourist City Pass
2) 후쿠오카 도심과 다자이후를 하루 안에 둘러보고 싶다면?
후쿠오카 + 다자이후 1일 자유 승차권 福岡市內+大宰府ライナーバス1日フリー乘車券
3) 한정된 시간안에 큐슈 곳곳을 기차로 이동할 예정이라면?
JR 큐슈 레일패스 JR Kyushu Rail Pass
4) 패스권 한 장으로 시내·외 교통을 모두 해결하고 싶다면?
산큐 패스 SUNQ バス

2. 인터넷으로 예매하기

1단계 인터넷 홈페이지(www. highwaybus.com/gp/index)에 접속한다. 인터넷 익스플로러가 아닌 '크롬'을 통해 접속하면 자동 번역이 돼 편리하다.

2단계 출발지(出發地)와 도착지(到着地)를 선택한다. 도도부현(都道府県)란에서 현을 선택한 다음, 세부지역(エリア)을 선택한다.(세부 지역을 모르겠으면 지정없음을 선택하자) 참고로 후쿠오카, 다자이후, 기타큐슈, 모지코는 후쿠오카 현(福岡県), 나가사키는 나가사키현(長崎県), 벳푸와 유후인은 오이타현(大分県)이다. 출발 및 도착지를 선택한 뒤 주황색의 검색(檢索) 버튼을 클릭한다.

3단계 운행하는 노선 전체가 검색돼 나온다. 원하는 노선 우측편에 있는 주황색 예약하기(予約する) 버튼을 클릭한다.

4단계 상세 예약 정보를 입력할 수 있는 페이지가 나온다. 탑승 버스정류장(乗るバス停)과 하차 버스정류장(降りるバス停), 승차일(乘車日)을 선택한 다음 주황색의 '이 조건의 차편 목록보기(この条件の便覧を見る)' 버튼을 클릭한다.

5단계 시간대별 차량 예약 현황이 검색된다. ○ 표시는 아직 좌석 여유가 있다는 뜻이고, △ 표시는 여유 좌석이 11석 미만으로 빨리 예약을 해야 한다는 표시다. 원하는 좌석의 동그라미나 세모 모양을 눌러 다음 단계로 진행한다.

6단계 승차 인원수 및 성별을 성인(大人) 및 어린이(小人), 남성(男性) 및 여성(女性)으로 나눠 숫자로 기입한 뒤, 맨 밑의 버튼을 클릭한다. 오른쪽은 편도 예약(片道予約)버튼이고, 왼쪽은 왕복 예약(往復予約)버튼이다.

7단계 회원 또는 비회원 신상 정보를 기입하는 단계다. 성(姓)과 이름(名)은 여권과 동일하게영어로 적고, 예약 안내 메일을 받을 이메일 주소(メールアドレス), 전화번호(電話番号)도 정확하게 기입한 뒤 아래의 주황색 버튼을 클릭한다.

8단계 예약자 정보와 예약 노선 정보를 한 번 더 보여준다. 예약 내역을 한 번 더 확인 후 주황색의 '이 내용으로 예약한다(この內容で予約する)'버튼을 클릭한다.

9단계 요금 지불 방법을 선택하는 단계다. 가장 우측편의 '버스터미널 창구에서 지불'을 선택한다.

10단계 등록한 이메일로 예약완료 이메일이 온다.

11단계 일본에서 예약완료 이메일을 버스 터미널 예약 창구 직원에게 보여주고 버스 승차 티켓으로 교환 받는다.

▶ SPECIAL PAGE 나에게 맞는 무선인터넷 타입은?

여행 중간중간 구글맵 검색도 해야 하고, SNS도 해야 한다면! 인터넷 없는 여행길을 상상할 수 없다면 주목하자.

구분		내용	가격	장단점
포켓 와이파이 (와이파이 도시락) **10% 할인 쿠폰**		3G/4G 무제한 이용 (하루10Gb 사용 후 속도 저하)	1일당 5900원~ (보조 배터리 대여비 별도, 장기 대여 시 할인됨)	**장점** 현지 통신망을 이용해 속도가 가장 빠르고 안정적. 6일 이상 장기대여시 요금할인 혜택. 최대 5명까지 동시에 이용할 수 있으며 한국 전화와 문자도 그대로 이용 가능. **단점** 단말기와 보조 배터리를 늘 갖고 다녀야 하고, 분실 시 배상 책임이 있음. 예약해야 이용 가능하며, 업체마다 이용 가능한 공항이 정해져 있음. 매일 충전해야 하는 번거로움도 있다.
한국 통신사 데이터 로밍 (SKT 기준)	T로밍 baro 3GB	7일간 LTE 3G 데이터 3GB	2만9000원	**장점** 한국 통신사 유심을 그대로 이용해 한국에서 오는 전화, 문자 수신이 가능.
	T로밍 baro 원패스 500	1일 LTE 3G 500Mb	1일 1만6500원	**단점** 요금이 가장 비싸고, 일본 통신사의 통신망을 빌려 쓰는 방식이라 속도가 가장 느리며 지역별 편차가 심함.
일본 데이터 유심	NTT 도코모 7일	7일간 LTE 10GB (APN 수동 설정 필요)	1만5900원~	**장점** 한국 인터넷에서 구입 시 할인가 적용 (판매처에 따라 가격이 다름). 가격이 가장 저렴.
	소프트뱅크 5일	5일간 매일 3GB 데이터 (APN 수동 설정 필요)	2만1500원~	**단점** 한국 유심칩을 제거해야 하고, 일본 현지 번호가 개통되지 않기 때문에 SNS, 인터넷만 사용 가능. 전화와 문자 이용 불가. 핫스팟(테더링)으로 여러 명 사용 시 배터리 소모가 많고 속도 저하. 건물 안이나 지하에서 속도 저하. 컨트리 록이 설정된 기기는 이용 제한.
일본 eSIM	소프트뱅크 3일	3일간 매일 2GB 데이터 (이후 저속 무제한)	1만1800원	**장점** 기존 유심을 제거할 필요 없이, 하나의 휴대폰에 투넘버처럼 사용함. 기존 유심과 eSIM 중 필요할 때마다 그때그때 선택해서 사용할 수 있음. 분실 위험 없고 저렴함.
	KDDI 15일	5GB 소진 후 중지	1만2100원	**단점** 최신 기종만 가능함. 아이폰 XS 이후 출시된 모델, 갤럭시 Z 폴드4, 갤럭시 Z 플립4 이후 출시된 모델, 구글 픽셀 2~4 시리즈 등. 개통은 무척 쉬운 편이나, 사용 등록 과정이 처음 사용하는 사람에게는 다소 어려울 수 있음.

⊕ PLUS TIP 1~2일의 초단기 여행이라면 데이터 로밍이나 포켓 와이파이, 일행이 있거나 인터넷 사용량이 많으면 포켓 와이파이, 여행 일정이 일주일 이상으로 길면 일본 심카드를 구입하는 편이 유리하다.

포켓 와이파이(와이파이 도시락) 기기

일본 데이터 유심 자판기(후쿠오카 공항 1층)

포켓 와이파이(와이파이 도시락) 대여·반납소

D-2
짐 꾸리기

✔ 짐 꾸리기 체크리스트

- [ ] 여권과 복사본 1부
- [ ] 항공권(e 티켓의 경우 프린트)과 복사본 1부
- [ ] 국제 운전면허증
- [ ] 교통패스권
- [ ] 여행자 보험 최종 확인
- [ ] 여행 경비, 신용카드, 국제 현금카드
- [ ] 캐리어 또는 여행용 배낭
- [ ] 작은 가방이나 가벼운 배낭
- [ ] 카메라와 사진 촬영용품, 배터리
- [ ] 옷가지
- [ ] 세면도구(수건, 칫솔, 치약, 샴푸, 린스, 보디 클렌저, 비누, 면도기 등)
- [ ] 화장품(기초 화장품, 자외선 차단제, 립밤, 수면 팩 등)
- [ ] 신발(운동화 필수, 계절에 맞는 구두나 기타 슈즈 중 택 1)
- [ ] 여행용 변압기, 멀티탭
- [ ] 상비약(두통약, 진통제, 소독약, 1회용 밴드, 상처 완화 연고, 종합 감기약 등)
- [ ] 여성용품
- [ ] 식염수
- [ ] 우산

D-DAY
출국하기

출국 순서

1. 탑승 수속과 수하물 부치기
늦어도 출발 2시간, 성수기엔 3시간 전에는 공항에 도착하는 것이 안전하다. e 티켓에 적힌 항공편명을 공항 내 안내 모니터와 대조해 항공사 카운터를 찾아가자. 여권과 e 티켓

을 제출한 뒤 짐을 부치는 것이 첫 번째 순서. 창가, 복도, 비상구석 등 원하는 좌석이 있을 때는 미리 얘기하자. 별도의 요청 사항이 없으면 임의로 자리 배치를 하기 때문에 뜻밖의 불편을 겪을 수 있다.

> **tip 수하물 규정**
> 100mL미만의 용기에 담긴 액체(화장품, 약 등)와 젤류는 투명한 지퍼백에 넣어야 반입이 허용된다. 용량은 남은 양에 상관없이 용기에 표시된 양을 기준으로 하기 때문에 쓰다 만 치약이나 화장품은 주의해야 한다. 용량 이상의 물품을 소지했을 경우 부치는 짐에 넣는 것이 좋다. 부칠 수 있는 수하물 크기와 개수는 항공사와 노선마다 다르므로 반드시 확인하자.

2. 출국 심사
탑승 수속 후 받은 탑승권과 여권을 챙겨 출국장으로 들어간다. 세관 신고와 보안 검색을 마친 후, 출국 심사대로 가서 여권과 탑승권을 보여주면 된다. 자동출입국 심사 서비스나 도심 공항터미널을 이용하면 출국 심사를 위한 대기 시간을 줄일 수 있다.

> **tip 세관 신고**
> 보석 등의 귀금속, 고가의 물건 등 미화 1만 달러 이상의 물품 또는 현금을 반출하는 경우 세관에 미리 신고해야 귀국 시 불이익을 당하지 않는다. 입국 시 1인당 면세 금액은 미화 600달러 이하이며, 가족과 함께 입국하는 경우 가족 중 한 명이 대표로 세관 신고서를 한 장만 작성하면 된다.

3. 면세점 쇼핑
출국 심사가 모두 끝나면 면세점 쇼핑을 할 수 있다. 시내 면세점이나 인터넷 면세점에서 구입한 제품이 있을 경우 면세품 인도장에 가서 받으면 된다. PP 카드 등 멤버십 카드가 있으면 항공사 라운지에 가서 휴식을 취하거나 음료나 간식을 먹을 수 있다.

4. 탑승
보통 항공기 출발 시간 20~30분 전부터 시작된다. 탑승 시작 시간에 맞춰 탑승구(Gate)를 찾아가면 되는데, 인천공항에서 출국할 경우 저가 항공사는 셔틀 트레인과 연결된 별도의 탑승동에서 출발하므로 시간을 넉넉하게 잡는 것이 좋다.

INDEX

*사진 제공
캐널시티 Sean Pavone / Shutterstock.com
하카타 역 TungCheung / Shutterstock.com
축제 Faer Out / Shutterstock.com
traction / Shutterstock.com
하카타 항 타워 yyama / Shutterstock.com
HOT&NEWS Jumpei Hosoi / Shutterstock.com
야나가와 EcoSpace / Shutterstock.com
간나와 jack_photo / Shutterstock.com
오란다 자카 YMZK-Photo / Shutterstock.com
하우스텐보스 Hit1912 / Shutterstock.com
다자이후 Suttipon Thanarakpong / Shutterstock.com
Tatree Saengmeeanuphab / Shutterstock.com
Phurinee Chinakathum / Shutterstock.com
일본 로컬 브랜드 K2 images / Shutterstock.com
NYgraphic / Shutterstock.com
애니메이션 enchanted_fairy / Shutterstock.com
기차여행 Jedsada Kiatpornmongkol / Shutterstock.com
Porpla Wannobon / Shutterstock.com
Piti Sirisriro / Shutterstock.com
Nikolai Tsvetkov / Shutterstock.com
야나가와 EcoSpace / Shutterstock.com
야구 Faer Out / Shutterstock.com
Aspen Photo / Shutterstock.com